Logik für Informatiker

Martin Kreuzer • Stefan Kühling

Logik für Informatiker

PEARSON
Studium

ein Imprint von Pearson Education
München • Boston • San Francisco • Harlow, England
Don Mills, Ontario • Sydney • Mexico City
Madrid • Amsterdam

Bibliografische Information Der Deutschen Bibliothek

Die Deutsche Bibliothek verzeichnet diese Publikation in der Deutschen Nationalbibliografie; detaillierte bibliografische Daten sind im Internet über <http://dnb.ddb.de> abrufbar.

Umwelthinweis: Dieses Produkt wurde auf chlorfrei gebleichtem Papier gedruckt. Die Einschrumpffolie – zum Schutz vor Verschmutzung – ist aus umweltverträglichem und recyclingfähigem PE-Material.

10 9 8 7 6 5 4 3 2 1

08 07 06

ISBN-13: 978-3-8273-7215-4
ISBN-10: 3-8273-7215-1

ein Imprint der Pearson Education Deutschland GmbH,
Martin-Kollar-Straße 10–12, D-81829 München/Germany

www.pearson-studium.de

Lektorat: Marc-Boris Rode, mrode@pearson.de
Korrektorat: Brigitta Keul, München
Einbandgestaltung: Thomas Arlt, tarlt@adesso21.net
Herstellung: Monika Weiher, mweiher@pearson.de
Satz: LE-TeX Jelonek, Schmidt & Vöckler GbR, Leipzig
Druck und Verarbeitung: Bosch Druck, Ergolding

Printed in Germany

Inhaltsverzeichnis

Vorwort

Das Lügner-Paradoxon
Wenn du sagst, du lügst,
und du sprichst die Wahrheit,
dann lügst du.
(Eubulides, 4. Jhd. v. Chr.)

Dieses Buch basiert auf der Vorlesung „Logik für Informatiker“, die der erste Autor seit 2002 regelmäßig an der Universität Dortmund hält. Das inhaltliche Grundgerüst dieser Vorlesung, das von den Professoren des Fachbereichs Informatik vorgeschlagen worden war und auch die Basis dieses Buches darstellt, verfolgt die Idee, diejenigen Teilbereiche der mathematischen Logik zu behandeln, die für die moderne Informatik relevant bzw. nützlich sind.

Warum ein Buch zur „Logik für Informatiker“?

Bücher mit dem Titel „Logik für Informatiker“ (o. Ä.) gibt es bereits eine ganze Reihe. Die meisten von ihnen wurden entweder von mathematischen Logikern oder einschlägig forschenden theoretischen Informatikern geschrieben.

Wie kommen ein Computeralgebraiker und ein Student auf die Idee, dieses wohlbestellte Feld zu beackern? Zum einen hatten wir als Neulinge vor ein paar Jahren dasselbe Problem, vor dem auch viele Informatik-Studenten stehen: Die mathematische Logik erscheint auf den ersten Blick als ein staubtrockenes, schwer zugängliches und wenig verlockendes Gebiet. Zum anderen haben wir uns, da wir nicht tagtäglich damit arbeiten, noch nicht an abschreckende Terminologien oder abstruse Notationen gewöhnt, die sich von dem in der Mathematik üblichen oft stark unterscheiden. Wir haben daher versucht, diese Einführung in die mathematische Logik möglichst ansprechend und allgemein verständlich zu gestalten. Wir haben nach selbst erklärenden Bezeichnungen gesucht und die Zahl der Spezialsymbole so gering wie möglich gehalten. Algorithmen beschreiben wir nicht mit Pseudocode, sondern mit deutschen Sätzen. Statt formal korrekter, aber umständlicher Formelsprache verwenden wir einen mehr verbalen Stil, der mangelnde Exaktheit durch leichte Zugänglichkeit und einen gelegentlichen Schuss Humor kompensieren soll. Wir hoffen, dass diese Vorgehensweise den Zorn der Experten nicht allzu sehr erregt. Gleichzeitig wissen wir jedoch aus Erfahrung, dass dieser Stil bei Informatik-Studenten im Grundstudium gut ankommt und didaktisch erfolgreich ist.

Was steht denn nun in diesem Buch drin?

Der Hauptteil dieses Buches beschäftigt sich mit logischen Systemen, die für die Informatikausbildung im Grund- und Hauptstudium von Nutzen sind und eine gewisse theoretische Grundlage für manche Bereiche der Informatik darstellen. Was wir dabei unter einem logischen System verstehen, wird in Kapitel 1 erklärt: eine Syntax, die festlegt, welche Arten von Formeln man betrachtet, eine Semantik, die uns hilft, diesen Formeln Wahrheitswerte und somit eine „Interpretation“ oder „Bedeutung“

zuzuordnen, und eventuell ein Kalkül, mit dem wir die Unerfüllbarkeit von Formeln testen können. Die Betonung der Kalküle ist dabei gewollt, denn in unserer anwendungsorientierten Betrachtung der mathematischen Logik spielen sie eine zentrale Rolle.

In Kapitel 2 beginnen wir dann mit dem prototypischen logischen System, nämlich der Aussagenlogik, die viele Studenten schon in der Schule kennen gelernt haben. Wir liefern auch gleich zwei Kalküle für die Aussagenlogik: die Wahrheitstafelmethode und das klassische Resolutionskalkül. Da beide für praktische Zwecke zu ineffizient sind, betrachten wir im dritten Kapitel die aussagenlogische Variante der Hornlogik, wo wir den Markierungsalgorithmus und SLD-Resolutionen anzubieten haben. Dies erlaubt nebenbei eine kurze Einführung in PROLOG. Hier wie später beschränken wir uns meist auf die aussagenlogischen Versionen der betrachteten logischen Systeme und zwar aus zwei Gründen: Einerseits sind diese Versionen für viele Anwendungen völlig ausreichend und andererseits tritt die Mehrzahl der Hauptideen und -effekte bereits im aussagenlogischen Fall auf.

Das vierte Kapitel behandelt die Prädikatenlogik. Es ist nicht nur das umfangreichste, sondern erfahrungsgemäß auch das schwierigste. Wir behandeln die Herbrand-Theorie und stellen die Unifikation und das prädikatenlogische Resolutionskalkül vor, auch wenn dieses nur ein Semi-Entscheidungsverfahren darstellt. Im fünften Kapitel untersuchen wir die Gleichungslogik: Termersetzungssysteme und die Knuth-Bendix-Vervollständigung sind nicht nur Heimspiele für Computeralgebraiker, sie ergeben manchmal auch ein effizientes Kalkül in gleichungsdefinierten Theorien. Das Studium der Modallogik in Kapitel 6 nehmen wir zum Anlass, die Wirkungsweise von Tableaukalkülen zu erläutern. Neben der zeitlogischen Variante der Modallogik folgen dann die eigentliche Temporallogik in Kapitel 7, die dynamische Logik, die Prozesslogik und die intuitionistische Logik in Kapitel 8. Den Abschluss bilden die Hilbert-Kalküle im neunten und letzten Kapitel.

Und wie ist das alles geschrieben?

Bei der Darstellung des Stoffes haben wir uns sehr angestrengt, trockene Aneinanderreihungen von Fakten zu vermeiden. Jedes Kapitel beginnt mit einer informellen, humorvollen, scherzhaften oder augenzwinkernden Einleitung, in die wir gelegentliche Hinweise auf das eingestreut haben, was dem Leser blüht. Diese Einleitungen sind blau hinterlegt und folglich leicht auszumachen.

Eine ganz besondere didaktische Maßnahme ist ebenfalls an der Hinterlegung, und zwar an der hellblauen augenblicklich zu identifizieren. Es handelt sich um das so genannte fortlaufende Beispiel, von dem sich in jedem Kapitel mindestens eines findet. Obwohl sie nicht immer ganz ernst gemeint sind, sollen diese Beispiele den Leser keineswegs zum Fortlaufen bringen. Nein, sie heißen so, weil sie sich typischerweise durch das ganze Kapitel ziehen. Die neu eingeführte Theorie wird an ihnen sofort ausprobiert und durchexerziert. Viele fortlaufende Beispiele sind im Stile von Übungsaufgaben mit Lösungen gehalten, so dass der Leser bereits Ansätze und Lösungsmethoden für die späteren Übungen aufnimmt, während er noch das eigentliche Kapitel verdaut.

Die Lemmata (= Hilfssätze), Sätze, Korollare (= Folgerungen) und Theoreme (= besonders wichtige, zentrale Sätze) sind nicht viel anders aufgeschrieben als in anderen Mathebüchern auch. Bei den zugehörigen Beweisen versuchen wir, so elementar wie möglich zu bleiben und hoffen, dass sie halbwegs richtig sind. Einen wesentlich größeren Wert haben wir jedoch auf die Algorithmen gelegt, wie deren blaue Hinterlegung bereits andeutet. Aus der Sicht des Informatikers und Anwenders der mathematischen Logik sind die Algorithmen die wesentlichen Ergebnisse der Theorie – sie verlocken geradezu zu ihrer Implementation.

Den krönenden Abschluss eines jeden Kapitels bilden die Übungsaufgaben. Als Fachbuchautor ist man stets versucht, die langwierigsten und langweiligsten Rechnungen, die stupidesten Beweise (z. B. die allseits beliebte „Induktion über den Formelaufbau") und die ekelhaftesten Fallunterscheidungen dem armen Leser aufzubürden, und zwar in der Form von so genannten Übungsaufgaben. Zugleich gewinnt man auf bequeme Weise eine schön lange Liste von Übungsaufgaben. Unserer Erfahrung nach ist der mit solchen Aufgaben verbundene Lerneffekt minimal. Bei den meisten Lernenden tritt er überhaupt nicht ein, da sie sich abschrecken lassen und solche Aufgaben gar nicht erst versuchen. Deswegen haben wir uns der genannten Versuchung so gut wir konnten widersetzt. Wir haben uns Übungsaufgaben ausgedacht, die die Studenten zum Ausprobieren verleiten sollen, die interessant oder witzig wirken und die den Eindruck vermeiden, die Autoren wären zu faul gewesen, einen Teil der Theorie selbst auszuarbeiten. Die Geschmäcker sind verschieden und nicht jedermanns Humor ist gleich; wir hoffen jedoch, dass sich in unserem bunten Strauß für jeden Leser ein passendes Blümchen findet. Sollte jemand ausnahmsweise keinen blassen Schimmer haben, wie man eine bestimmte Aufgabe anpackt, so findet sich ein (manchmal gar nicht so) kleiner Tipp im Anhang.

Wie bitte? Ein Mathebuch in Farbe?

Jawohl. Wir haben die Möglichkeit einer zweiten Farbe auf vielseitige Weise genutzt: blaue bzw. hellblaue Hinterlegungen markieren Kapiteleinleitungen, fortlaufende Beispiele und Algorithmen, Blaue Rahmen markieren die Übungsaufgaben. Und wenn wir einen Algorithmus in Aktion vorführen (z. B. den Markierungsalgorithmus in Kapitel 3 oder das Tableaukalkül in Kapitel 6), so kennzeichnen wir bereits abgearbeitete Formelteile ebenfalls durch Blaufärbung. Schon rein visuell gleicht dieses Logik-Buch keinem bisher dagewesenen.

Was bedeutet CWS?

Ganz einfach, CWS bedeutet **C**ompanion**W**eb**s**ite. Und was ist eine Companion Website? Das ist auch ganz einfach. Geben Sie die Adresse http://www.pearson-studium.de in Ihren Lieblingsinternetbrowser ein und drücken Sie dann auf die ⟨Enter⟩-Taste. (Wenn Sie keine ⟨Enter⟩-Taste haben, versuchen Sie es mit der ⟨Eingabe⟩-Taste oder der ⟨Return⟩-Taste.) Geben Sie in die Suchmaske „Logik für Informatiker" ein.

Zum einen gibt es weitere Übungsaufgaben in Hülle und Fülle und zwar mit vollständig ausgearbeiteten Lösungen. Zum anderen gibt es weiteres Begleitmaterial, und für Dozenten gibt es im passwortgeschützten Dozentenbereich auch die kompletten Lösungen aller Übungsaufgaben des Buches. Zusammengenommen steht das Kürzel CWS also für über 170 Seiten zusätzlicher Goodies!

Ein Wort zur Notation

Die in der mathematischen Logik verwendeten Notationen und Terminologien waren und sind starken Schwankungen unterworfen. Statt dem Zeichen $\wedge$ verwendete man früher auch & für die Konjunktion („logisches und"), der Folgepfeil wird wahlweise mit $\rightarrow$, $\supset$ oder $\Rightarrow$ notiert und die Äquivalenzpfeile können in den Gestalten $\leftrightarrow$, $\equiv$ und $\Leftrightarrow$ materialisieren. Dies führt häufig erfolgreich zur Verwirrung des Lesers, denn z. B. $\equiv$ bedeutet anderswo die semantische Äquivalenz, das Zeichen $\supset$ steht üblicherweise für „Obermenge" und einen Pfeil $\rightarrow$ interpretiert jeder Nicht-Logiker als Abbildungspfeil. Wie unlogisch! Dazu kommt noch, dass in vielen einschlägigen Werken Zeichen wie $\vdash$ „überladen" werden, d. h. dass sie je nach Kontext mehrere, u. U. völlig verschiedene Bedeutungen haben können. Wie sollen wir uns in diesem Durcheinander zurechtfinden? Wir haben versucht, die Notationen in diesem Buch nach folgenden Gesichtspunkten zu wählen:

- Zeichen, die im „Rest" der Mathematik eine eindeutige Bedeutung haben, werden möglichst nicht „umdefiniert".
- Gibt es für eine Konstruktion bereits eine in der Mathematik übliche Notation, so verwenden wir diese, statt eine neue zu erfinden.
- Die Zahl der eingeführten Notationen wird auf das unbedingt Nötige begrenzt.
- Wenn es sich irgendwie vermeiden lässt, werden Symbole nicht „überladen", d. h. nicht mit verschiedenen Bedeutungen gebraucht.

Mit der Terminologie ist es ähnlich: Was des einen „Interpretation" ist, ist des anderen „Struktur", der hiesige „Rahmen" heißt anderswo „Gerüst", eine „Formel" hier ist ein „Ausdruck" dort, usw. In dieser Lage waren wir bestrebt, Kollisionen mit in anderen Teilen der Mathematik bereits belegten Begriffen zu vermeiden und haben ansonsten eine eher zufällige, unseren persönlichen Geschmäckern genehme Auswahl getroffen. Damit schließen wir diese Ausführungen und wünschen Ihnen ein gutes Verständnis.

Danksagung

An dieser Stelle möchten wir Sie, lieber Leser, nicht mit einigen oberflächlichen Bemerkungen darüber langweilen, wie viele Menschen zu diesem Buch beigetragen haben. Stattdessen langweilen wir Sie nun mit einer kompletten Liste dieser Menschen. Eine ganz besondere Erwähnung gebührt Herrn Dr. Peter Ackermann, der nicht nur jahrelang die Übungen zur Vorlesung „Logik für Informatiker" betreut hat, sondern von dem auch viele der Übungsaufgaben in diesem Buch stammen und der der erfolgreichste Jäger von Fehlern in den verschiedenen Versionen des Manuskripts war. Auch unseren weiteren Korrekturlesern Holger Bluhm, Thorsten Camps und Christian Scholz danken wir herzlich, ebenso wie Hunderten von Dortmunder Informatik-Studenten, die viele der Übungsaufgaben gelöst und Ungereimtheiten im Vorlesungsskript aufgedeckt haben.

Es ist klar, dass ein solches Buchprojekt wie das vorliegende nicht ohne die tatkräftige Hilfe unserer Familienmitglieder Bettina, Ellen, Heinz, Katharina, Martin und Veronika möglich gewesen wäre. Wir wissen, dass sich ihre Opfer an gemeinsamer Freizeit und ihre moralische Unterstützung im Endprodukt widerspiegeln und sind froh, dass sie sich mit uns darüber freuen. Auch Helmtrud und Rudolf Lohwasser sowie Helmut Kreuzer haben uns mit ihrem Faxgerät bzw. E-Mail-Zugang sehr geholfen.

Ein noch viel direkterer und unmittelbar entscheidender Beitrag zu diesem Projekt kam vom Team des Verlags Pearson Studium, allen voran von Herrn Marc-Boris Rode. Wir schätzen uns glücklich, als Autoren eine so professionelle und intensive Betreuung genossen zu haben. Ohne diese Betreuung wäre dieses Buch nie geworden, was es (hoffentlich) ist: eine *etwas andere* Einführung in die mathematische Logik – farbig, lustig, abwechslungsreich und vor allem verständlich. Möge das Lesen Ihnen so viel Spaß machen wie uns das Schreiben.

Dortmund, März 2006 *Martin Kreuzer* und *Stefan Kühling*

Was ist Logik?

1

ÜBERBLICK

Logik ist ...
das formale und systematische Studium der Kunst,
Informatik-Studenten zu piesacken.
(aus: „Logik für Informatiker und andere Paradoxa")

Vor Jahren hielt ich eine Logikvorlesung und begann, wie es sich gehört, mit Aussagenlogik. Zunächst erklärte ich, was man unter einer Aussage versteht: Eine Aussage ist ein sprachliches Gebilde, das entweder wahr oder falsch ist. Als Beispiel nannte ich den Satz „Karl ist krank". In diesem Moment fiel mir siedendheiß ein, dass ich unbedingt einen lebenden Menschen namens Karl brauchte, auf den sich der Satz bezog. Andernfalls konnte man den Satz weder als wahr noch als falsch bezeichnen, d. h. er war gar keine Aussage. Um den Schaden wieder gut zu machen, fragte ich in den Saal: „Ist jemand unter ihnen, der Karl heißt?" Sekundenlange Stille. Dann eine Stimme aus dem Hintergrund: „Der ist krank."

1.A Logische Systeme

Ja, was ist Logik nun wirklich? So genau können wir dies leider auch nicht beschreiben. Das Wort „Logik" entstammt dem altgriechischen Wort „logos", welches „Vernunft" bedeutet. Im allgemeinen Sprachgebrauch bedeutet Logik die Fähigkeit, folgerichtig (also „logisch") zu denken. In diesem Buch widmen wir uns hauptsächlich der *formalen Logik*, also dem Studium der formalen Beziehungen zwischen Denkinhalten. Der Prototyp einer mathematischen Beschreibung solcher Denkinhalte ist der der *Aussage*, für die wir die folgende Pseudodefinition anzubieten haben.

Definition 1.1

Eine (logische) **Aussage** ist ein sprachliches Gebilde, das entweder **wahr** oder **falsch** ist.

Wie die obige Anekdote zeigt, hat diese Definition einige Macken, die wir im Rahmen dieser Einführung aber großzügig übersehen wollen. Die Begriffe **wahr** und **falsch**, die sozusagen vom Himmel fallen und nicht weiter spezifiziert werden, sollen natürlich die mit ihnen üblicherweise verbundenen **Wahrheitswerte** repräsentieren. Statt **wahr** schreiben wir oftmals auch 1 und statt **falsch** verwenden wir meist 0. In einem gewissen Sinn beschäftigt sich die formale Logik mit „Aussagen über Aussagen".

Beispiel 1.2

Die folgenden sprachlichen Gebilde stellen Beispiele für Aussagen dar.

A = „Berlin ist die Hauptstadt von Deutschland."

B = „Der Wal ist ein Fisch."

C = „Für jede Zahl $x \in \mathbb{R}$ gilt $x^2 \geq 0$."

D = „Das Programm `MyProg` (...) terminiert."

Hingegen stellen die folgenden sprachlichen Gebilde „Aussagen über Aussagen" dar.

E = „Die Aussagen A und B sind beide wahr."

F = „Die Aussage B gilt nicht." = „Der Wal ist kein Fisch."

Das sprachliche Gebilde „Morgen wird es regnen“ ist jedoch keine Aussage im Sinn von Definition 1.1, denn ihr Wahrheitswert hängt vom Standpunkt des Betrachters ab.

In der mathematischen Logik wird eine *Symbolisierung* der Aussagen vorgenommen. Anstelle einer Aussage betrachten wir also ein Aussagensymbol (z. B. A oder B). Diese Aussagensymbole können wir dann mit *Junktoren* (d. h. Verknüpfungen wie „und zugleich“ oder „nicht“) zu komplizierteren *logischen Formeln* zusammensetzen. Je nachdem, mit welchen Wahrheitswerten die Aussagensymbole belegt werden, erhalten solche logische Formeln ebenfalls Wahrheitswerte. Die Regeln, nach denen Aussagensymbole oder allgemeiner so genannte *atomare Formeln* zu komplizierteren Formeln zusammengesetzt werden, nennt man die *Syntax* eines logischen Systems. Die Regeln, nach denen logische Formeln mit Wahrheitswerten versehen werden, nennt man die *Semantik* eines logischen Systems.

Schließlich bleibt noch eine Aufgabe: Wie kann man feststellen, ob eine logische Formel unter allen möglichen Belegungen der atomaren Formeln mit Wahrheitswerten stets den Wahrheitswert „wahr“ liefert? Oder ob sie stets den Wahrheitswert „falsch“ liefert? Dies ist die Aufgabe eines logischen *Kalküls* und obwohl man auch logische Systeme ohne Kalkül betrachten kann, fehlt diesen doch das Salz in der Suppe. Insgesamt kann man die im weiteren Verlauf dieses Buches studierten logischen Systeme also folgendermaßen definieren.

Definition 1.3

Ein **logisches System** besteht aus den folgenden Teilen.

a) Gewisse formale Ausdrücke werden als **atomare Formeln** bezeichnet. Die **Syntax** des logischen Systems legt fest, wie man die atomaren Formeln mit Hilfe gewisser **Junktoren** oder **Operatoren** zu komplizierteren Formeln zusammenfügen darf. Die sich ergebenden **logischen Formeln** sind dabei erst einmal nur nach gewissen Regeln erstellte Zeichenketten ohne „Inhalt“ oder „Bedeutung“.

b) Die **Semantik** des logischen Systems besteht aus einer Reihe von Regeln, die festlegen, wie die Formeln mit Wahrheitswerten versehen werden können. Dadurch erhalten die Formeln eine gewisse „Bedeutung“ oder „Interpretation“. Eine Belegung der atomaren Formeln mit Wahrheitswerten, für die eine Gesamtformel F den Wert „wahr“ ergibt, nennt man ein **Modell** für F. Besitzt F kein Modell, so heißt F eine **unerfüllbare Formel**. Liefert F bei jeder Belegung den Wert „wahr“, so heißt F eine **Tautologie** oder eine **allgemein gültige Formel**.

c) Optional gibt es für ein logisches System auch ein **logisches Kalkül** (oder einfach **Kalkül**). Ein Kalkül besteht aus einer Reihe von mechanisch anzuwendenden, starren Regeln für die Umformung von Formeln. Das Ziel der Anwendung eines logischen Kalküls ist es, die Unerfüllbarkeit einer vorgegebenen Formel nachzuweisen oder ein Modell für sie zu konstruieren. Kalküle eignen sich meist für die algorithmische Implementierung im Computer.

Das einfachste logische System ist die Aussagenlogik, die im nächsten Abschnitt ausführlich untersucht werden wird. Hier wollen wir nur die vorstehende Definition an ihrem Beispiel mit etwas Leben erfüllen.

Beispiel 1.4: Die Aussagenlogik als logisches System

In der Aussagenlogik verknüpfen wir Aussagensymbole $A, B, C, \ldots$ mit Junktoren

$\wedge$ „logisches und“
$\vee$ „logisches oder“
$\neg$ „Negation“

So ist z. B. $F = (A \wedge \neg B) \vee (A \wedge C)$ eine syntaktisch korrekte Formel. Um dieser Formel einen Wahrheitswert zuzuordnen, betrachten wir z. B. die Belegung

$$\begin{aligned} \alpha\colon \{A, B, C\} &\to \{0, 1\} \\ A &\mapsto 1 \\ B &\mapsto 0 \\ C &\mapsto 0\,. \end{aligned}$$

Unter dieser Belegung gilt dann $\alpha(A) = 1$, $\alpha(\neg B) = 1$ und daher $\alpha(A \wedge \neg B) = 1$. Ferner gilt $\alpha(A) = 1$, $\alpha(C) = 0$, also $\alpha(A \wedge C) = 0$. Schließlich ergibt sich $\alpha(F) = 1$. Somit ist α ein Modell für F.

Für die Aussagenlogik gibt es mehrere Kalküle. Bestandteil solcher Kalküle sind meist Regeln für Äquivalenzumformungen von Formeln. Dies bedeutet, dass man Formeln in andere Formeln überführt, die bei jeder Belegung denselben Wahrheitswert liefern und deswegen für die Untersuchung der Unerfüllbarkeit bzw. Allgemeingültigkeit als zu der Ausgangsformel gleichwertig betrachtet werden können.

Auf den ersten Blick mag es überraschen, dass man bei einem logischen Kalkül i. A. nur die Unerfüllbarkeit einer Formel bzw. einer Formelmenge nachzuweisen sucht. Jedoch ist eine Formel F genau dann allgemein gültig, wenn ihre Negation $\neg F$ unerfüllbar ist. Ebenso ist eine Formel G genau dann eine Folgerung aus einer Menge von Formeln $\{F_1, \ldots, F_n\}$, wenn die Formel $F_1 \wedge \cdots \wedge F_n \wedge \neg G$ unerfüllbar ist. Alle drei Aufgaben sind also äquivalent.

1.B Anwendungen

Nun heißt dieses Buch aber nicht „Logik“ oder „Mathematische Logik“, sondern „Logik für Informatiker“. Was also hat die Logik mit der Informatik zu tun? Ist sie in der Informatik zu irgend etwas anderem gut, als Studenten zu piesacken? Und welche andere Antwort als „Ja“ kann es auf eine solche rhetorische Frage schon geben? Nachfolgend listen wir einige Anwendungen der Logik auf, die für die Informatiker nützlich bzw. interessant sind, und setzen sie in Verbindung zu den später vorgestellten logischen Systemen.

- Lösung einfacher logischer Zusammenhänge („Logeleien“, logische Knobelaufgaben), vgl. Kapitel 2.
- Logik-Programmierung (PROLOG), vgl. Abschnitt 3.C.
- Automatische Computerbeweise, vgl. Beispiel 4.64.
- Auffinden und Beweis neuer Gesetzmäßigkeiten oder Formeln in durch Gleichungen beschriebenen Situationen, vgl. Kapitel 5.

- Realisation komplizierter Datenstrukturen und Funktionen aus einfachen Bausteinen (z. B. Stacks und Stackoperationen), vgl. Beispiel 5.35.
- Beschreibung logischer Bedingungen, die vom Zeitpunkt oder äußeren Bedingungen (z. B. Programmzustand, Variablenwerte) abhängen; Verifikation von Programmen, die von solchen Bedingungen abhängen, vgl. Kapitel 6.
- Spezifikation und Verifikation paralleler Programme und zeitabhängiger Programmabläufe mit Hilfe der Zeitlogik und der Temporallogik, vgl. Kapitel 7.
- Beschreibung des Ein- und Ausgabeverhaltens von Programmen mit Hilfe der dynamischen Logik, vgl. Abschnitt 8.A.
- Modellierung von *while*-Schleifen und *if*-Abfragen in der Logik PDL, vgl. Abschnitt 8.A.
- Untersuchung des Abbruchverhaltens von Programmen, Verifikation andauernd laufender Programme mit Hilfe der Prozesslogik, vgl. Abschnitt 8.B.
- Modellierung von Kenntnisständen und Erwartungen in der AI, Analyse von Datenbank-Management-Systemen mit Hilfe der intuitionistischen Logik, vgl. Abschnitt 8.C.
- Automatische Erzeugung von Algorithmen zur Realisierung vorgegebener berechenbarer Funktionen, vgl. Abschnitt 8.C.
- Konstruktion neuer logischer Systeme für gegebene Anwendungen, axiomatische Beschreibung, Beweis der Vollständigkeit und Korrektheit in Bezug auf die beabsichtigte Semantik, vgl. Kapitel 9.

Für alle diejenigen, die sich von keinem dieser Themen angesprochen fühlen, haben wir schließlich noch eine weitere Anwendung dieses Buches anzubieten: Wir haben versucht, generös überall lustige Zitate, humorvolle Einleitungen, augenzwinkernde Beispiele und coole Übungsaufgaben zu verstreuen. Wen dieses Buch nicht ein einziges Mal zum Schmunzeln oder Lachen bringt, den müssen wir zu unserem größten Bedauern auf eines der in der Literaturliste aufgeführten Werke verweisen. Zusammen mit allen anderen stürzen wir uns jetzt *in medias res* und tischen unser erstes logisches System auf: die Aussagenlogik.

In the end,
everything is a gag.
(Charlie Chaplin)

Aussagenlogik

2

ÜBERBLICK

Logik ist …
ein netter Gegensatz
zur wirklichen Welt.

Die Aussagenlogik beschäftigt sich, wer hätte das gedacht, mit logischen Formeln, die aus Aussagen zusammengebaut sind. Aussagen sind dabei sprachliche Gebilde **à la** „Karl ist krank". Damit wir nicht so viel zu schreiben haben, repräsentieren wir sie üblicherweise durch Aussagensymbole, z. B. durch A. Wenn das nicht ausreicht, können wir auch auf $B, C, \dots$ oder (falls wir mehr als 26 Aussagen betrachten) auf $A_1, A_2, \dots$ ausweichen. Was wollen wir mit diesen Aussagensymbolen nun anfangen? Wir können sie **negieren** (Schreibweise $\neg A$) oder mit den **Junktoren** „oder" bzw. „und" zu komplizierteren Formeln zusammenfügen (Schreibweise $A \vee B$ bzw. $A \wedge B$). Und dann? Dann basteln wir Formeln, deren Wahrheitswert komplizierte zusammengesetzte Aussagen widerspiegelt, z. B. das folgende Gespräch dreier Politiker nach einer Bundestagswahl, bei der keine der Parteien eine klare Mehrheit erreichen konnte:

Angela: „Franz oder ich werden an der Regierungskoalition beteiligt sein."

Franz: „Entweder Joschka oder ich werden an der Regierung beteiligt sein."

Joschka: „Entweder Angela oder ich werden in der Opposition sein."

Aussagenlogisch betrachtet entsprechen diese Behauptungen der Formel

$$F = (A \vee F) \wedge ((F \wedge \neg J) \vee (\neg F \wedge J)) \wedge ((A \wedge \neg J) \vee (\neg A \wedge J))$$

und schon durch Ausprobieren aller Möglichkeiten (weiter unten als „Wahrheitstafelmethode" bezeichnet) finden wir heraus, dass die Politiker uns die Regierungskoalition verraten haben. Offensichtlich wird diese Ausprobiermethode desto weniger durchführbar, je mehr Aussagensymbole in einer Formel vorkommen.

Gibt es einen systematischen Weg, die möglichen Wahrheitswerte einer Formel zu bestimmen? Ja, und der Hauptteil dieses Abschnitts dient dazu, das Resolutionskalkül der Aussagenlogik vorzustellen. Aber schön langsam, eins nach dem anderen: Zuerst einmal legen wir den Grundstein und im Gegensatz zur wirklichen Welt läuft alles ganz klar und einfach ab. Los geht's!

2.A Grundlagen

Nicht aller Anfang ist schwer. Unser Exkurs in die mathematische Logik beginnt mit der Syntax der Aussagenlogik und diese ist leicht verdaulich.

Definition 2.1: Die Syntax der Aussagenlogik

a) Eine **atomare Formel** ist von der Form A_i mit $i \in \mathbb{N}$, d. h. atomare Formeln sind nur die einfachen Aussagen.

b) Eine beliebige Formel entsteht induktiv aus atomaren Formeln, wobei die folgenden Schritte erlaubt sind:

b1) Jede atomare Formel ist eine Formel.
b2) Sind F, G zwei Formeln, so sind auch $(F \wedge G)$ sowie $(F \vee G)$ Formeln.
b3) Für jede Formel F ist auch $\neg F$ eine Formel.

Hierbei heißt

$F \wedge G$	die **Konjunktion** von F und G,
$F \vee G$	die **Disjunktion** von F und G, und
$\neg F$	die **Negation** von F.

Nun betrachten wir einige Beispiele aussagenlogischer Formeln.

Beispiel 2.2

Seien A_1, A_2, A_3 Aussagen.

a) Der Ausdruck $(\neg A_1 \vee (A_2 \wedge \neg A_3))$ ist eine Formel.
b) Auch $((A_1 \wedge A_2) \vee A_3)$ ist eine Formel, aber
c) $A_1 \wedge A_2 \vee A_3$ ist **keine** Formel, denn die Klammerung fehlt. (Die Junktoren $\wedge$ und $\vee$ binden gleich stark.)

Zur Vereinfachung der Konstruktion von Formeln führen wir die folgenden Abkürzungen ein.

Notationen 2.3

a) Für Aussagen verwenden wir statt $A_0, A_1, A_2, \ldots$ auch A, B, C etc.

Seien nun Formeln $F_1, F_2, F_3, \ldots$ gegeben.

b) Für $(\neg F_1 \vee F_2)$ schreiben wir auch $(F_1 \Rightarrow F_2)$. Wir nennen $F_1 \Rightarrow F_2$ eine **Folgerung**.
c) Für $(F_1 \wedge F_2) \vee (\neg F_1 \wedge \neg F_2)$ schreiben wir auch $(F_1 \Leftrightarrow F_2)$. Wir nennen $F_1 \Leftrightarrow F_2$ eine **Äquivalenz**.
d) Für $(\cdots((F_1 \vee F_2) \vee F_3) \vee \cdots \vee F_n)$ schreiben wir auch $\bigvee_{i=1}^{n} F_i$.
e) Für $(\cdots((F_1 \wedge F_2) \wedge F_3) \wedge \cdots \wedge F_n)$ schreiben wir auch $\bigwedge_{i=1}^{n} F_i$.

Als Nächstes wollen wir die konstruierten Formeln mit Bedeutungsinhalten versehen. Anders ausgedrückt, wir wollen die Semantik der Aussagenlogik definieren.

Definition 2.4: Die Semantik der Aussagenlogik

a) Die Elemente der Menge {`wahr`, `falsch`} heißen die **Wahrheitswerte**. Wir schreiben auch 1 statt `wahr` und 0 statt `falsch`.
b) Sei M eine Menge von atomaren Formeln. Eine **Belegung** von M ist eine Abbildung $\alpha\colon M \to \{0, 1\}$.
c) Sei $\widehat{M}$ die Menge aller Formeln, die mit Hilfe der atomaren Formeln in M gebildet werden können, und sei $\alpha\colon M \to \{0, 1\}$ eine Belegung. Dann erweitern wir α zu einer Abbildung $\widehat{\alpha}\colon \widehat{M} \to \{0, 1\}$ gemäß den folgenden Vorschriften.

c1) Für atomare Formeln $A \in M$ gilt $\widehat{\alpha}(A) = \alpha(A)$.

c2) Für Formeln $F, G \in \widehat{M}$ gilt

$$\widehat{\alpha}((F \wedge G)) = \begin{cases} 1 & \text{falls } \widehat{\alpha}(F) = 1 \text{ und } \widehat{\alpha}(G) = 1\,, \\ 0 & \text{sonst}\,. \end{cases}$$

c3) Für Formeln $F, G \in \widehat{M}$ gilt

$$\widehat{\alpha}((F \vee G)) = \begin{cases} 1 & \text{falls } \widehat{\alpha}(F) = 1 \text{ oder } \widehat{\alpha}(G) = 1 \text{ (oder beides)}\,, \\ 0 & \text{sonst}\,. \end{cases}$$

c4) Für $F \in \widehat{M}$ gilt $\widehat{\alpha}(\neg F) = \begin{cases} 1 & \text{falls } \widehat{\alpha}(F) = 0\,, \\ 0 & \text{sonst}\,. \end{cases}$

Im Folgenden schreiben wir der Einfachheit halber α statt $\widehat{\alpha}$. Ist eine Belegung der in einer Formel vorkommenden Aussagensymbole gegeben, so ist der Wahrheitswert der Formel gemäß dieser Definition leicht zu ermitteln.

Beispiel 2.5

Seien A, B, C Aussagen und sei $\alpha\colon \{A, B, C\} \to \{0, 1\}$ mit $\alpha(A) = 1$, $\alpha(B) = 1$ und $\alpha(C) = 0$ eine Belegung. Dann gilt:

$$\begin{aligned} \alpha((A \wedge (B \vee \neg C))) &= \begin{cases} 1 & \text{falls } \alpha(A) = \alpha(B \vee \neg C) = 1\,, \\ 0 & \text{sonst}\,, \end{cases} \\ &= \begin{cases} 1 & \text{falls } \alpha(B) = 1 \text{ oder } \alpha(\neg C) = 1 \text{ (denn } \alpha(A) = 1)\,, \\ 0 & \text{sonst}\,, \end{cases} \\ &= 1 \quad \text{(da z. B. } \alpha(B) = 1 \text{ gilt)}\,. \end{aligned}$$

Wie können wir einen Überblick über alle möglichen Wahrheitswerte einer Formel erhalten? Wenn die Formel nicht zu kompliziert ist, funktioniert die folgende Wahrheitstafelmethode.

Bemerkung 2.6: Wahrheitstafeln

Seien F, G zwei Formeln und $\alpha\colon M \to \{0, 1\}$ eine Belegung der in F und G vorkommenden atomaren Formeln.

a) Die Wirkung von $\wedge$ ist gegeben durch die Wahrheitstafel:

$\alpha(F)$	$\alpha(G)$	$\alpha(F \wedge G)$
0	0	0
0	1	0
1	0	0
1	1	1

Dies entspricht dem sprachlichen Gebrauch von „und“ im Sinne von „sowohl als auch“.

b) Die Wirkung von $\vee$ ist gegeben durch die Wahrheitstafel:

$\alpha(F)$	$\alpha(G)$	$\alpha(F \vee G)$
0	0	0
0	1	1
1	0	1
1	1	1

Dies entspricht dem sprachlichen Gebrauch von „oder" im nicht exklusiven Sinne.

c) Die Wirkung von $\neg$ ist gegeben durch die Wahrheitstafel:

$\alpha(F)$	$\alpha(\neg F)$
0	1
1	0

Dies entspricht dem sprachlichen Gebrauch von „nicht".

d) Die Wirkung von $\Rightarrow$ ist gegeben durch die Wahrheitstafel:

$\alpha(F)$	$\alpha(G)$	$\alpha(F \Rightarrow G)$
0	0	1
0	1	1
1	0	0
1	1	1

Dies entspricht dem sprachlichen Gebrauch von „wenn F gilt, dann gilt G". Dies wird manchmal auch ausgedrückt in der Form „F gilt nur, falls G gilt".

e) Die Wirkung von $\Leftrightarrow$ ist gegeben durch die Wahrheitstafel:

$\alpha(F)$	$\alpha(G)$	$\alpha(F \Leftrightarrow G)$
0	0	1
0	1	0
1	0	0
1	1	1

Dies entspricht dem sprachlichen Gebrauch von „F gilt genau dann, wenn G gilt".

Es ist klar, dass man auch für kompliziertere aussagenlogische Formeln mit Hilfe von Wahrheitstafeln den Wahrheitswert unter jeder denkbaren Belegung ermitteln kann (vgl. auch Beispiel 2.9). Allerdings werden diese Wahrheitstafeln sehr schnell zu groß und unübersichtlich.

Beispiel 2.7: Philosophisches

Platon hatte Recht mit seiner Einschätzung des Sokrates genau dann, wenn Sokrates kein großer Philosoph war. Wenn Sokrates ein großer Philosoph war, dann hatte Aristoteles Recht mit seiner Einschätzung des Platon. Aristoteles hatte nur dann Recht mit seiner Einschätzung des Platon, falls Platon Recht hatte mit seiner Einschätzung des Sokrates.

Übersetzen Sie den Text in eine aussagenlogische Formel.

1) Festlegung der Abkürzungen:

S = „Sokrates war ein großer Philosoph."
A = „Aristoteles hat Recht mit seiner Einschätzung des Platon."
P = „Platon hatte Recht mit seiner Einschätzung des Sokrates."

2) Übersetzung der Aussagen:

– „Platon hatte Recht mit seiner Einschätzung des Sokrates genau dann, wenn Sokrates kein großer Philosoph war."

$$F_1 \overset{2.6.e)}{:=} (P \Leftrightarrow \neg S)$$

– „Wenn Sokrates ein großer Philosoph war, dann hatte Aristoteles Recht mit seiner Einschätzung des Platon."

$$F_2 := (S \Rightarrow A) \overset{2.3.b)}{\equiv} (\neg S \vee A)$$

– „Aristoteles hatte nur dann Recht mit seiner Einschätzung des Platon, falls Platon Recht hatte mit seiner Einschätzung des Sokrates."

$$F_3 := (A \Rightarrow P) \overset{2.3.b)}{\equiv} (\neg A \vee P)$$

– Alle Aussagen zusammen werden beschrieben durch die Formel

$$F := (F_1 \wedge F_2) \wedge F_3 \,.$$

Definition 2.8

Sei F eine aussagenlogische Formel und sei $\alpha\colon M \to \{0, 1\}$ eine Belegung.

a) Sind alle in F vorkommenden atomaren Formeln in M enthalten, so heißt α zu F **passend**.

b) Ist α zu F passend und gilt $\alpha(F) = 1$, so schreiben wir $\alpha \models F$. Wir sagen, dass F unter der Belegung α gilt und nennen α ein **Modell** für F.

c) Ist $\mathcal{F}$ eine Menge aussagenlogischer Formeln, so heißt α ein **Modell** für $\mathcal{F}$, wenn für alle $F \in \mathcal{F}$ gilt: $\alpha \models F$. In diesem Fall schreiben wir $\alpha \models \mathcal{F}$.

d) Eine Menge $\mathcal{F}$ von Formeln heißt **erfüllbar**, falls $\mathcal{F}$ mindestens ein Modell besitzt. Ansonsten heißt $\mathcal{F}$ **unerfüllbar**.

e) Eine Formel F heißt **allgemein gültig** oder eine **Tautologie**, wenn jede zu F passende Belegung ein Modell für F ist.

Beispiel 2.9: Philosophisches

Finden Sie ein Modell für die Formel aus Beispiel 2.7 mittels der Wahrheitstafelmethode.

$\alpha(P)$	$\alpha(S)$	$\alpha(A)$	$\alpha(P \Leftrightarrow \neg S)$	$\alpha(\neg S \vee A)$	$\alpha(\neg A \vee P)$	$\alpha(F)$
0	0	0	0	1	1	0
0	0	1	0	1	0	0
0	1	0	1	0	1	0
0	1	1	1	1	0	0
1	0	0	1	1	1	1
1	0	1	1	1	1	1
1	1	0	0	0	1	0
1	1	1	0	1	1	0

Also sind die beiden Belegungen $\alpha(P) = 1, \alpha(S) = \alpha(A) = 0$ und $\alpha(P) = \alpha(A) = 1$, $\alpha(S) = 0$ Modelle für F.

Satz 2.10

Eine Formel F ist genau dann eine Tautologie, wenn $\neg F$ unerfüllbar ist.

Beweis Genau dann ist F eine Tautologie, wenn für alle zu F passenden Belegungen $\alpha\colon M \to \{0,1\}$ gilt $\alpha \models F$, also genau dann, wenn für alle zu F passenden Belegungen α nicht gilt $\alpha \models \neg F$. Dies bedeutet gerade, dass $\neg F$ unerfüllbar ist. □

Beispiel 2.11

Seien A, B Aussagen. Dann ist $(A \Rightarrow B) \Leftrightarrow (\neg B \Rightarrow \neg A)$ eine Tautologie (Beweis vgl. Übungsaufgabe 2.5). Dies ist das Grundprinzip des „indirekten Beweises".

Definition 2.12

Zwei Formeln F und G heißen (semantisch) **äquivalent**, wenn für alle zu F und G passenden Belegungen $\alpha\colon M \to \{0,1\}$ die Gleichung $\alpha(F) = \alpha(G)$ gilt. In diesem Fall schreiben wir $F \equiv G$.

Man beachte, dass $F \equiv G$ dasselbe ist wie die Bedingung, dass $F \Leftrightarrow G$ eine Tautologie darstellt.

Beispiel 2.13

a) Es gilt $F \wedge (F \vee G) \equiv F$, denn:

$\alpha(F)$	$\alpha(G)$	$\alpha(F \vee G)$	$\alpha(F \wedge (F \vee G))$
0	0	0	0
0	1	1	0
1	0	1	1
1	1	1	1

b) Es gilt $\neg(F \wedge G) \equiv (\neg F \vee \neg G)$, denn:

$\alpha(F)$	$\alpha(G)$	$\alpha(F \wedge G)$	$\alpha(\neg(F \wedge G))$	$\alpha(\neg F)$	$\alpha(\neg G)$	$\alpha(\neg F \vee \neg G)$
0	0	0	1	1	1	1
0	1	0	1	1	0	1
1	0	0	1	0	1	1
1	1	1	0	0	0	0

↑ gleich! ↑

Satz 2.14: Ersetzungssatz

Seien F_1 und F_2 zwei äquivalente Formeln und sei G eine weitere Formel, in der F_1 als Teilformel vorkommt. Sei $\widetilde{G}$ die Formel, die man erhält, indem man in G die Formel F_1 durch F_2 ersetzt. Dann gilt $G \equiv \widetilde{G}$.

Beweis Wir schließen mit Induktion über den Aufbau der Formel G. Ist G eine atomare Formel, so muss offenbar $G = F_1$ gelten. Im Fall $G = F_1$ ist aber $\widetilde{G} = F_2$ nach Voraussetzung äquivalent zu F_1. Also bleibt noch die Möglichkeit zu betrachten, dass F_1 eine echte Teilformel von G ist. Gemäß Definition 2.1.b) unterscheiden wir drei Fälle.

Ist G von der Form $G = \neg H$, so ist F_1 eine Teilformel von H und es gilt $\widetilde{G} = \neg\widetilde{H}$, wobei $\widetilde{H}$ aus H entsteht, indem man F_1 durch F_2 ersetzt. Nach Induktionsvoraussetzung folgt $H \equiv \widetilde{H}$ und somit $G \equiv \widetilde{G}$.

Sei nun G von der Form $G = H_1 \wedge H_2$ mit aussagenlogischen Formeln H_1 und H_2. Ohne Einschränkung können wir annehmen, dass F_1 eine Teilformel von H_1 ist. Sei $\widetilde{H}_1$ die Formel, die entsteht, indem man in H_1 die Teilformel F_1 durch F_2 ersetzt. Nach Induktionsvoraussetzung gilt $H_1 \equiv \widetilde{H}_1$. Die Definition der Konjunktion zeigt dann unmittelbar, dass auch $H_1 \wedge H_2 \equiv \widetilde{H}_1 \wedge H_2$ gilt und folglich $G \equiv \widetilde{G}$.

Ist G schließlich von der Form $G = H_1 \vee H_2$ mit aussagenlogischen Formeln H_1 und H_2, so können wir analog zum zweiten Fall argumentieren. □

Als Nächstes stellen wir einige wichtige Äquivalenzen der Aussagenlogik zusammen. Sie lassen sich mit der Wahrheitstafelmethode leicht beweisen (vgl. z. B. Übungsaufgabe 2.5.b).

Satz 2.15: Die fundamentalen Äquivalenzen der Aussagenlogik

Für aussagenlogische Formeln F, G, H gelten die folgenden Äquivalenzen:

a) $(F \wedge F) \equiv F$ *sowie* $(F \vee F) \equiv F$
(Idempotenz)

b) $(F \wedge G) \equiv (G \wedge F)$ *sowie* $(F \vee G) \equiv (G \vee F)$
(Kommutativität)

c) $((F \wedge G) \wedge H) \equiv (F \wedge (G \wedge H))$ *sowie* $((F \vee G) \vee H) \equiv (F \vee (G \vee H))$
(Assoziativität)

d) $(F \wedge (F \vee G)) \equiv F$ *sowie* $(F \vee (F \wedge G)) \equiv F$
(Absorption)

e) $(F \wedge (G \vee H)) \equiv ((F \wedge G) \vee (F \wedge H))$ *sowie* $(F \vee (G \wedge H)) \equiv ((F \vee G) \wedge (F \vee H))$
(Distributivität)

f) $\neg\neg F \equiv F$
(Doppelnegation)

g) $\neg (F \wedge G) \equiv (\neg F \vee \neg G)$ *sowie* $\neg (F \vee G) \equiv (\neg F \wedge \neg G)$
(de Morgansche Regeln)

h) Ist F eine Tautologie, so gilt $(F \vee G) \equiv F$ *sowie* $(F \wedge G) \equiv G$.
(Tautologieregeln)

i) Ist F unerfüllbar, so gilt $(F \vee G) \equiv G$ *sowie* $(F \wedge G) \equiv F$.
(Unerfüllbarkeitsregeln)

In Anbetracht der Assoziativität können wir im Weiteren überflüssige Klammerpaare in aussagenlogischen Formeln weglassen.

Beispiel 2.16

Die Formel $(\neg F \Leftrightarrow G)$ ist gleichbedeutend mit dem „exklusiven oder" zwischen F und G, d. h. entweder es gilt F oder es gilt G, aber nicht beides.

$$\begin{aligned}
(F \vee G) \wedge \neg (F \wedge G) &\equiv (F \vee G) \wedge (\neg F \vee \neg G) \\
&\equiv (\neg\neg F \vee G) \wedge (\neg F \vee \neg G) \\
&\equiv (\neg F \Rightarrow G) \wedge (\neg F \Leftarrow G) \\
&\overset{\text{Aufg. 2.5.c)}}{\equiv} (\neg F \Leftrightarrow G)
\end{aligned}$$

Mit Hilfe dieser Äquivalenzen sowie des Ersetzungssatzes kann man aussagenlogische Formeln in Standardformen bringen.

Definition 2.17

a) Ein **Literal** ist eine atomare Formel oder die Negation einer atomaren Formel. Im ersten Fall sprechen wir von einem **positiven Literal**, im zweiten Fall von einem **negativen Literal**.

b) Eine Formel F ist in **konjunktiver Normalform (KNF)**, falls sie eine Konjunktion von Disjunktionen von Literalen ist. Mit anderen Worten, es muss Literale L_{ij} geben, so dass F von folgender Form ist:

$$F = (L_{1\,1} \vee \cdots \vee L_{1\,m_1}) \wedge \cdots \wedge (L_{n\,1} \vee \cdots \vee L_{n\,m_n})$$

c) Eine Formel F ist in **disjunktiver Normalform (DNF)**, falls sie eine Disjunktion von Konjunktionen von Literalen ist, d. h. falls F von folgender Form ist:

$$F = (L_{1\,1} \wedge \cdots \wedge L_{1\,m_1}) \vee \cdots \vee (L_{n\,1} \wedge \cdots \wedge L_{n\,m_n})$$

Beispiel 2.18

Seien A, B, C Aussagen.

a) Die Formel $F = (\neg A \wedge B \wedge C) \vee (A \wedge \neg B \wedge C) \vee (A \wedge B \wedge \neg C)$ ist in disjunktiver Normalform.

b) Die Formel $G = (A \vee \neg B \vee C) \wedge (\neg A \vee C) \wedge (\neg A \vee B)$ ist in konjunktiver Normalform.

Im weiteren Verlauf dieses Abschnitts wollen wir die folgenden beiden Fragen beantworten:

1) Wie kann man beliebige aussagenlogische Formeln in KNF bzw. DNF bringen?

2) Wie kann man von Formeln in KNF (oder DNF) die Unerfüllbarkeit testen oder entscheiden?

Satz 2.19

Für jede aussagenlogische Formel gibt es eine äquivalente Formel in KNF und eine äquivalente Formel in DNF.

Anstelle eines Beweises geben wir den Algorithmus an, mit dem man eine aussagenlogische Formel in KNF bringen kann.

Algorithmus zur Erzeugung einer KNF

Gegeben sei eine Formel F. Führe die folgenden Schritte durch:

0) Eliminiere $\Rightarrow$ und $\Leftrightarrow$ mittels ihrer Definition.

1) Ersetze in F jede Teilformel der Form $\neg\neg G$ durch G.

2) Ersetze in F jede Teilformel der Form $\neg(G \wedge H)$ durch $(\neg G \vee \neg H)$. Entsteht hierdurch eine Teilformel der Form $\neg\neg K$, so wende Schritt 1) an.

3) Ersetze in F jede Teilformel $\neg(G \vee H)$ durch $(\neg G \wedge \neg H)$. Entsteht hierdurch eine Teilformel der Form $\neg\neg K$, so wende Schritt 1) an.

4) Wiederhole die Schritte 2) und 3) so oft wie möglich.

5) Ersetze in F jede Teilformel der Form $(G \vee (H \wedge I))$ durch $((G \vee H) \wedge (G \vee I))$.

6) Ersetze in F jede Teilformel der Form $((G \wedge H) \vee I)$ durch $((G \vee I) \wedge (H \vee I))$.

7) Wiederhole die Schritte 5) und 6) so oft wie möglich.

Die resultierende Formel ist dann in KNF.

Eine geeignete Modifikation dieses Algorithmus berechnet auch eine zu F äquivalente Formel in DNF (vgl. Übungsaufgabe 2.6).

Beispiel 2.20

Gegeben sei die Formel

$$F = ((A \Leftrightarrow (B \wedge \neg C)) \wedge (\neg B \Rightarrow A)) ,$$

wobei A, B, C Aussagen sind. Wir bringen F mit Hilfe des obigen Algorithmus in KNF und verfolgen die Schritte.

0) Eliminiere $\Rightarrow$ und $\Leftrightarrow$ mittels ihrer Definitionen (vgl. Notation 2.3):

$$F \underset{2.3.c)}{\overset{2.3.b)}{\equiv}} (((A \wedge (B \wedge \neg C)) \vee (\neg A \wedge \neg (B \wedge \neg C))) \wedge (\neg\neg B \vee A))$$

1) Ersetze in F jede Teilformel der Form $\neg\neg G$ durch G:

$$F \overset{2.15.f)}{\equiv} (((A \wedge B \wedge \neg C) \vee (\neg A \wedge \neg (B \wedge \neg C))) \wedge (B \vee A))$$

2), 3) Ersetze in F jede Teilformel der Form $\neg (G \wedge H)$ durch $(\neg G \vee \neg H)$ bzw. der Form $\neg (G \vee H)$ durch $(\neg G \wedge \neg H)$:

$$F \overset{2.15.g)}{\equiv} (((A \wedge B \wedge \neg C) \vee (\neg A \wedge (\neg B \vee \neg\neg C))) \wedge (B \vee A))$$

1) Ersetze in F jede Teilformel der Form $\neg\neg G$ durch G:

$$F \overset{2.15.f)}{\equiv} (((A \wedge B \wedge \neg C) \vee (\neg A \wedge (\neg B \vee C))) \wedge (B \vee A))$$

5) Ersetze jede Teilformel der Form $(G \vee (H \wedge I))$ durch $((G \vee H) \wedge (G \vee I))$:

$$F \overset{2.15.e)}{\equiv} (((A \wedge B \wedge \neg C) \vee \neg A) \wedge ((A \wedge B \wedge \neg C) \vee (\neg B \vee C)) \wedge (B \vee A))$$

6) Ersetze in F jede Teilformel der Form $((G \wedge H) \vee I)$ durch $((G \vee I) \wedge (H \vee I))$:

$$\begin{aligned} F &\overset{2.15.e)}{\equiv} (((A \vee \neg A) \wedge (B \vee \neg A) \wedge (\neg C \vee \neg A)) \wedge ((A \vee (\neg B \vee C)) \\ &\qquad \wedge (B \vee (\neg B \vee C)) \wedge (\neg C \vee (\neg B \vee C))) \wedge (B \vee A)) \\ &\equiv (A \vee \neg A) \wedge (B \vee \neg A) \wedge (\neg C \vee \neg A) \wedge (A \vee \neg B \vee C) \\ &\qquad \wedge (B \vee \neg B \vee C) \wedge (\neg C \vee \neg B \vee C) \wedge (B \vee A) \end{aligned}$$

Dies ist *eine* KNF der gegebenen Formel.

Mit Hilfe der fundamentalen Äquivalenzen (Satz 2.15) können wir die Formel jedoch noch weiter vereinfachen:

- Mit Hilfe der Tautologieregel (2.15.h) folgt

$$F \overset{2.15.h)}{\equiv} (B \vee \neg A) \wedge (\neg C \vee \neg A) \wedge (A \vee \neg B \vee C) \wedge (B \vee A)\,.$$

- Durch geschicktes Anwenden der Distributivgesetze (2.15.e)) folgt z. B. für $(\neg A \vee B) \wedge (A \vee B) \overset{2.15.e)}{\equiv} (\neg A \vee A) \wedge B \overset{2.15.h)}{\equiv} B$, also folgt

$$F \overset{2.15.h)}{\equiv} B \wedge (\neg C \vee \neg A) \wedge (A \vee \neg B \vee C)\,.$$

- Über die Äquivalenzen

$$\begin{aligned} B \wedge (A \vee \neg B \vee C) &\overset{2.15.e)}{\equiv} (B \wedge A) \vee (B \wedge \neg B) \vee (B \wedge C) \\ &\overset{2.15.i)}{\equiv} (B \wedge A) \vee (B \wedge C) \\ &\overset{2.15.e)}{\equiv} B \wedge (A \vee C) \end{aligned}$$

  erhalten wir schließlich $F \equiv B \wedge (\neg C \vee \neg A) \wedge (A \vee C)$.

Beispiel 2.21: Philosophisches

Unter der Annahme, dass zusätzlich zu den Aussagen in Beispiel 2.7 noch gilt, dass Platons Einschätzung des Sokrates stimmt, folgt dann, dass Sokrates kein großer Philosoph war?

a) *Man formuliere diese Frage als Unerfüllbarkeitsproblem.*

Zu zeigen ist, dass aus F und P folgt, dass $\neg S$ gilt, also ist zu zeigen, dass $(F \wedge P) \Rightarrow \neg S$ eine Tautologie ist. Wir müssen also nach Satz 2.10 die Unerfüllbarkeit von

$$\begin{aligned} F' := \neg((F \wedge P) \Rightarrow \neg S) &\overset{2.3}{\equiv} \neg(\neg(F \wedge P) \vee \neg S) \\ &\overset{2.15}{\equiv} (F \wedge P \wedge S) \end{aligned}$$

zeigen.

b) *Man forme die soeben erhaltene Formel in KNF um.*

$$F' = (P \Leftrightarrow \neg S) \wedge (\neg S \vee A) \wedge (\neg A \vee P) \wedge P \wedge S$$

Wir benutzen den Algorithmus in Satz 2.6:

0) Eliminiere $\Rightarrow$ und $\Leftrightarrow$ mittels ihrer Definition:

$$\begin{aligned} F' &\overset{\text{Aufg. 2.5.c)}}{\equiv} (P \Leftarrow \neg S) \wedge (P \Rightarrow \neg S) \wedge (\neg S \vee A) \wedge (\neg A \vee P) \wedge P \wedge S \\ &\overset{2.3}{\equiv} (P \vee \neg\neg S) \wedge (\neg P \vee \neg S) \wedge (\neg S \vee A) \wedge (\neg A \vee P) \wedge P \wedge S \end{aligned}$$

1) Ersetze in F jede Teilformel der Form $\neg\neg G$ durch G:

$$F' \overset{2.15.f)}{\equiv} (P \vee S) \wedge (\neg P \vee \neg S) \wedge (\neg S \vee A) \wedge (\neg A \vee P) \wedge P \wedge S$$

Dies ist nach Definition 2.17 eine KNF der Formel F'.

Satz 2.22: Endlichkeitssatz/Kompaktheitssatz

Eine (unendliche) Menge von aussagenlogischen Formeln ist genau dann erfüllbar, wenn jede endliche Teilmenge erfüllbar ist.

Beweis Sei $\mathcal{F}$ eine Menge aussagenlogischer Formeln. Offenbar können wir annehmen, dass $\mathcal{F}$ unendlich ist. Ist α ein Modell für $\mathcal{F}$, so ist α auch ein Modell für jede endliche Teilmenge von $\mathcal{F}$. Es ist also nur die umgekehrte Richtung zu beweisen.

Die in $\mathcal{F}$ vorkommenden Aussagensymbole seien $A_1, A_2, \ldots$. Für jedes $n \geq 1$ sei $\mathcal{F}_n$ die Menge aller Formeln in $\mathcal{F}$, die nur die Aussagensymbole $A_1, A_2, \ldots, A_n$ enthalten. Da es für Formeln in n Aussagensymbolen maximal 2^{2^n} verschiedene Wahrheitstafeln gibt, existieren endliche Teilmengen $\mathcal{F}_n' \subseteq \mathcal{F}_n$, so dass jede Formel in $\mathcal{F}_n$ äquivalent ist zu einer Formel in $\mathcal{F}_n'$. Nach Voraussetzung gibt es dann für jedes $n \geq 1$ ein Modell α_n von $\mathcal{F}_n'$. Klarerweise ist α_n auch ein Modell für $\mathcal{F}_n$, und wegen $\mathcal{F}_1 \subseteq \mathcal{F}_2 \subseteq \ldots$ sogar für alle $\mathcal{F}_i$ mit $i \leq n$.

Nun konstruieren wir induktiv eine Belegung $\alpha\colon \{A_1, A_2, \ldots\} \to \{0,1\}$ wie folgt:

1) Setze $n = 1$, $I = \{1, 2, 3, \ldots\}$ und $\alpha\colon \{\,\} \to \{0,1\}$.
2) Sei $n \geq 1$ und $\alpha\colon \{A_1, \ldots, A_{n-1}\} \to \{0,1\}$ bereits konstruiert. Gibt es unendlich viele Indizes $i \in I$ mit $\alpha_i(A_n) = 1$, so definiere $\alpha(A_n) = 1$ und erhalte eine Abbildung $\alpha\colon \{A_1, \ldots, A_n\} \to \{0,1\}$. Streiche aus I alle Indizes i mit $\alpha_i(A_n) = 0$, erhöhe n um eins und fahre mit 2) fort.
3) Sei nun $\alpha_i(A_n) = 1$ für nur endlich viele $i \in I$. Setze $\alpha(A_n) = 0$ und erhalte eine Abbildung $\alpha\colon \{A_1, \ldots, A_n\} \to \{0,1\}$. Streiche aus I alle Indizes i mit $\alpha_i(A_n) = 1$, erhöhe n um eins und fahre mit 2) fort.

Insgesamt definiert diese Prozedur eine Abbildung $\alpha\colon \{A_1, A_2, \ldots\} \to \{0,1\}$. Wir zeigen nun, dass α ein Modell für $\mathcal{F}$ ist.

Zu jeder Formel $F \in \mathcal{F}$ gibt es ein $n \geq 1$ mit $F \in \mathcal{F}_n$, denn F enthält nur endlich viele Aussagensymbole. Bei der Definition der Abbildung α durch die obige Prozedur enthält die Menge I stets unendlich viele Elemente. Also gibt es ein $i \in I$ mit $i \geq n$. Für dieses i gilt $\alpha_i(A_1) = \alpha(A_1), \ldots, \alpha_i(A_n) = \alpha(A_n)$. Damit erhalten wir $\alpha \models F$. □

2.B Das Resolutionskalkül der Aussagenlogik

Nun wollen wir ein Resolutionskalkül für die Aussagenlogik entwickeln. Die Definition eines Kalküls macht nur Sinn, wenn man dessen **Korrektheit** und **Vollständigkeit** beweisen kann. Ein Kalkül heißt hierbei korrekt, wenn es die Unerfüllbarkeit oder Erfüllbarkeit einer gegebenen Formel korrekt entscheidet. Es heißt vollständig, wenn es für jede syntaktisch korrekte Formel des logischen Systems (oder einer explizit angegebenen Teilmenge der Formelmenge) in endlich vielen Schritten zu einer Entscheidung kommt.

Bemerkung 2.23

Wir suchen hier nach einem Kalkül, das es uns erlaubt, von einer endlichen Menge aussagenlogischer Formeln die Unerfüllbarkeit zu beweisen. Viele andere Aufgaben können hierauf zurückgeführt werden, z. B.:

a) Eine Formel F kann daraufhin getestet werden, ob sie eine Tautologie darstellt, indem man $\neg F$ auf Unerfüllbarkeit testet (vgl. Satz 2.10).
b) Man kann herausfinden, ob eine gegebene Formel G aus einer Formelmenge $\{F_1, \ldots, F_k\}$ folgt. Dies ist nämlich gleichwertig mit der Frage, ob $F_1 \wedge \cdots \wedge F_k \wedge \neg G$ unerfüllbar ist.

Der erste Schritt des Resolutionskalküls besteht darin, die gegebenen Formeln in KNF zu bringen. Das geschieht mit dem Algorithmus in Satz 2.19.

Definition 2.24

Gegeben sei eine aussagenlogische Formel in KNF, also

$$F = (L_{11} \vee \cdots \vee L_{1n_1}) \wedge \cdots \wedge (L_{k1} \vee \cdots \vee L_{kn_k}) ,$$

wobei die L_{ij} Literale sind. Dann heißt

$$\mathcal{K}(F) = \left\{\{L_{11}, \ldots, L_{1n},\}, \ldots, \left\{L_{k1}, \ldots, L_{kn_k}\right\}\right\}$$

die F zugeordnete Klauselmenge. Die einzelnen Mengen $\left\{L_{i1}, \ldots, L_{in_i}\right\}$ heißen die **Klauseln** von F.

Bemerkung 2.25

Verschiedene Formeln in KNF können dieselbe Klauselmenge besitzen. Z. B. besitzen die Formeln

$$F_1 = (A_1 \vee A_1) \wedge (A_2 \vee \neg A_3)$$
$$F_2 = A_1 \wedge (\neg A_3 \vee A_2)$$
$$F_3 = A_1 \wedge (A_2 \vee \neg A_3 \vee A_2)$$

alle dieselbe Klauselmenge $\{\{A_1\}, \{A_2, \neg A_3\}\}$.

Definition 2.26

a) Seien K_1, K_2 und K_3 Klauseln. Die Klausel K_3 heißt eine **Resolvente** von K_1 und K_2, wenn es ein Literal L gibt, so dass die folgenden beiden Bedingungen erfüllt sind:

   1) Es gilt $L \in K_1$ und $\neg L \in K_2$. Ist hierbei $L = \neg A$ ein negatives Literal, so sei $\neg L = A$.
   2) $K_3 = (K_1 \setminus \{L\}) \cup (K_2 \setminus \{\neg L\})$

b) Ist K_3 eine Resolvente von K_1 und K_2, so verwenden wir nebenstehende grafische Darstellung:

K_1 \ / K_2

K_3

c) Dabei ist die leere Klausel $K_3 = \emptyset$ zulässig. Sie ergibt sich z. B. als Resolvente von $K_1 = \{L\}$ und $K_2 = \{\neg L\}$. Eine Klauselmenge, die $\emptyset$ enthält, wird als **unerfüllbar** bezeichnet.

Beispiel 2.27

Gegeben sei die Klauselmenge $\{\{A, B, \neg C\}, \{A, \neg B, C\}\}$. Zu den Klauseln dieser Klauselmenge gibt es die folgenden Resolventen:

$\{A, B, \neg C\}$ \ / $\{A, \neg B, C\}$ → $\{A, C, \neg C\}$

und

$\{A, B, \neg C\}$ \ / $\{A, \neg B, C\}$ → $\{A, B, \neg B\}$

Satz 2.28: Das Resolutionslemma

Sei F eine aussagenlogische Formel und sei $\mathcal{K}(F)$ die zugeordnete Klauselmenge. Ist K_3 eine Resolvente zweier Klauseln $K_1, K_2 \in \mathcal{K}(F)$, so ist F äquivalent zu jeder Formel $\widetilde{F}$ mit Klauselmenge $\mathcal{K}(F) \cup \{K_3\}$.

Beweis Sei $\alpha\colon M \to \{0,1\}$ eine zu F passende Belegung. Gilt $\alpha \models \widetilde{F}$, so gilt insbesondere $\alpha \models F$. Sei nun $\alpha \models F$ vorausgesetzt. Sei $L_{11} \vee \cdots \vee L_{1n_1}$ die Teilformel von F mit Klausel K_1 und $L_{21} \vee \cdots \vee L_{2n_2}$ die Teilformel mit Klausel K_2. Hierbei sei $L_{21} = \neg L_{11}$ und $K_3 = \{L_{12}, \ldots, L_{1n_1}\} \cup \{L_{22}, \ldots, L_{2n_2}\}$, wobei das Literal L_{11} in $\{L_{12}, \ldots, L_{1n_1}\}$ und das Literal L_{21} in $\{L_{22}, \ldots, L_{2n_2}\}$ nicht vorkommen sollen.

Jetzt betrachten wir zwei Fälle:

1) Angenommen es gilt $\alpha \models L_{11}$. Dann folgt aus $\alpha \models L_{21} \vee \cdots \vee L_{2n_2}$ und $\alpha \not\models L_{21}$, dass $\alpha \models L_{22} \vee \cdots \vee L_{2n_2}$ gilt und daher $\alpha \models F_3$ für jede Formel F_3 mit Klauselmenge $\{K_3\}$.
2) Es gelte nun umgekehrt $\alpha \not\models L_{11}$. Dann folgt aus $\alpha \models L_{11} \vee \cdots \vee L_{1n_1}$, dass $\alpha \models L_{12} \vee \cdots \vee L_{1n_1}$ gilt und daher $\alpha \models F_3$ für jede Formel F_3 mit Klauselmenge $\{K_3\}$. □

Bemerkung 2.29

Man beachte, dass man bei einem Resolutionsschritt nicht gleichzeitig zwei Literale eliminieren darf. Ebenso überlegt man sich leicht, dass man die den Tautologien entsprechenden Klauseln weglassen darf (vgl. Übungsaufgabe 2.12).

Definition 2.30

a) Für jede Klauselmenge $\mathcal{K}$ setzen wir

$$\mathrm{Res}^1(\mathcal{K}) = \mathcal{K} \cup \{R \mid R \text{ Resolvente zweier Klauseln in } \mathcal{K}\} \ .$$

b) Für $n \geq 2$ sei

$$\mathrm{Res}^n(\mathcal{K}) = \mathrm{Res}\left(\mathrm{Res}^{n-1}(\mathcal{K})\right) \ .$$

Für $n = 0$ sei $\mathrm{Res}^0(\mathcal{K}) = \mathcal{K}$. Wir nennen $\mathrm{Res}^n(\mathcal{K})$ die Menge der Resolventen **n-ter Stufe** von $\mathcal{K}$.

c) Schließlich setzen wir

$$\mathrm{Res}^\infty(\mathcal{K}) = \bigcup_{n\geq 0} \mathrm{Res}^n(\mathcal{K}) \ .$$

▶ Theorem 2.31: Der Resolutionssatz der Aussagenlogik

Eine Formel F ist genau dann unerfüllbar, wenn $\emptyset \in \mathrm{Res}^\infty(\mathcal{K}(F))$ gilt.

Beweis Zuerst zeigen wir die *Korrektheit* dieses Kalküls. Ist $\emptyset \in \mathrm{Res}^n(\mathcal{K}(F))$ für ein $n \geq 1$, so kann diese leere Klausel nur durch Resolution zweier Klauseln $\{A\}$ und $\{\neg A\}$ entstanden sein, wobei A eine Aussage ist. Aus $\{A\}, \{\neg A\} \in \mathrm{Res}^{n-1}(\mathcal{K}(F))$ folgt $\{A\}, \{\neg A\} \in \mathrm{Res}^\infty(\mathcal{K}(F))$. Nach dem Resolutionslemma 2.28 sind F und jede Formel in $\mathrm{Res}^\infty(\mathcal{K}(F))$ äquivalent. Somit gilt $F \equiv A \wedge \neg A$, d. h. F ist unerfüllbar.

Der Beweis der *Vollständigkeit* dieses Kalküls verläuft mit Induktion über die Anzahl n der in $\mathcal{K}(F)$ vorkommenden Aussagensymbole. Diese seien mit $A_1, \ldots, A_n$ bezeichnet.

Ist $n = 0$, so gilt offenbar $\mathcal{K}(F) = \emptyset$. Sei nun $n > 0$. Wir definieren zwei neue Klauselmengen $\mathcal{K}_1$ und $\mathcal{K}_2$ wie folgt. Die Klauselmenge $\mathcal{K}_1$ entsteht aus $\mathcal{K}(F)$, indem jede Klausel gestrichen wird, die $\neg A_n$ enthält, und indem in den restlichen Klauseln jedes Vorkommen von A_n gestrichen wird. Die Menge $\mathcal{K}_2$ entsteht aus $\mathcal{K}(F)$, indem jede Klausel gestrichen wird, die A_n enthält, und indem in den restlichen Klauseln jedes Vorkommen von $\neg A_n$ gestrichen wird.

Die Klauselmenge $\mathcal{K}_1$ ist unerfüllbar, denn wäre $\alpha\colon \{A_1, \dots, A_{n-1}\} \to \{0,1\}$ ein Modell für $\mathcal{K}_1$, so wäre $\widetilde{\alpha}\colon \{A_1, \dots, A_n\} \to \{0,1\}$ mit $\widetilde{\alpha}(A_i) = \alpha(A_i)$ für $1 \leq i \leq n-1$ und $\widetilde{\alpha}(A_n) = 0$ ein Modell für $\mathcal{K}(F)$. Analog folgt, dass auch $\mathcal{K}_2$ unerfüllbar ist. Nach Induktionsvoraussetzung gilt damit $\emptyset \in \mathrm{Res}^{\infty}(\mathcal{K}_1)$ sowie $\emptyset \in \mathrm{Res}^{\infty}(\mathcal{K}_2)$.

Sei also $K_1, \dots, K_r$ eine Folge von Klauseln mit $K_1 \in \mathcal{K}_1$, für $i = 2, \dots, r$ mit $K_i \in \mathrm{Res}(\mathcal{K}_1 \cup \{K_1, \dots, K_{i-1}\})$ und mit $K_r = \emptyset$. Seien $\widetilde{K}_i$ die Klauseln in $\mathcal{K}(F)$ aus denen die Klauseln K_i entstanden sind, also $\widetilde{K}_i = K_i$ oder $\widetilde{K}_i = K_i \cup \{A_n\}$. Dann ist $\widetilde{K}_1, \dots, \widetilde{K}_r$ eine Folge von Klauseln, die zeigt, dass entweder $\emptyset \in \mathrm{Res}^{\infty}(\mathcal{K}(F))$ oder $\{A_n\} \in \mathrm{Res}^{\infty}(\mathcal{K}(F))$ gilt. Im ersten Fall ist die Behauptung bewiesen. Im zweiten Fall können wir analog schließen, dass $\{\neg A_n\} \in \mathrm{Res}^{\infty}(\mathcal{K}(F))$ gelten muss. Dann aber zeigt der Resolutionsschritt

$$\{A_n\} \qquad \{\neg A_n\}$$
$$\searrow \quad \swarrow$$
$$\emptyset$$

die Behauptung. □

Bemerkung 2.32

Sei F eine Formel, in der n atomare Formeln vorkommen. Dann besitzt $\mathrm{Res}^{\infty}(\mathcal{K}(F))$ maximal 4^n Elemente.

Es gibt höchstens 4^n Klauseln, die man mit den Aussagen bilden kann, denn jede Aussage kann

- in einer Klausel positiv vorkommen,
- in einer Klausel negativ vorkommen,
- in einer Klausel positiv und negativ vorkommen,
- in einer Klausel nicht vorkommen.

Aus diesen Beobachtungen folgt, dass es ein $n \geq 0$ gibt, für welches gilt: $\mathrm{Res}^{\infty}(\mathcal{K}(F)) = \mathrm{Res}^{n}(\mathcal{K}(F))$.

Aus dieser Bemerkung und dem Theorem ergibt sich der nachstehende Algorithmus.

Korollar 2.33: Erfüllbarkeitstest für aussagenlogische Formeln

Gegeben sei eine aussagenlogische Formel F in KNF.

1) Bilde die Klauselmenge $\mathcal{K}(F)$.
2) Für $n = 1, 2, 3, \dots$ berechne $\mathrm{Res}^{n}(\mathcal{K}(F))$ solange, bis $\emptyset \in \mathrm{Res}^{n}(\mathcal{K}(F))$ oder bis $\mathrm{Res}^{n}(\mathcal{K}(F)) = \mathrm{Res}^{n-1}(\mathcal{K}(F))$ gilt.
3) Im ersten Fall gib „F ist unerfüllbar" aus, im zweiten Fall gib „F ist erfüllbar" aus und stoppe.

Beispiel 2.34

Gegeben sei die Formel

$$F = (A \vee B \vee C) \wedge (\neg A \vee B \vee C) \wedge (\neg B) \wedge (B \vee \neg C) \ ,$$

wobei A, B, C Aussagen sind. Offenbar ist F in KNF. Wir wenden obigen Algorithmus an und erhalten:

1) $\mathcal{K}(F) = \{\{A, B, C\}, \{\neg A, B, C\}, \{\neg B\}, \{B, \neg C\}\} = \mathrm{Res}^0(\mathcal{K}(F))$

2) $\mathrm{Res}^1(\mathcal{K}(F)) = \mathcal{K}(F) \cup \{\{B, C\}, \{A, C\}, \{A, B\}, \{\neg A, C\}, \{\neg A, B\}, \{\neg C\}\}$

2) $\mathrm{Res}^2(\mathcal{K}(F)) = \mathrm{Res}^1(\mathcal{K}(F)) \cup \{\{C\}, \{A\}, \{\neg A\}, \{B\}\}$

2) $\mathrm{Res}^3(\mathcal{K}(F)) = \mathrm{Res}^2(\mathcal{K}(F)) \cup \{\emptyset, \ldots\}$

3) „F ist unerfüllbar“

Beispiel 2.35: Philosophisches

Man zeige die Unerfüllbarkeit von F' aus Beispiel 2.21 mittels des Resolutionskalküls.

$$F' \equiv (P \vee S) \wedge (\neg P \vee \neg S) \wedge (\neg S \vee A) \wedge (\neg A \vee P) \wedge P \wedge S$$

Wir verwenden den Algorithmus nach Bemerkung 2.32:

1) Klauselmenge:

$$\mathcal{K}(F') = \{\{P, S\}, \{\neg P, \neg S\}, \{\neg S, A\}, \{\neg A, P\}, \{P\}, \{S\}\}$$

2) Resolventenmengen:

$$\begin{aligned} \mathrm{Res}^0(\mathcal{K}(F')) &:= \mathcal{K}(F') \\ \mathrm{Res}^1(\mathcal{K}(F')) &= \mathcal{K}(F') \cup \{\{P, A\}, \{\neg A, \neg S\}, \{\neg S\}, \{\neg P\}, \{P, \neg S\}, \{A\}\} \\ \mathrm{Res}^2(\mathcal{K}(F')) &= \mathrm{Res}^1(\mathcal{K}(F')) \cup \{\{\neg A\}, \emptyset, \ldots\} \end{aligned}$$

3) Wegen $\emptyset \in \mathrm{Res}^2(\mathcal{K}(F'))$ ist die Formel F' unerfüllbar.

D. h. die ursprüngliche Behauptung, dass $\neg S_P$ aus $(F \wedge P)$ folgt, ist richtig.

Oder grafisch (wie in Definition 2.26 und Beispiel 2.27):

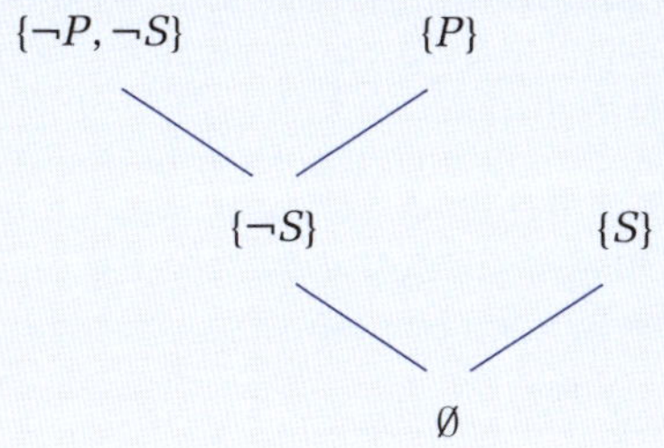

Bemerkung 2.36: Komplexität des Resolutionskalküls

Sei F eine Formel, in der n atomare Formeln vorkommen. Dann besitzt der Resolutionsalgorithmus maximal 4^n Schritte, denn bei jedem Schritt $\text{Res}^n(\mathcal{K}(F)) \rightarrow \text{Res}^{n+1}(\mathcal{K}(F))$ muss mindestens eine neue Resolvente dazukommen oder der Algorithmus bricht ab.

Umgekehrt gibt es aber Beispiele, in denen der Algorithmus tatsächlich eine exponentielle Zahl von Schritten braucht. Es kann auch kein allgemein funktionierender, schnellerer Algorithmus existieren, denn das Problem ist als NP-vollständig nachgewiesen worden. Für spezielle Formeltypen gibt es jedoch effiziente Algorithmen, d. h. Algorithmen, die in polynomialer Zeit (abhängig von n) fertig werden. Ein Beispiel hierfür lernen wir im nächsten Kapitel kennen.

Übungsaufgaben

Lösungstipps finden Sie im Anhang dieses Buchs. Hier erhalten Sie auch die wichtigsten Lösungsrezepte. Ausführliche Lösungswegbeschreibungen stehen auf der buchbegleitenden Companion Website (CWS) unter *www.pearson-studium.de* zur Verfügung.

Aufgabe 2.1: Herakles heroische Heldentaten, 1. Orakelsprüche

Schon kurz nach der Geburt der Zwillingsbrüder Herakles und Eurystheus entstand ein Streit, wer von den beiden der rechtmäßige Herrscher sei. Dazu wurden die drei bekanntesten Orakel befragt.

Das Ammonion gab bekannt, dass die Orakelsprüche aus Klaros grundsätzlich falsch seien. Ebenso ließ das Orakel aus Klaros verlauten, dass die Orakelsprüche aus Delphi samt und sonders unzutreffend seien. Das Orakel aus Delphi jedoch behauptete, sowohl die Sprüche des Ammonions als auch die des Orakels in Klaros seien unwahr.

Wem sollten die armen Griechen nun glauben?

Aufgabe 2.2: Der Bulle von Transsylvanien, 1. Lucy in the sky with diamonds

Inspektor Craig hat wieder einmal schwierige Fälle zu lösen. Sein augenblickliches Revier ist Transsylvanien, ein Land, das gleichermaßen von Vampiren wie Menschen bewohnt wird. Hinzu kommt, dass ein beträchtlicher Teil der Bevölkerung von einer grausamen Geisteskrankheit heimgesucht wird, die ihre Opfer so sehr verwirrt, dass diese immer das Gegenteil dessen sagen, was sie eigentlich meinen. Erschwerend für seine Ermittlungen wirkt sich auch die Tatsache aus, dass Vampire im Gegensatz zu Menschen auch noch lügen (ein geisteskranker Vampir sagt also wieder die Wahrheit).

In seinem ersten Fall handelt es sich um zwei Schwestern namens Lucy und Minna. Inspektor Craig muss herausfinden, wer von ihnen ein Vampir ist. Er weiß, dass eine der beiden Schwestern ein Vampir ist und die andere ein Mensch. Über den Geisteszustand der Betreffenden ist nichts bekannt. Hier ist das Transkript der Untersuchung:

Insp. Craig (zu Lucy): „Erzählen Sie mir etwas, das Sie beide betrifft."

Lucy: „Wir sind beide verrückt."

Insp. Craig (zu Minna): „Stimmt das?"

Minna: „Natürlich nicht."

Hieraus konnte Inspektor Craig zu jedermanns Zufriedenheit nachweisen, welche der Schwestern ein Vampir war. Sie auch?

Aufgabe 2.3: Unendliche Weiten, Episode 1: Die Lügen der Polits

Die Enterprise fliegt zu Forschungszwecken zum weitgehend unbekannten Planeten Warlüg. Man weiß bisher nur, dass sich das Volk in drei Stämme unterteilt, die Xurs, welche immer die Wahrheit sagen, die Polits, notorische Lügner, und die Yzys, die lügen oder die Wahrheit sagen, je nach Lust und Laune. Captain Archer und Sub-Commander T'Pol beamen sich auf den Planeten und begegnen drei Einheimischen. Dem äußeren Erscheinungsbild nach zu urteilen ist jeder der drei Stämme vertreten.

Archer: „Von welchem Stamm seid ihr?"

Der erste sagt: „Der dritte ist ein Polit."

Der zweite sagt: „Der erste ist ein Xur."

Der dritte sagt: „Ich bin ein Yzy."

Archer zu T'Pol: „So kommen wir nicht weiter."

T'Pol blickt Archer verständnislos an: „Aber es ist doch offensichtlich, wer von welchem Stamm ist. ..."

Nämlich?

Aufgabe 2.4: Unendliche Weiten, Episode 2: T'Pols Logik

Da Archer und T'Pol einen Ortskundigen brauchen, von dem sie wissen, dass er die Wahrheit sagt, bitten sie den Xur, sie zu begleiten. Dieser lehnt ab, teilt ihnen aber mit, dass im Nachbardorf lediglich Xurs und Polits leben, also solche, die immer die Wahrheit sagen oder immer lügen, so dass es leicht sein sollte, dort jemand Zuverlässigen zu finden. So begeben sich Archer und T'Pol zu diesem Dorf und treffen dort drei Bewohner an.

Der erste sagt: „Einer von den beiden anderen ist ein Lügner."

Der zweite sagt: „Wenn das wahr ist, dann ist der dritte der Lügner."

Der dritte sagt: „Der zweite ist nur ein Lügner, wenn der erste die Wahrheit gesagt hat."

T'Pol bittet einen der drei, sie als Ortskundiger zu begleiten. Wen? Man löse dies mit Hilfe der Wahrheitstafelmethode.

Aufgabe 2.5

Gegeben seien die Formeln F, G, H. Beweisen Sie die folgenden Behauptungen:

a) $(F \Rightarrow G)$ ist äquivalent zu $(\neg G \Rightarrow \neg F)$.

b) Es gelten die Distributivitäten in Satz 2.15.

c) $(F \Leftrightarrow G)$ ist äquivalent zu $((F \Rightarrow G) \wedge (F \Leftarrow G))$.

d) $(\neg F \vee (G \vee H)) \wedge (H \vee F)$ ist äquivalent zu $((G \wedge F) \vee H)$.

Aufgabe 2.6

Was muss im Algorithmus zur Erzeugung der KNF (Satz 2.19) geändert werden, um einen Algorithmus zur Erzeugung einer DNF zu erhalten?

Aufgabe 2.7: Bauingenieurwesen für Anfänger

Nachdem Ensel und Krete die Hexe in den Ofen gestoßen haben, wollen sie sich über das Knusperhäuschen hermachen. Doch wie allgemein bekannt ist, muss man beim Verspeisen eines solchen Hauses sehr vorsichtig sein, da diese Häuser zur Instabilität neigen. Die beiden wenden sich zunächst einer Wand zu, die aus drei Lebkuchen besteht. Da Ensel erfolgreich Knusperhäuschenarchitektur studiert hat, erkennt er, dass folgende Regeln aus Sicherheitsgründen unbedingt einzuhalten sind:

1) Von den beiden ersten Lebkuchen darf höchstens einer entfernt werden.

2) Wenn man den dritten entfernt, muss man auch den zweiten entfernen.

3) Wenn man den zweiten entfernt und den ersten nicht, dann darf man den dritten nicht entfernen.

Da Krete in Logik aufgepasst hat, weiß sie, dass man vom dritten Lebkuchen besser die Finger lässt.

a) Zeigen Sie, dass sich dies beweisen lässt, indem man die Unerfüllbarkeit der folgenden Formel zeigt:

$$F = (\neg (A \wedge B)) \wedge (C \Rightarrow B) \wedge ((\neg A \wedge B) \Rightarrow \neg C) \wedge C$$

b) Bringen Sie F in konjunktive Normalform.

c) Vereinfachen Sie F so, dass Sie die Unerfüllbarkeit von F zeigen können.

d) Bringen Sie F in disjunktive Normalform.

Aufgabe 2.8: Familieneinkäufe

Familie A will im kommenden Jahr eine Waschmaschine, ein Auto und ein Moped kaufen. Wenn Herr A allerdings seinen Bonus nicht bekommt, können sie nicht alle Sachen kaufen. Die Waschmaschine muss aber angeschafft werden. Außerdem brauchen sie mindestens ein Fortbewegungsmittel. Wenn sie in den Urlaub fahren, können sie sich kein Auto leisten. Wenn sie nicht in den Urlaub fahren, müssen sie ein Moped kaufen, um den pubertierenden Sohn zu besänftigen.

Zeigen Sie mit Hilfe der Resolutionsmethode, dass Familie A sich ein Moped kauft und kein Auto, wenn Herr A seinen Bonus nicht bekommt.

Aufgabe 2.9

Verwenden Sie die Resolutionsmethode,

a) um zu prüfen, ob

$$F = ((M \Rightarrow A) \vee (\neg T \wedge H)) \wedge (M \vee A) \wedge (\neg ((T \Rightarrow H) \vee A))$$

erfüllbar ist;

b) um zu zeigen, dass

$$F = (A \Rightarrow B) \vee (A \wedge \neg (B \vee C)) \vee (A \wedge C)$$

eine Tautologie ist;

c) um zu zeigen, dass D aus der Formel

$$F = (\neg A \Rightarrow (B \vee C)) \wedge ((C \wedge \neg B) \Rightarrow A) \wedge (\neg (A \wedge B) \vee D)$$

folgt. (M. a. W.: Ist $F \Rightarrow D$ eine Tautologie?)

Aufgabe 2.10: Die Geburtstagsfeier

Emil möchte seinen Geburtstag feiern. Leider sind seine Freunde Anne, Bernd, Christine und Dirk recht schwierig. Und zwar ist es so, dass Anne nur kommt, wenn auch Bernd kommt. Bernd kommt nur, wenn Christine kommt. Wenn wiederum Christine kommt, kommt auch Dirk. Wenn allerdings Bernd und Dirk kommen, kommt Christine nicht. Dirk kommt nur, wenn Anne oder Bernd kommen.

a) Stellen Sie eine aussagenlogische Formel auf, die die obige Situation beschreibt.

b) Zeigen Sie, dass keiner dieser vier Freunde zu Emils Geburtstagsfeier kommt.

Aufgabe 2.11: Schneewittchen und die sieben Zwerge, 1

Nachdem Schneewittchen schon einige Zeit bei den Zwergen verbracht hat, guckt sie eines Morgens in den Kleiderschrank und seufzt: „Ich habe ja gar nichts zum Anziehen. Ich muss einkaufen gehen.“ Die Zwerge erkennen sogleich die Notlage, in der sich Schneewittchen befindet, und beschließen, dass mindestens einer von ihnen Schneewittchen in die Stadt begleitet. Drei der Zwerge scheiden als Begleitung direkt aus, da sie Holz hacken müssen. Mögliche Begleiter sind die Zwerge Alberich, Gimli, Rübezahl und Zwergnase. Nun sind aber Zwerge recht schwierige Zeitgenossen und so diskutieren sie, wer mit in die Stadt geht.

Alberich: „Wenn Gimli nicht geht und Rübezahl nicht geht, dann geh’ ich auch nicht.“

Gimli: „Ich gehe nur, wenn Rübezahl oder Zwergnase mitgehen.“

Rübezahl: „Wenn Gimli nicht geht, dann gehe ich auch nicht.“

Zwergnase: „Ich gehe nur, wenn Gimli nicht mitkommt. Wenn Rübezahl geht, dann will ich auf jeden Fall mit.“

Zeigen Sie mit Hilfe der Resolutionsmethode, dass die vier Zwerge nur zufrieden sind, wenn Zwergnase als einziger mit Schneewittchen in die Stadt geht.

Aufgabe 2.12

a) Zeigen Sie, dass man keine zwei Literale zugleich resolvieren darf. Mit anderen Worten, sind $K_1 = \{L_1, L_2, \dots, L_n\}$ und $K_2 = \left\{\neg L_1, \neg L_2, L'_3 \dots, L'_m\right\}$ zwei Klauseln und setzt man $K_3 = \left\{L_3, \dots, L_n, L'_3, \dots, L'_m\right\}$, so ist die Klauselmenge $\{K_1, K_2, K_3\}$ nicht äquivalent zu $\{K_1, K_2\}$.

b) Veranschaulichen Sie an einem Beispiel, dass man Klauseln der Form $K = \{L_1, L_2, \dots, L_n\}$ mit $L_2 = \neg L_1$ in den Resolventenmengen in Korollar 2.33 weglassen darf.

Hornlogik

3

ÜBERBLICK

Logik ist …
eine systematische Methode
zum Finden der falschen Antwort.

Unendliche Weiten, Episode 3: Familien von Warlügs

Captain Archer und Sub-Commander T'Pol finden ein Dorf auf dem Planeten Warlüg (siehe Übungsaufgaben 2.3 und 2.4), in dem alle drei Stämme wohnen. Der Dorfälteste, ein Xur, teilt ihnen Folgendes mit: „Unsere vier Familien bestehen jeweils aus Vater, Mutter und Kind, wobei jeder Stamm vertreten ist. Unsere Yzys sagen abwechselnd die Wahrheit und die Unwahrheit. Bei den Familienvätern sind alle Stämme vertreten." Das Interview mit den vier Familienvätern V_1, V_2, V_3, V_4 verläuft wie folgt:

V_1: „Kind K_2 ist ein Xur. Die Mutter M_3 ist keine Polit. Kind K_4 ist ein Xur."

V_2: „Ich bin vom selben Stamm wie V_4. V_1 ist nicht der Vater von K_4. Keine der Mütter ist ein Xur."

V_3: „Die Mutter M_1 ist ein Polit. Kind K_3 ist ein Polit. Die Väter V_2 und V_4 gehören zu verschiedenen Stämmen."

V_4: „Die Mutter M_4 ist ein Xur. Die Mütter M_1 und M_3 sind nicht vom gleichen Stamm. Kind K_1 ist kein Yzy."

Als Captain Archer bei ihrer Rückkehr ziemlich verdrossen dreinschaut, klärt ihn T'Pol darüber auf, dass sie die Familienstruktur des Dorfes vollständig entschlüsselt habe.

Wie können wir Nicht-Vulkanier eine solche Leistung nachvollziehen? Die Wahrheitstafelmethode aus Kapitel 2 und auch das aussagenlogische Resolutionskalkül sind angesichts der großen Zahl von Variablen zu ineffizient. Jedoch haben alle Teilformeln eine einfache Gestalt, z. B. „Wenn V_1 ein Xur ist, dann sind K_2 und K_4 auch Xurs." Setzt sich die KNF einer Formel aus Teilformeln der Form $\neg F_1 \vee \cdots \vee \neg F_n \vee G$ bzw. äquivalent ausgedrückt aus Teilformeln $(F_1 \wedge \cdots \wedge F_n) \Rightarrow G$ zusammen, so nennt man F eine Hornformel. Viele aussagenlogische Situationen, z. B. die obigen Interviews, lassen sich durch Hornformeln ausdrücken. Und jetzt kommt die gute Nachricht: für Hornformeln gibt es ein effizientes Resolutionskalkül, nämlich den Markierungsalgorithmus. Damit bildet die Hornlogik den Ausgangspunkt der Logik-Programmierung. Für uns stellt sie eine systematische Methode dar, die falsche Antwort höchst effizient zu finden.

3.A Grundlagen

Die Hornlogik entsteht durch Beschränkung der Aussagenlogik auf eine spezielle Formelklasse. Im Detail ist sie wie folgt definiert.

Definition 3.1

Sei F eine aussagenlogische Formel in KNF.

a) Die Formel F heißt eine **Hornformel**, falls jede Teildisjunktion höchstens ein positives Literal enthält. Sei also

$$F = (L_{11} \vee \cdots \vee L_{1n_1}) \wedge \cdots \wedge (L_{k1} \vee \cdots \vee L_{kn_k}) \ .$$

Dann darf in jedem $L_{i1} \vee \cdots \vee L_{in_i}$ höchstens ein positives Literal vorkommen, d. h. diese Disjunktion muss von der Form $\neg A_1 \vee \neg A_2 \vee \cdots \vee \neg A_{n_i}$ oder $A_1 \vee \neg A_2 \vee \neg A_3 \vee \cdots \vee \neg A_{n_i}$ sein, wobei $A_1, A_2, \ldots, A_{n_i}$ Aussagen sind.

b) Eine Klausel $\{L_1, \ldots, L_r\}$ heißt eine **Hornklausel**, wenn höchstens eines der Literale $L_1, \ldots, L_r$ positiv ist.

Beispiel 3.2

Seien A, B, C, D Aussagen.

a) Dann ist $F_1 = (A \vee \neg B \vee \neg D) \wedge (\neg A \vee \neg C) \wedge (C \vee \neg D) \wedge D$ eine Hornformel.

b) Jedoch ist $F_2 = (A \vee \neg B \vee C) \wedge (B \vee \neg C \vee \neg D)$ keine Hornformel.

c) Die Klausel $K = \{\neg A, B, \neg C, \neg D\}$ ist eine Hornklausel.

Definition 3.3

Die **Hornlogik** hat dieselbe **Syntax** wie die Aussagenlogik mit der Einschränkung, dass nur Hornformeln in KNF erlaubt sind.

Die **Semantik** der Hornlogik ist identisch mit der der Aussagenlogik.

Bemerkung 3.4

a) Seien $A_1, A_2, \ldots, A_n$ Aussagen. Nach Definition und nach den fundamentalen Äquivalenzen (vgl. Satz 2.15) gilt:

$$\begin{aligned} A_1 \vee \neg A_2 \vee \neg A_3 \vee \cdots \vee \neg A_n &\equiv \neg(\neg A_2 \vee \cdots \vee \neg A_n) \Rightarrow A_1 \\ &\equiv (A_2 \wedge A_3 \wedge \cdots \wedge A_n) \Rightarrow A_1 \ . \end{aligned}$$

Die Teile einer Hornformel, die genau ein positives Literal enthalten, beschreiben also Voraussetzungen der Form „Wenn $A_2, \ldots, A_n$ gelten, so ist auch A_1 erfüllt."

b) Die Bedeutung der Hornlogik liegt darin, dass ein effizientes Resolutionskalkül existiert und dass Hornformeln für viele Anwendungen ausreichen. Insbesondere basiert die Logik-Programmierung (`PROLOG`) auf der Hornlogik.

Definition 3.5

Sei K eine Hornklausel.

a) Kommt in K ein positives und kein negatives Literal vor, d. h. ist K eine Aussage, so heißt K eine **Tatsachenklausel**.

b) Kommt in K genau ein positives und mindestens ein negatives Literal vor, so heißt K eine **Prozedurklausel** oder **Regel**.

c) Eine negative Hornklausel, also eine Hornklausel ohne positives Literal, heißt auch **Zielklausel** oder **Frageklausel**.

d) Eine nicht negative Hornklausel heißt eine **Programmklausel** oder eine **definite Klausel**.

e) Eine Menge von Hornklauseln heißt ein **Logikprogramm** oder ein **Hornklauselprogramm**.

Beispiel 3.6

Die Klauselmenge $\mathcal{K} = \{\{B\}, \{A, \neg B\}, \{\neg A, \neg B, C\}, \{\neg A, \neg C\}\}$ ist ein Logik-Programm, das man folgendermaßen interpretieren kann.

a) Gegeben ist B.

b) Es gilt $B \Rightarrow A$ und $(A \wedge B) \Rightarrow C$.

c) Gefragt ist, ob $A \wedge C$ hieraus folgt.

Dies ist der Fall, denn die Resolution

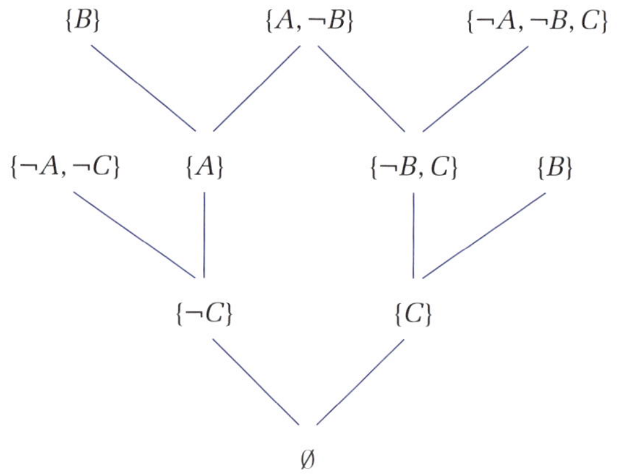

zeigt die Unerfüllbarkeit von $\mathcal{K}$.

3.B Das Resolutionskalkül der Hornlogik

Satz 3.7: Der Markierungsalgorithmus oder Horn-Algorithmus

Gegeben sei eine Hornformel F. Betrachte die folgenden Instruktionen.

1) Für jede atomare Formel A, die in $\mathcal{K}(F)$ als Tatsachenklausel vorkommt, markiere jedes Vorkommen von A und $\neg A$ in F.

2) Sind $A_1, \ldots, A_k$ bereits markierte atomare Formeln, so prüfe, ob es in F eine Teilformel G der Form $\neg A_1 \vee \neg A_2 \vee \cdots \vee \neg A_k \vee B$ gibt. In diesem Fall markiere jedes Vorkommen von B und $\neg B$ in F. Wiederhole Schritt 2) so oft wie möglich.
3) Prüfe, ob es in F eine Teilformel G der Form $\neg A_1 \vee \neg A_2 \vee \cdots \vee \neg A_\ell$ gibt, wobei $A_1, \ldots, A_\ell$ bereits markierte atomare Formeln sind. In diesem Fall gib „unerfüllbar" aus und stoppe.
4) Gib „erfüllbar" aus und stoppe.

Dann gilt:

a) Dies ist ein Algorithmus, der entscheidet, ob F erfüllbar ist oder nicht.
b) Ist F erfüllbar, so erhält man eine erfüllende Belegung durch

$$\alpha(A_i) = \begin{cases} 1 & \text{falls } A_i \text{ markiert ist}, \\ 0 & \text{sonst}. \end{cases}$$

c) Kommen in F genau n verschiedene atomare Formeln vor, so stoppt der Algorithmus nach spätestens n Markierungsschritten.

Beweis Zuerst beweisen wir a) und b):

Endlichkeit: Der Algorithmus ist offensichtlich endlich, da bei jedem Durchlauf von Schritt 2) eine neue atomare Formel markiert wird.

Korrektheit: Angenommen, es gibt ein Modell $\alpha : M \to \{0, 1\}$ für F, wobei M die Menge der in F vorkommenden Aussagensymbole sei. Für jede in Schritt 1) markierte Aussage A gilt dann $\alpha(A) = 1$, wie aus $\alpha(F) = 1$ sofort folgt. Für jede in Schritt 2) markierte Aussage B erhalten wir $\alpha(\neg A_1 \vee \cdots \vee \neg A_k \vee B) = 1$ sowie $\alpha(\neg A_1) = \ldots = \alpha(\neg A_k) = 0$, woraus sich $\alpha(B) = 1$ ergibt.

Endet der Algorithmus in Schritt 3), so gilt einerseits $\alpha(\neg A_1 \vee \cdots \vee \neg A_\ell) = 1$ wegen $\alpha(F) = 1$ und andererseits $\alpha(A_1) = \ldots = \alpha(A_\ell) = 1$. Dies ist ein Widerspruch und somit kann es kein Modell α für F geben, d. h. der Algorithmus liefert das korrekte Ergebnis.

Endet der Algorithmus in Schritt 4), so muss jedes Modell α für F für jede markierte Aussage A den Wert $\alpha(A) = 1$ annehmen. Setzt man α wie in b) angegeben fest, so erhält man $\alpha(F) = 1$ und der Algorithmus liefert wiederum das korrekte Ergebnis.

Der Beweis von c) folgt daraus, dass bei jedem Markierungsschritt eine neue atomare Formel markiert wird. □

Beispiel 3.8

Seien $A_1, A_2, \ldots, A_6$ Aussagen. Die Formel

$$F = A_1 \wedge A_2 \wedge A_3 \wedge (\neg A_4) \wedge (\neg A_2 \vee A_5) \wedge (\neg A_3 \vee A_6) \wedge (\neg A_1 \vee \neg A_5 \vee \neg A_6)$$

soll auf Erfüllbarkeit getestet werden. (Die Wahrheitstafel hätte 64 Zeilen!) Wir wenden den Markierungsalgorithmus an.

1) Markiere die Tatsachenklauseln A_1, A_2 und A_3:
   $F = A_1 \wedge A_2 \wedge A_3 \wedge (\neg A_4) \wedge (\neg A_2 \vee A_5) \wedge (\neg A_3 \vee A_6) \wedge (\neg A_1 \vee \neg A_5 \vee \neg A_6)$.
2) Markiere A_5 und A_6 in den Prozedurklauseln:
   $F = A_1 \wedge A_2 \wedge A_3 \wedge (\neg A_4) \wedge (\neg A_2 \vee A_5) \wedge (\neg A_3 \vee A_6) \wedge (\neg A_1 \vee \neg A_5 \vee \neg A_6)$.
3) Das letzte Konjunktionsglied, die markierte Zielklausel, liefert „F ist unerfüllbar“.

Beispiel 3.9: Philosophisches

a) *Wandeln Sie die KNF aus Beispiel 2.21 durch geeignete Substitution in eine Hornformel um.*

   Die Formel lautet:

   $$F' \equiv (P \vee S) \wedge (\neg P \vee \neg S) \wedge (\neg S \vee A) \wedge (\neg A \vee P) \wedge P \wedge S\,.$$

   Uns stört die Disjunktion $(P \vee S)$. Wenn wir S_P mit $\neg\bar{S}$ substituieren, müssen wir in $(\bar{S} \vee A)$ erneut substituieren, wenn wir jedoch P mit $\neg\bar{P}$ substituieren, erhalten wir:

   $$F' \equiv \left(\neg\bar{P} \vee S\right) \wedge \left(\bar{P} \vee \neg S\right) \wedge (\neg S \vee A) \wedge \left(\neg A \vee \neg\bar{P}\right) \wedge \neg\bar{P} \wedge S\,.$$

   Dies ist eine Hornformel, da in der KNF pro Disjunktion nur maximal ein positives Literal auftaucht (Definition 3.1).

   Es ist im Prinzip so, als hätten wir in Beispiel 2.7 statt

   $P =$ „Platon hatte Recht mit seiner Einschätzung des Sokrates.“

   die Abkürzung

   $\bar{P} =$ „Platon hatte nicht Recht mit seiner Einschätzung des Sokrates.“

   verwendet.

b) *Zeigen Sie unter Zuhilfenahme des Markierungsalgorithmus die Unerfüllbarkeit der obenstehenden Hornformel. Geben Sie die einzelnen Schritte an.*

   Klauselmenge:

   $$\mathcal{K}(F') = \left\{\{\neg\bar{P}, S\}, \{\bar{P}, \neg S\}, \{\neg S, A\}, \{\neg A, \neg\bar{P}\}, \{\neg\bar{P}\}, \{S\}\right\}.$$

   Markierungsalgorithmus:

   1. Schritt: Markiere S

   $$\mathcal{K}(F') = \left\{\{\neg\bar{P}, S\}, \{\bar{P}, \neg S\}, \{\neg S, A\}, \{\neg A, \neg\bar{P}\}, \{\neg\bar{P}\}, \{S\}\right\}.$$

   2. Schritt: Markiere $\bar{P}, A$

   $$\mathcal{K}(F') = \left\{\{\neg\bar{P}, S\}, \{\bar{P}, \neg S\}, \{\neg S, A\}, \{\neg A, \neg\bar{P}\}, \{\neg\bar{P}\}, \{S\}\right\}.$$

   Es sind sogar beide Zielklauseln $\{\neg\bar{P}\}$ und $\{\neg A, \neg\bar{P}\}$ markiert. Also ist die Formel F' unerfüllbar.

Der letzte Teil des Satzes 3.7 zeigt, dass der Markierungsalgorithmus wesentlich effizienter ist als das allgemeine Resolutionskalkül der Aussagenlogik. Kann man ihn noch weiter optimieren? Diese Frage wollen wir im Folgenden sorgfältig studieren, denn sie betrifft ein für die Logikprogrammierung wichtiges Problem.

Definition 3.10

Sei F eine aussagenlogische Formel in KNF.

a) Die leere Klausel $\emptyset$ ist aus $\mathcal{K}(F)$ **linear resolvierbar**, falls es eine Klausel $K_0 \in \mathcal{K}(F)$ gibt und eine Folge von Klauseln $K_1, \ldots, K_n$ mit folgenden Eigenschaften:

   a1) Für $i = 1, \ldots, n$ gilt

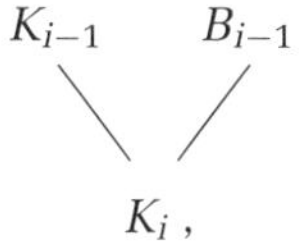

   wobei die **Seitenklausel** B_{i-1} entweder ein Element von $\mathcal{K}(F)$ ist oder $B_{i-1} = K_j$ mit $j < i - 1$.

   a2) $K_n = \emptyset$.

b) Eine Folge von Klauseln $K_0, \ldots, K_n$ wie in a) heißt eine **lineare Resolution** von F.

Beispiel 3.11

Gegeben sei die Klauselmenge $\mathcal{K}(F) = \{\{A, B\}, \{A, \neg B\}, \{\neg A, B\}, \{\neg A, \neg B\}\}$.

a) Der Unerfüllbarkeitstest für F nach dem Resolutionssatz hat die Gestalt

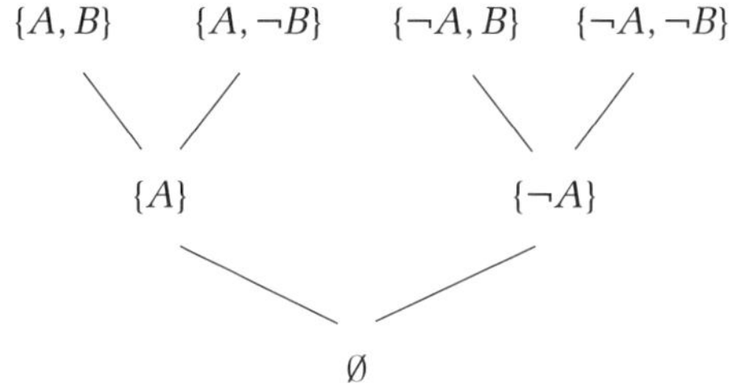

oder

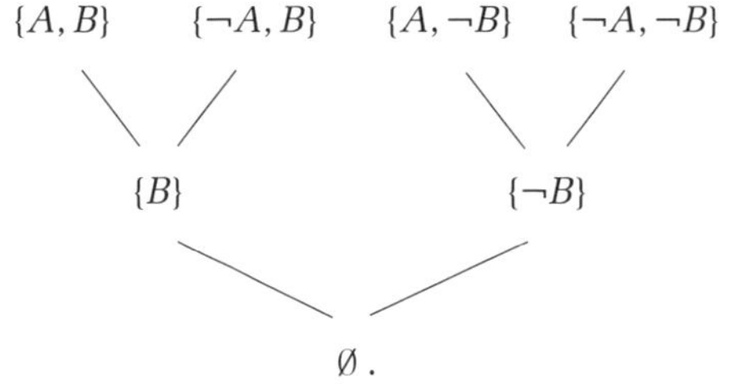

b) Eine lineare Resolution von F ist gegeben durch

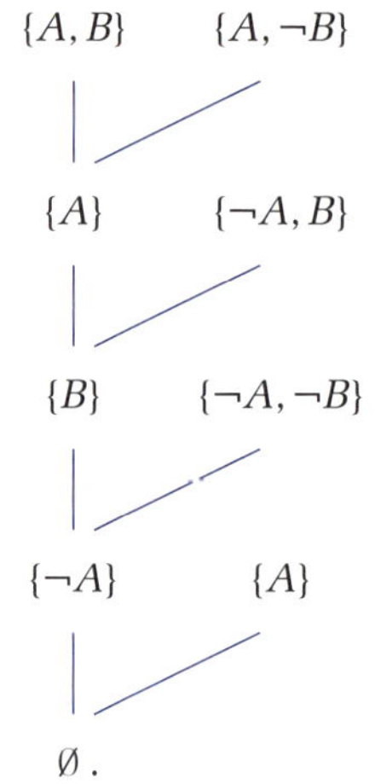

Definition 3.12

Sei F eine aussagenlogische Formel. Eine **Input-Resolution** von F (oder von $\mathcal{K}(F)$) ist eine lineare Resolution von F, bei der in jedem Schritt als Seitenklausel eine der Klauseln aus $\mathcal{K}(F)$ verwendet wird.

Bemerkung 3.13

Nicht jede unerfüllbare aussagenlogische Formel in KNF besitzt eine Input-Resolution. Z. B. besitzt die Klauselmenge aus Beispiel 3.11 keine Input-Resolution.

Beispiel 3.14: Philosophisches

Zeigen Sie mittels einer Input-Resolution die Unerfüllbarkeit der Hornformel aus Beispiel 3.9.

Für eine Input-Resolution, also für eine Resolution, bei der nur Seitenklauseln aus der ursprünglichen Klauselmenge verwendet werden, brauchen wir natürlich die Klauselmenge

$$\mathcal{K}(F') = \{\{\neg P, S\}, \{P, \neg S\}, \{\neg S, A\}, \{\neg A, \neg P\}, \{\neg P\}, \{S\}\}.$$

Die Input-Resolution liefert:

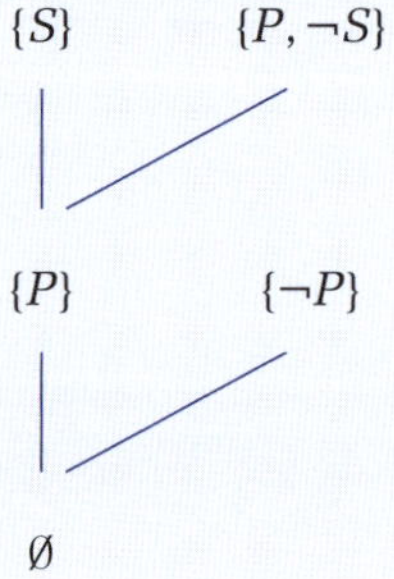

Definition 3.15

Sei F eine Hornformel. Eine **SLD-Resolution** („**l**inear resolution with unrestricted **s**election function for **d**efinite clauses") ist eine Input-Resolution der folgenden Form:

a) K_0 ist eine negative Klausel, die so genannte **Zielklausel**.

b) Bei jedem Resolutionsschritt ist eine der Elternklauseln eine nicht negative Hornklausel, also eine **Programmklausel**.

Bemerkung 3.16

a) Eine SLD-Resolution hat die folgende Gestalt.

Sei $\mathcal{K}(F) = \{K_1, \ldots, K_n, N_1, \ldots, N_m\}$ unerfüllbar, wobei $K_1, \ldots, K_n$ die Programmklauseln und $N_1, \ldots, N_m$ die negativen Klauseln sind. Dann gibt es $j \in \{1, \ldots, m\}$ und $i_1, \ldots, i_\ell \in \{1, \ldots, n\}$ mit

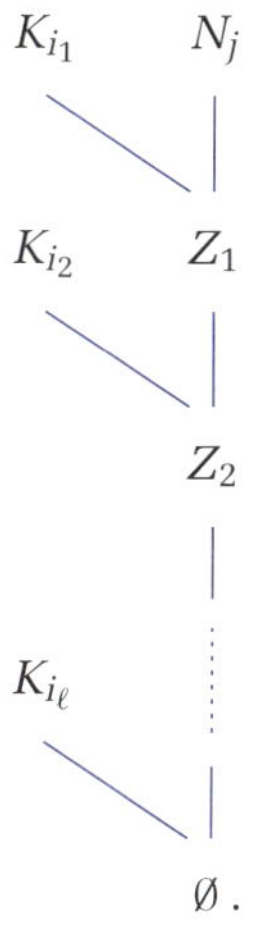

Die Zwischenresultate $Z_1, Z_2, \ldots, Z_{\ell-1}$ können dabei nur negative Klauseln sein, da sie die Resolventen einer negativen und einer Programmklausel sind.

b) Eigentlich benötigt eine SLD-Resolution immer auch eine **Auswahlfunktion**, die bei jedem Schritt angibt, welches Literal als nächstes zu resolvieren ist. Diese ist bei der **Logik-Programmierung** zu spezifizieren (vgl. Abschnitt 3.C).

Satz 3.17

a) Die lineare Resolution ist ***vollständig****, d. h. für jede unerfüllbare Klauselmenge $\mathcal{K}$ gibt es eine Klausel $K \in \mathcal{K}$, so dass die leere Klausel $\emptyset$ durch lineare Resolution aus $\mathcal{K}$, basierend auf K, herleitbar ist.*

b) Die SLD-Resolution ist vollständig für Hornformeln.

Beweis Zuerst beweisen wir a).

Sei $\mathcal{K}$ eine unerfüllbare Klauselmenge. Indem wir sukzessive Klauseln K aus $\mathcal{K}$ entfernen, für die $\mathcal{K} \setminus \{K\}$ immer noch unerfüllbar ist, können wir annehmen, dass $\mathcal{K} \setminus \{K\}$ für jedes $K \in \mathcal{K}$ erfüllbar. Mit anderen Worten, wir können annehmen, dass $\mathcal{K}$ minimal unerfüllbar ist. Sei $K \in \mathcal{K}$. Offenbar genügt es zu zeigen, dass es eine Herleitung von $\emptyset$ durch eine auf K basierende lineare Resolution gibt. Wir schließen mit vollständiger Induktion über die Anzahl n der in $\mathcal{K}$ vorkommenden Aussagensymbole. Im Fall $n = 0$ gilt $\mathcal{K} = \{\emptyset\}$ und $K = \emptyset$, d. h. es ist nichts zu beweisen.

Sei nun $n \geq 1$. Wir unterscheiden zwei Fälle. Der erste Fall ist, dass K aus nur einem Literal L besteht. Sei $\mathcal{K}'$ die Klauselmenge, die entsteht, indem man aus $\mathcal{K}$ alle Klauseln streicht, die L enthalten, und indem man in den übrigen Klauseln jedes Vorkommen von $\neg L$ streicht. Da $\mathcal{K}$ unerfüllbar ist, muss auch $\mathcal{K}'$ unerfüllbar sein, weil man sonst ein Modell α um $\alpha(L) = 1$ ergänzen könnte. In $\mathcal{K}'$ kommen nur noch $n - 1$ Aussagensymbole vor. Sei $\mathcal{K}'' \subseteq \mathcal{K}'$ eine minimal unerfüllbare Teilmenge. In $\mathcal{K}''$ muss mindestens eine Klausel K'' vorkommen, die aus einer Klausel K' durch Streichen von $\neg L$ entstanden ist, weil $\mathcal{K}''$ sonst in $\mathcal{K}' \setminus \{K\}$ enthalten und daher erfüllbar wäre. Also ist die Induktionsvoraussetzung auf $\mathcal{K}''$ anwendbar. Sie liefert eine lineare Resolution $K' = K_1, K_2, \ldots, K_r = \emptyset$ mit $K_i \in \operatorname{Res}\left(\mathcal{K}'' \cup \{K_1, \ldots, K_{i-1}\}\right)$ für $i = 2, \ldots, r$.

Nun konstruieren wir eine lineare Resolution aus $\mathcal{K}$ wie folgt. Sei $\widetilde{K}_0 = \{L\}$. Durch den Resolutionsschritt

$$
\begin{array}{ccc}
K & & K' \cup \{\neg L\} \\
 & \searrow \ \swarrow & \\
 & K' &
\end{array}
$$

erhalten wir $\widetilde{K}_1 = K' = K_1$. Für $i = 2, \ldots, r$ definieren wir $\widetilde{K}_i$ als die Klauseln in $\mathcal{K}$, aus denen K_i entstanden ist, also $\widetilde{K}_i = K_i$ oder $\widetilde{K}_i = K_i \cup \{\neg L\}$. Sodann ist $\widetilde{K}_0, \widetilde{K}_1, \ldots, \widetilde{K}_r$ eine lineare Resolution aus $\mathcal{K}$, die auf L basiert. Gilt dabei $\widetilde{K}_r = \emptyset$, so sind wir fertig. Gilt aber $\widetilde{K}_r = \{\neg L\}$, so brauchen wir nur noch den Resolutionsschritt

$$
\begin{array}{ccc}
\widetilde{K}_r & & K \\
 & \searrow \ \swarrow & \\
 & \emptyset &
\end{array}
$$

anzuwenden, um die Behauptung zu beweisen.

Der zweite Fall ist $\#K \geq 2$. Sei L ein beliebiges Literal von K und $K' = K \setminus \{L\}$. Sei $\mathcal{K}'$ die Klauselmenge, die aus $\mathcal{K}$ entsteht, indem man alle Klauseln streicht, welche $\neg L$ enthalten, und indem man in den Klauseln jedes Vorkommen von L streicht. Die Klauselmenge $\mathcal{K}'$ ist unerfüllbar, denn man könnte jedes Modell α durch $\alpha(L) = 0$ zu einem Modell von $\mathcal{K}$ ergänzen.

Wir zeigen nun, dass die Klauselmenge $\mathcal{K}' \setminus \left\{K'\right\}$ erfüllbar ist. Sei also α ein Modell von $\mathcal{K} \setminus \{K\}$. Da $\mathcal{K}$ unerfüllbar ist, muss $\alpha(K) = 0$ sein. Wegen $L \in K$ impliziert dies $\alpha(L) = 0$. Somit gilt für jede Klausel $M' \in \mathcal{K}'$ die Gleichheit $\alpha\left(M'\right) = \alpha(M)$. Dies zeigt $\alpha\left(M'\right) = 1$ für alle $M' \in \mathcal{K}' \setminus \left\{K'\right\}$, d. h. die Klauselmenge $\mathcal{K}' \setminus \left\{K'\right\}$ ist erfüllbar.

Sei nun $\mathcal{K}''$ eine minimal unerfüllbare Teilmenge von $\mathcal{K}'$. Auf Grund des eben Gezeigten muss $K' \in \mathcal{K}''$ gelten. Da L und $\neg L$ in $\mathcal{K}'$ und $\mathcal{K}''$ nicht mehr vorkommen, ist die Induktionsvorausssetzung auf $\mathcal{K}''$ anwendbar. Sie liefert eine lineare Resolution von $\emptyset$ aus $\mathcal{K}''$, die mit K' beginnt. Indem wir überall ggf. das Literal L wieder einfügen, erhalten wir eine lineare Resolution von $\{L\}$ aus $\mathcal{K}$, die mit K beginnt.

Insgesamt folgt, dass $(\mathcal{K} \setminus \{K\}) \cup \{\{L\}\}$ unerfüllbar und $\mathcal{K} \setminus \{K\}$ erfüllbar ist. Mit Hilfe des ersten Falles können wir eine lineare Resolution von $\emptyset$ aus $(\mathcal{K} \setminus \{K\}) \cup \{\{L\}\}$ konstruieren, die auf $\{L\}$ basiert. Zusammen mit der obigen linearen Resolution, die mit K beginnt und $\{L\}$ liefert, erhalten wir also eine lineare Resolution von $\emptyset$ aus $\mathcal{K}$, die mit K beginnt.

Zum Beweis von b) verwenden wir den Markierungsalgorithmus. Gegeben sei eine unerfüllbare Hornformel F. Seien $K_1, \ldots, K_m$ diejenigen Klauseln in $\mathcal{K}(F)$, die in den Schritten 1) und 2) des Markierungsalgorithmus dazu führen, dass eine Aussage markiert wird. Die letzte Klausel K_m ist dabei negativ, da der Algorithmus die Antwort „unerfüllbar“ ausgibt. Wir streichen aus der Folge $K_1, \ldots, K_m$ alle Klauseln, die ein positives Literal enthalten, das in keiner späteren Klausel positiv oder negativ mehr vorkommt.

Nun behaupten wir, dass

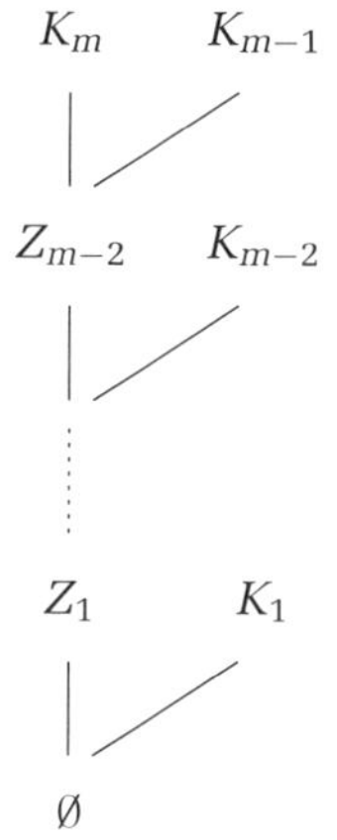

eine SLD-Resolution von $\mathcal{K}(F)$ ist.

Sicherlich liegt eine Resolution vor, denn das positive Literal von K_{m-1} kommt später (also in K_m) noch einmal negativ vor. Also kommt es in Z_{m-2} nicht vor, sondern wird durch

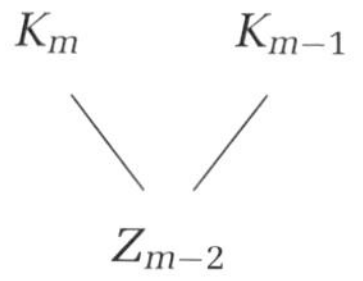

(*)

resolviert. Ebenso kommt das positive Literal von K_{m-2} später (also in K_{m-1} oder K_m) vor und wurde bei (*) nicht resolviert, d. h. es kommt in Z_{m-2} negativ vor, usw. Offenbar ist die Resolution linear und eine SLD-Resolution. □

Da eine SLD-Resolution eine besonders einfache Resolution darstellt, ergibt sich folgende Frage: Wie findet man eine SLD-Resolution von F, falls F eine unerfüllbare Hornformel ist? Dieses Thema werden wir im nächsten Unterabschnitt weiter verfolgen.

Bemerkung 3.18

In der Hornlogik gehen wir stets von Formeln in KNF aus. Lägen die Formeln in DNF vor, so wäre die Erfüllbarkeit sehr leicht zu testen.

$$F = (L_{11} \wedge \cdots \wedge L_{1n_1}) \vee \cdots \vee (L_{k1} \wedge \cdots \wedge L_{kn_k})$$

ist nämlich genau dann erfüllbar, wenn in einer der Teilformeln $L_{i1} \wedge \cdots \wedge L_{in_i}$ keine Aussage positiv und negativ enthalten ist, d. h. wenn eine dieser Teilformeln keinen Ausdruck der Form $A \wedge \neg A$ enthält.

Der Umformungsprozess einer KNF-Formel in die DNF kann diese jedoch exponentiell aufblähen. Dies liegt an der Anwendung des Distributivgesetzes, das eine Formel mit n Literalen in eine Formel mit ca. 2^n Literalen überführt. Eine Formel mit „kurzer“ KNF führt i. A. bei Anwendung des Algorithmus in Satz 2.19 zu einer „langen“ DNF.

3.C Logik-Programmierung

Definition 3.19: Die PROLOG-Notation

a) Tatsachenklauseln werden in der Form `A:-.` oder `A.` eingegeben.

b) Prozedurklauseln werden in der Form `A:-B1,B2,...,Br.` eingegeben. Dies bedeutet $A \vee \neg B_1 \vee \cdots \vee \neg B_r$, also $(B_1 \wedge \cdots \wedge B_r) \Rightarrow A$.

c) Die Zielklausel wird eingegeben mit `?-A1,A2,...,Ak.` Dies bedeutet $\neg A_1 \vee \cdots \vee \neg A_k$.

Beispiel 3.20

Betrachten wir das PROLOG-Programm

(1)	`A:-B,C.`	(5)	`C.`
(2)	`A:-D.`	(6)	`D:-E.`
(3)	`B.`	(7)	`D.`
(4)	`B:-D.`		

und rufen es auf mit `?-A.` Dann gibt es die folgenden Möglichkeiten, eine SLD-Resolution zu starten (den „SLD-Baum“):

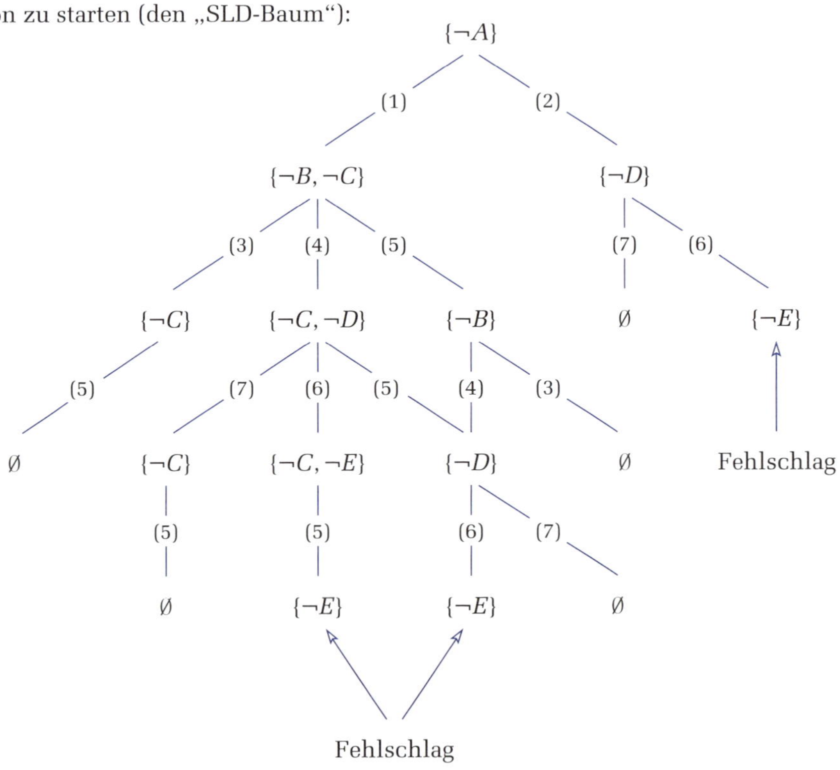

Erfolgreich sind die Pfade, die mit $\emptyset$ enden. Ein Fehlschlag entsteht, wenn wir nicht mehr weiter resolvieren können.

Wie muss man den SLD-Baum durchlaufen, um möglichst schnell einen erfolgreichen Pfad zu finden? Dazu führen wir die folgenden beiden Strategien ein.

Definition 3.21

Betrachten wir einen SLD-Baum der folgenden Gestalt

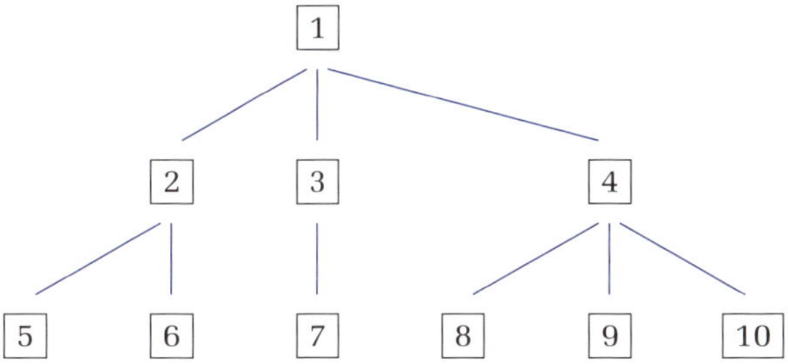

,

wobei bei den weiter links stehenden Ästen jeweils der zuerst vorkommende Programmschritt verwendet wird.

a) Bei der ***breadth-first*-Strategie** wird der (oben stehende) Baum in der Reihenfolge $\boxed{1}, \boxed{2}, \ldots, \boxed{10}$ abgearbeitet, d. h. es werden zuerst alle Knoten der Tiefe t besucht, bevor die Knoten der Tiefe $t+1$ an die Reihe kommen.

b) Bei der **kanonischen** oder ***depth-first*-Strategie** mit **backtracking** wird der Baum in der Reihenfolge $\boxed{1}, \boxed{2}, \boxed{5}, \boxed{6}, \boxed{3}, \boxed{7}, \boxed{4}, \boxed{8}, \boxed{9}, \boxed{10}$ abgearbeitet. Führt ein Ast zu einem Fehlschlag, so geht man einen (oder mehrere) Knoten zurück und versucht mit einer anderen Resolvente fortzufahren. Es wird jeweils der am weitesten links gelegene, noch nicht besuchte Zweig gewählt, d. h. es wird jeweils das erste mögliche Literal resolviert.

Beispiel 3.22

Das `PROLOG`-Programm

(1) `A:-B.`

(2) `B:-A.`

(3) `A.`

führt bei der Frage `?-A.` und der Anwendung der kanonischen Strategie zu einer unendlichen Schleife:

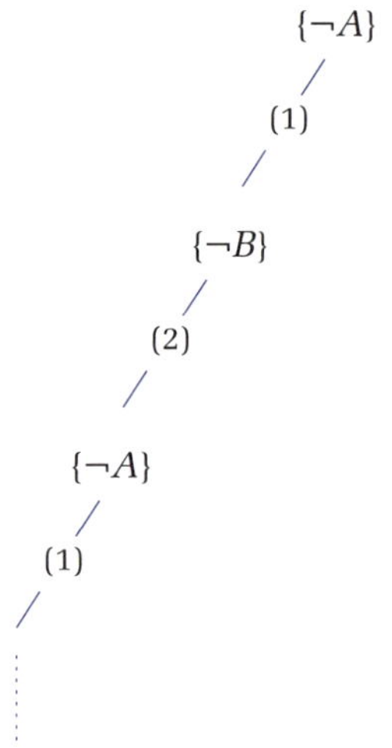

Jedoch liefert die *breadth-first*-Strategie die korrekte Antwort ∅, denn sie geht folgendermaßen vor:

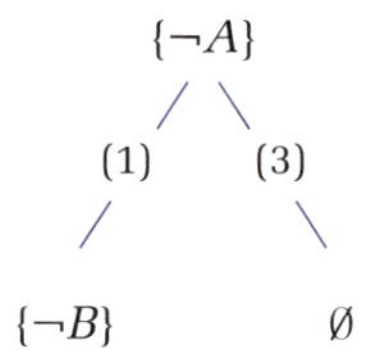

Beispiel 3.23: Philosophisches

Bestimmen Sie das PROLOG*-Programm zur Hornformel aus Beispiel 3.9 und zeichnen Sie den Baum der SLD-Resolutionen.*

Für ein PROLOG-Programm brauchen wir zuerst die Klauselmenge:

$$\mathcal{K}\left(F'\right) = \{\{\neg P, S\}, \{P, \neg S\}, \{\neg S, A\}, \{\neg A, \neg P\}, \{\neg P\}, \{S\}\}.$$

PROLOG-Programm:

(1) `S :- P.`

(2) `P :- S.`

(3) `A :- S.`

(4) `S.`

`?- P.` oder `?- A, P.`

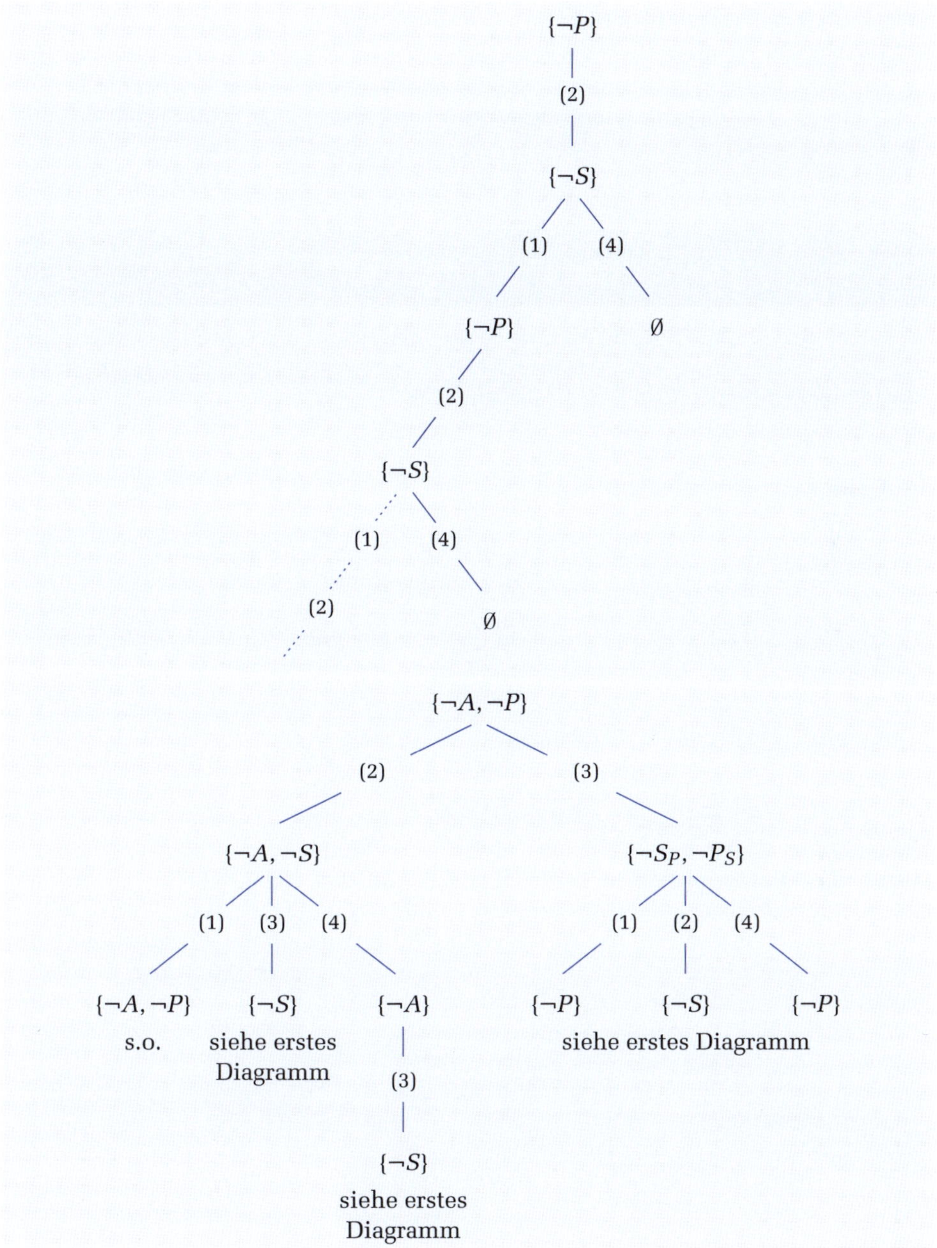

Satz 3.24

a) Die breadth-first-*Strategie ist für Logikprogramme vollständig.*

b) Die depth-first-*Strategie ist für Logikprogramme nicht vollständig.*

Beweis Dies folgt sofort aus Satz 3.17.b) und Beispiel 3.22. □

Bemerkung 3.25: Effizienz der SLD-Auswahlfunktionen

Im Allgemeinen ist die kanonische Strategie wesentlich effizienter als die *breadth-first*-Strategie. Deshalb verwenden die meisten PROLOG-Implementationen die kanonische Strategie. Der Programmierer muss sich jedoch der Unvollständigkeit des Systems bewusst sein.

Übungsaufgaben

Losungstipps finden Sie im Anhang dieses Buchs. Hier erhalten Sie auch die wichtigsten Lösungsrezepte. Ausführliche Lösungswegbeschreibungen stehen auf der buchbegleitenden Companion Website (CWS) unter *www.pearson-studium.de* zur Verfügung.

Aufgabe 3.1

Gegeben sei die aussagenlogische Formel

$$F = (\neg A \vee B) \wedge (A \vee C) \wedge (\neg C \vee \neg D) \wedge \neg E \wedge \neg G \wedge (A \vee E \vee G) \wedge \neg D\,.$$

a) Transformieren Sie diese Formel durch geeignete Substitutionen in eine Hornformel.

b) Entscheiden Sie die Erfüllbarkeit von F, indem Sie den Markierungsalgorithmus auf die Formel in a) anwenden.

Aufgabe 3.2: Der Wolf. Das Schwein. Hurz.

Bauer Horst besitzt einen kleinen Acker, einen Wolf und das Schwein Borsti. Wenn der Händler ehrlich ist, ist das Saatgut, das Horst von ihm kauft, gut. Wenn das Saatgut und das Wetter im Sommer gut sind, verdient Horst ausreichend Geld. Wenn er ausreichend Geld hat, füttert er den Wolf. Wenn er den Wolf gefüttert hat und in der Stadt Kirmes ist, geht er in die Stadt und lässt Wolf und Borsti allein. Wenn der Wolf gefüttert worden ist, ist er satt. Wenn der Wolf satt ist oder der Bauer anwesend ist, wird Borsti nicht gefressen.

a) Zeigen Sie, dass diese Situation durch die folgende Hornklauselmenge beschrieben wird:

$$\{\{\neg H, S\}, \{\neg S, \neg W_1, G\}, \{\neg G, W_2\}, \{\neg W_2, \neg K, A\}, \\ \{\neg W_2, W_3\}, \{\neg W_3, \neg B\}, \{A, \neg B\}\}\,.$$

b) Angenommen, in der Stadt ist Kirmes. Wird Borsti *nicht* gefressen, wenn das Wetter im Sommer gut und der Händler ehrlich waren? Formulieren Sie diese Frage als Unerfüllbarkeitsproblem einer Menge von Hornklauseln und lösen Sie sie mit Hilfe des Markierungsalgorithmus. Geben Sie dabei an, in welchem Schritt Sie welche Aussagen markieren.

Aufgabe 3.3

Zeigen Sie, dass man für Hornformeln den Markierungsalgorithmus der Hornlogik mit dem Resolutionskalkül der Aussagenlogik imitieren kann.

Aufgabe 3.4: Bauernregeln

Der Beruf des Landwirts hat den nicht zu unterschätzenden Vorteil, dass man sich nicht auf die Wettervorhersage von Meteorologen verlassen muss, sondern auf die althergebrachten Bauernregeln zurückgreifen kann, die da lauten:

a) Kräht der Hahn auf dem Mist, bleibt das Wetter, wie es ist.

b) Gackert die Henne voller Wonne, scheint am nächsten Tag die Sonne.

c) Nähert sich der Fuchs mit List, kräht der Hahn auf dem Mist.

Wie muss das Wetter sein, dass am selben Tag die Henne voll Wonne gackert und der Fuchs sich mit List nähert? Lösen Sie das Problem, indem Sie eine geeignete Hornformel betrachten und auf diese den Markierungsalgorithmus anwenden.

Aufgabe 3.5: Teamwork

In einer Firma kann Team 1 die Projekte A und B vollenden, wenn die Statistik C vorliegt. Team 2 kann Projekt D vollenden, wenn Projekt A fertig ist und die Statistik E vorliegt. Team 3 kann Projekt F fertig stellen, wenn die Projekte B und D abgeschlossen sind.

a) Zeigen Sie, dass diese Situation durch die folgende Hornklauselmenge beschrieben wird:

$$\{\{A, \neg C\}, \{B, \neg C\}, \{\neg A, D, \neg E\}, \{\neg B, \neg D, F\}\} \ .$$

b) Kann Projekt F fertig gestellt werden, wenn die Statistiken C und E vorliegen? Formulieren Sie diese Frage als Unerfüllbarkeitsproblem einer Menge von Hornklauseln und lösen Sie sie mit Hilfe des Resolutionskalküls.

Aufgabe 3.6: Backe, backe Kuchen

Ein Bäcker möchte Rosinenbrötchen backen. Leider hat er nicht alle benötigten Zutaten (ihm fehlen die Rosinen), er kann jedoch einige vorhandene Zutaten gegen andere tauschen, und zwar:

$$\begin{aligned} \text{Mehl} + \text{Eier} &\rightarrow \text{Milch} + \text{Honig} \\ \text{Mandeln} + \text{Honig} &\rightarrow \text{Rosinen} \\ \text{Milch} + \text{Hefe} &\rightarrow \text{Mandeln} \end{aligned}$$

Vorhanden sind Mehl, Eier und Hefe in großer Menge.

a) Übersetzen Sie die Aussagen und formulieren Sie die Frage, ob der Bäcker Rosinen erhält, als Unerfüllbarkeitsproblem.

b) Stellen Sie für die Formel aus a) ein PROLOG-Programm auf und zeigen Sie mittels SLD-Resolution, dass der Bäcker Rosinen durch Tausch erhalten kann.

Aufgabe 3.7

Formulieren Sie die Hornformel aus Aufgabe 2.7 als PROLOG-Programm und geben Sie den SLD-Resolutionsbaum an.

Aufgabe 3.8: Bum Bum Boris Bum Bum, unser Boris, der haut sie alle um

Herr B. ist ein in Deutschland lebender, gut verdienender Tennisspieler. Er findet, dass er zu viele Steuern bezahlt und beschließt, einen Teil davon einzusparen. Wenn man in Deutschland lebt und Steuern sparen will, muss man tricksen. Eine Möglichkeit zu tricksen ist, seinen Wohnsitz nach Monaco zu verlegen. Wenn man trickst und erwischt wird, wird man verurteilt. Wenn man ohne Steuerberater trickst, wird man erwischt. Ein Steuerberater wird verhindern, dass man seinen Wohnsitz nach Monaco verlegt. Zu klären ist: Wenn Herr B. keinen Steuerberater engagiert, wird er verurteilt?

a) Man zeige, dass obige Fragestellung bei geeigneter Interpretation der Abkürzungen V, D, S, T, M, E, B dem folgenden PROLOG-Programm entspricht.

```
(1)   D.
(2)   S.
(3)   T:-D,S.
(4)   T:-M.
(5)   V:-T,E.
(6)   E:-B,T.
(7)   B:-M.
(8)   B.
      ?-V.
```

b) Zeichnen Sie den Teil des SLD-Resolutionsbaumes, der bei der Abarbeitung dieses Programms nach der *depth-first*-Strategie durchlaufen wird.

c) Zeigen Sie, dass die *breadth-first*-Strategie in diesem SLD-Resolutionsbaum bis zur Tiefe 6 vordringen muss, bis ein erfolgreicher Ast gefunden ist.

Prädikatenlogik

4

ÜBERBLICK

Logik ist …,
wenn man trotzdem denkt.

Der Bulle von Transsylvanien, 2. Gibt es Vampire?

Im Laufe seiner Ermittlungen in Transsylvanien fand Inspektor Craig eine Reihe bemerkenswerter Informationen über die Bewohner dieses Landes heraus.

1) Die Bewohner Transsylvaniens haben entweder die Gestalt von Menschen oder von blutsaugenden Fledermäusen.

2) Es soll angeblich blutsaugende Vampire geben, die wie Menschen aussehen.

3) Sowohl Menschen als auch Vampire mögen Rotwein.

4) Der Bürgermeister von Kronstadt mag alles, was dem Grafen Dracula nicht gefällt und umgekehrt.

5) Der Bürgermeister trinkt gerne Rotwein, aber es gibt auch einen Bewohner Transsylvaniens, der nicht gerne Rotwein trinkt.

Der Inspektor fragt sich nun, ob es überhaupt Vampire gibt, und insbesondere, ob der mysteriöse Graf Dracula einer ist. Wenn wir ihm bei seinen Überlegungen helfen wollen, führt uns die Aussagenlogik aus mehreren Gründen nicht weiter:

a) Um die Eigenschaft 1) ausdrücken zu können, müssten wir für jeden Bewohner Transsylvaniens ein oder mehrere Aussagensymbole definieren. Die genaue Einwohnerzahl ist jedoch unbekannt.

b) In der vierten Erkenntnis ist nicht beschrieben, welche Vorlieben der Bürgermeister und Graf Dracula besitzen. Stattdessen ist von einer allgemeinen Relation „jemand mag etwas“ die Rede.

c) In der letzten Erkenntnis ist nicht klar, von welchem weiteren Bewohner Transsylvaniens die Rede ist. Es wird eine reine Existenzaussage gemacht.

Um weiterzukommen müssen wir die uns zur Verfügung stehende Formelsprache offenbar beträchtlich erweitern. Auch die Semantik der Aussagenlogik genügt nicht: für unsere Variablen brauchen wir eine evtl. sogar unendliche Grundmenge, z. B. die Menge der Bewohner Transsylvaniens. Die Wahrheitswerte werden auch nicht direkt den Variablen zugeordnet, sondern Eigenschaften dieser Variablen oder Relationen zwischen ihnen. Zum Beispiel ist „x mag Rotwein“ eine Eigenschaft, die entweder wahr oder falsch sein kann.

Wie können wir den Inspektor nun unterstützen? Sei x ein Bewohner Transsylvaniens. Wir führen folgende Eigenschaften (genannt „Prädikate“) ein:

$P_1(x)$: „x ist ein Mensch.“

$P_2(x)$: „x ist ein Vampir.“

$P_3(x)$: „x mag Rotwein.“

Ferner bezeichne die Konstante a den Bürgermeister von Kronstadt und b den Grafen Dracula. Dann werden die Erkenntnisse des Inspektors durch die Formel

$$F = ((P_1(x) \vee P_2(x)) \Rightarrow P_3(x)) \wedge (P_3(a) \Leftrightarrow \neg P_3(b)) \wedge P_3(a) \wedge \exists y : \neg P_3(y)$$

ausgedrückt. Mit den üblichen Äquivalenzumformungen (wie in der Aussagenlogik) gilt nun

$$\begin{aligned} F = {} & (\neg P_1(x) \vee P_3(x)) \wedge (\neg P_2(x) \vee P_3(x)) \wedge (P_3(a) \vee P_3(b)) \\ & \wedge (\neg P_3(a) \vee \neg P_3(b)) \wedge P_3(a) \wedge \exists y : \neg P_3(y) \; . \end{aligned}$$

Wenn wir jetzt Ausdrücke der Form $P_i(a)$ als atomare Formeln betrachten, können wir wie in der Aussagenlogik einen Resolutionsschritt machen:

$\{\neg P_3(a), \neg P_3(b)\}$ $\{P_3(a)\}$

$\{\neg P_3(b)\}$

Um nun weiterzukommen, müssen wir die **Substitution** $x \mapsto b$ erlauben und erhalten

$\{\neg P_3(b)\}$ $\{\neg P_1(b), P_3(b)\}$ sowie $\{\neg P_2(b), P_3(b)\}$ $\{\neg P_3(b)\}$

$\{\neg P_1(b)\}$ $\{\neg P_2(b)\}$.

Also ist Graf Dracula eine blutsaugende Fledermaus!

Um herauszufinden, ob es „richtige" Vampire gibt, können wir noch den weiteren Bewohner c betrachten, den es nach 5) gibt. Er liefert die Klausel $\{\neg P_3(c)\}$ und somit

$\{\neg P_3(c)\}$ $\{\neg P_1(c), P_3(c)\}$ sowie $\{\neg P_2(c), P_3(c)\}$ $\{\neg P_3(c)\}$

$\{\neg P_1(c)\}$ $\{\neg P_2(c)\}$.

Also ist auch dieser Bewohner eine Fledermaus. Die Existenzfrage für Vampire bleibt weiter ungeklärt, was uns aber nicht davon abhalten soll, trotzdem über Prädikatenlogik nachzudenken.

Zur formalen Beschreibung komplizierter logischer Zusammenhänge bietet die Aussagenlogik keine ausreichende Flexibilität. Im Folgenden sollen auch mathematische Formeln wie z. B. die Definition der Stetigkeit

$$\forall \varepsilon > 0 \, \exists \delta > 0 \; (\forall x : |x - x_0| < \delta) : \; |f(x) - f(x_0)| < \varepsilon$$

mit Hilfe eines logischen Systems ausgedrückt werden. Insbesondere sollen

- die Quantoren „für alle“ und „es existiert“,
- Variablen,
- Funktionen und
- Relationen ($\leq, >, \ldots$)

Bestandteile der erlaubten logischen Formeln sein.

4.A Grundlagen

In diesem Unterabschnitt stellen wir die Syntax und die Semantik der Prädikatenlogik erster Stufe vor, die das eben gesteckte Ziel erreicht.

Definition 4.1: Die Syntax der Prädikatenlogik

a) Eine **Variable** ist ein Symbol der Form x_i mit $i \in \mathbb{N}$.

b) Ein **Funktionssymbol** (oder eine **Funktion**) hat die Form $f_i^{(k)}$ mit $i, k \in \mathbb{N}$. Hierbei dient der Index i zur Unterscheidung der verschiedenen Funktionen und das optionale k gibt die **Stelligkeit** (oder **Stellenzahl** oder **Zahl der Argumente**) der Funktion an.

(Z. B. hat $f_1(x_1)$ die Stelligkeit 1 und $f_2(x_1, x_2, x_3)$ die Stelligkeit 3.)

Nullstellige Funktionen heißen auch **Konstanten**.

c) Ein **Prädikatsymbol** (oder **Relationssymbol**) hat die Form $P_i^{(k)}$ mit $i, k \in \mathbb{N}$. Hierbei dient der Index i zur Unterscheidung der verschiedenen Prädikate und das optionale k gibt wiederum die Stelligkeit an.

(Bedeutet $P_1(x, y)$ z. B. $x \leq y$, so ist $P_1(x, y)$ ein zweistelliges Prädikat.)

d) Ein **Term** entsteht durch endlich viele Anwendungen der folgenden Operationen:

d1) Jede Variable ist ein Term.

d2) Ist f eine k-stellige Funktion und sind $t_1, \ldots, t_k$ Terme, so ist auch $f(t_1, \ldots, t_k)$ ein Term. Bei **Konstanten**, d. h. für $k = 0$ fällt hierbei das Klammerpaar weg.

e) Eine **prädikatenlogische Formel** entsteht durch endlich viele Anwendungen der folgenden Operationen:

e1) Ist P ein k-stelliges Prädikatsymbol und sind $t_1, \ldots, t_k$ Terme, so ist $P(t_1, \ldots, t_k)$ eine Formel.

e2) Sind F, G Formeln, so sind auch $\neg F$, $(F \vee G)$ und $(F \wedge G)$ Formeln.

e3) Ist x eine Variable und F eine Formel, so sind auch $\forall x\colon F$ und $\exists x\colon F$ Formeln. Hierbei heißt $\forall$ (sprich „für alle“) der **Allquantor** und $\exists$ (sprich „es existiert“) der **Existenzquantor**.

Notationen 4.2

a) Statt $x_0, x_1, x_2, \ldots$ erlauben wir auch u, v, w, x, y, z als Variablennamen.

b) Statt $f_0, f_1, f_2, \ldots$ erlauben wir auch f, g, h als Funktionssymbole.

c) Konstanten bezeichnen wir auch mit a, b, c.

d) Statt $P_0, P_1, P_2, \ldots$ erlauben wir auch P, Q, R als Prädikatsymbole.

Die Stelligkeit der Funktionen und Prädikate geht meist aus dem Kontext hervor. Der obere Index der Funktionssymbole und Prädikatsymbole wird daher oft weggelassen.

Beispiel 4.3: Psycho-Logisches

Kürzlich ergab sich in den Logik-Übungen folgende Situation. Manche Studenten fanden die Übungsaufgaben verständlich. Andere waren bei den jeweils besten Teilnehmern der Übungsgruppe beliebt. Schließlich gab es noch den Fall einer Studentin, deren beste Freundin bei allen Studenten beliebt war, und Kommilitone Schlauberger versteht ja eh jede Aufgabe.

Jeder der drei Fälle führte zur Abgabe korrekter Lösungen der Übungszettel. Stellen Sie eine prädikatenlogische Formel auf, die beschreibt, ob ein Teilnehmer das Übungsblatt korrekt löst.

1) Definition der Funktionen und Prädikatsymbole.

   Die Variable x bezeichne den betrachteten Übungsteilnehmer. Die Funktion $f(x)$ steht für seinen besten Freund bzw. seine beste Freundin. Die Konstante a repräsentiere Kommilitone Schlauberger. Die Funktion $g(x)$ definiere den besten Teilnehmer der Übungsgruppe von x. Die zweistellige Relation $P(x, y)$ bedeutet „x ist bei y beliebt" und die einstellige Relation $Q(x)$ steht für „x versteht die Aufgaben".

2) Übersetzung der Aussagen.

   – „Manche Studenten fanden die Übungsaufgaben verständlich":

   $$F_1 := Q(x) \ .$$

   – „Andere [Studenten] waren bei den jeweils besten Teilnehmern der Übungsgruppe beliebt":

   $$F_2 := \forall z\colon P(x, g(z)) \ .$$

   – „Schließlich gab es noch den Fall einer Studentin, deren beste Freundin bei allen Studenten beliebt war, und Kommilitone Schlauberger versteht ja eh jede Aufgabe":

   $$F_3 := \exists x\colon \forall y\colon \ (P(f(x), y) \wedge Q(a)) \ .$$

3) Zusammenstellen der Formel.

   „Jeder der drei Fälle führte zur Abgabe korrekter Lösungen der Übungszettel", d. h. wir verbinden die drei Teilformeln mit „oder".

   $$\begin{aligned} F &= F_1 \vee F_2 \vee F_3 \\ &= Q(x) \vee \forall z\colon P(x, g(z)) \vee \exists x\colon \forall y\colon \ (P(f(x), y) \wedge Q(a)) \ . \end{aligned}$$

   Hierbei binden die Quantoren stärker als $\neg, \wedge, \vee$ und bei $((A \vee B) \vee C)$ etc. werden wegen der Assoziativität die Klammern weggelassen.

Beispiel 4.4

Sei $P(x_0, x_1)$ die Relation $x_0 > x_1$, sei $g(x_1)$ die Funktion „Absolutbetrag" und sei $h(x_0, x_1) = x_0 - x_1$. Dann lautet die am Anfang des Abschnitts angegebene Definition der Stetigkeit einer Funktion f an einem Punkt x_0:

$$\forall x_3\colon\ (P(x_3, 0) \Rightarrow \exists x_2\colon\ (P(x_2, 0) \wedge \forall x_1\colon\ (P(x_2, g(h(x_1, x_0))) \Rightarrow P(x_3, g(h(f(x_1), f(x_0)))))))\ .$$

Definition 4.5

a) Eine **atomare Formel** ist ein Ausdruck der Form $P_l(t_1, \ldots, t_k)$ wie in Definition 4.1.e1).

b) Eine **Teilformel** einer prädikatenlogischen Formel F ist eine prädikatenlogische Formel G, die als zusammenhängende Teilzeichenkette von F vorkommt.

c) Kommt x in einer Teilformel der Form $\forall x\colon G$ oder $\exists x\colon G$ vor, so heißt dieses Vorkommen **gebunden**, andernfalls **frei**.

d) Eine prädikatenlogische Formel F heißt eine **geschlossene Formel** oder eine **prädikatenlogische Aussage**, falls keine Variable in F frei vorkommt.

e) Streicht man in einer Formel F jedes Vorkommen von $\exists x\colon$ und $\forall x\colon$, wobei x irgendeine Variable ist, so erhält man die **Matrixformel** F^* von F.

Offenbar kann eine Variable x in verschiedenen Teilformeln einer prädikatenlogischen Formel sowohl frei als auch gebunden vorkommen.

Beispiel 4.6: Psycho-Logisches

Wir betrachten die Formel

$$F = Q(x) \vee \forall z\colon P(x, g(z)) \vee \exists x\colon \forall y\colon\ (P(f(x), y) \wedge Q(a))$$

aus Beispiel 4.3. Dann gilt:

a) Die in F vorkommenden Terme sind $x, y, z, a, f(x), g(z)$.

b) Die in Teilformeln von F frei vorkommenden Variablen sind: x in $Q(x)$ und x in $\forall z\colon P(x, g(z))$.

c) Die Matrixformel von F ist

$$F^* = Q(x) \vee P(x, g(z)) \vee (P(f(x), y) \wedge Q(a))\ .$$

Definition 4.7: Die Semantik der Prädikatenlogik

Sei F eine prädikatenlogische Formel.

a) Eine (zu F passende) **Struktur** ist ein Tupel $\alpha = (U, \varphi, \psi, \xi)$, wobei

a1) U eine nicht leere Menge darstellt, die die **Grundmenge** oder der **Grundbereich** oder das **Universum** von α heißt, a2) φ eine Abbildung ist, die jedem in F vorkommenden k-stelligen Funktionssymbol f eine Abbildung $\varphi(f) : U^k \to U$ zuordnet,

a3) ψ eine Abbildung ist, die jedem in F vorkommenden k-stelligen Prädikatsymbol P eine Teilmenge $\psi(P) \subseteq U^k$ zuordnet,

a4) ξ eine Abbildung ist, die jeder in F vorkommenden Variablen x ein Element $\xi(x) \in U$ zuordnet.

b) Der **Wert** $\alpha(t)$ eines Terms t in der Struktur α ist wie folgt rekursiv definiert:

b1) Ist t eine Variable, so sei $\alpha(t) = \xi(t)$.

b2) Besitzt der Term t die Form $t = f(t_1, \ldots, t_k)$, wobei $t_1, \ldots, t_k$ wiederum Terme sind und f ein k-stelliges Funktionssymbol darstellt, so definieren wir $\alpha(t) = \varphi(f)(\alpha(t_1), \ldots, \alpha(t_k))$.

c) Der **Wahrheitswert** einer prädikatenlogischen Formel F in der Struktur α sei wie folgt rekursiv definiert:

c1) Besitzt F die Form $P(t_1, \ldots, t_k)$ mit einem k-stelligen Prädikatsymbol P, so setzen wir

$$\alpha(F) = \begin{cases} 1 & \text{falls } (\alpha(t_1), \ldots, \alpha(t_k)) \in \psi(P) \subseteq U^k, \\ 0 & \text{sonst}. \end{cases}$$

c2) Ist F von der Form $F = \neg G$ oder $F = (G \vee H)$ oder $F = (G \wedge H)$, so sei $\alpha(F)$ mit Hilfe von $\alpha(G)$ und $\alpha(H)$ wie in der Aussagenlogik definiert.

$$\alpha(\neg G) = \begin{cases} 1 & \text{falls } \alpha(G) = 0 \\ 0 & \text{falls } \alpha(G) = 1, \end{cases}$$

$$\alpha(G \wedge H) = \begin{cases} 1 & \text{falls } \alpha(G) = \alpha(H) = 1 \\ 0 & \text{sonst}, \end{cases}$$

$$\alpha(G \vee H) = \begin{cases} 1 & \text{falls } \alpha(G) = 1 \text{ oder } \alpha(H) = 1 \text{ (oder beides)} \\ 0 & \text{sonst}. \end{cases}$$

c3) Besitzt F die Form $\forall x\colon G$ oder $\exists x\colon G$, so setzen wir

$$\alpha(\forall x\colon G) = \begin{cases} 1 & \text{falls für alle } u \in U \text{ gilt } \widetilde{\alpha}(G) = 1 \\ 0 & \text{sonst}, \end{cases}$$

$$\alpha(\exists x\colon G) = \begin{cases} 1 & \text{falls es ein } u \in U \text{ gibt mit } \widetilde{\alpha}(G) = 1 \\ 0 & \text{sonst}. \end{cases}$$

Hierbei bedeutet $\widetilde{\alpha} = \left(U, \varphi, \psi, \widetilde{\xi}\right)$ die Struktur mit $\widetilde{\xi}(x) = u \in U$ und $\widetilde{\xi}(y) = \xi(y)$ für alle anderen Variablen y.

Man beachte, dass die Festlegung von $\xi(x)$ für gebundene Variablen x wegen c3) keine Rolle spielt. Eine zu einer Formel passende Struktur ergibt sich meist aus dem Text des Beispiels/der Aufgabe. Man kann aber auch vollkommen „willkürlich“ eine andere Struktur definieren, wie das folgende Beispiel zeigt.

Beispiel 4.8: Psycho-Logisches

Gegeben sei die Formel

$$F = Q(x) \vee \forall z\colon P(x, g(z)) \vee \exists x\colon \forall y\colon (P(f(x), y) \wedge Q(a))$$

aus Beispiel 4.3. Wie folgt definieren wir dann eine zu F passende Struktur $\alpha = (U, \varphi, \psi, \xi)$:

1) Wir setzen $U = \mathbb{R}$ als Grundbereich fest.
2) Es seien $\varphi(a) : \{\emptyset\} \to \mathbb{R}, \emptyset \mapsto \pi$ konstante Funktion, $\varphi(f) = \sin\colon \mathbb{R} \to \mathbb{R}$ und $\varphi(g) = \cos\colon \mathbb{R} \to \mathbb{R}$.
3) Es seien $\psi(P) = \{(r, s) \in \mathbb{R}^2 : r \leq s\}$ und $\psi(Q) = [3, \infty) \subseteq \mathbb{R}$.
4) Es gelte $\xi(x) = \frac{\pi}{2}$, $\xi(y) = 1$ und $\xi(z) = 3$.

Nun werten wir F in α aus und erhalten:

a) $\alpha(Q(x)) = 0$, denn $\psi(Q) = [3, \infty)$ und $\xi(x) = \frac{\pi}{2} \notin [3, \infty)$.
b) $\alpha(\forall z\colon P(x, g(z))) = 0$, denn nicht für jedes $u \in \mathbb{R}$ gilt

$$(\xi(x), \varphi(g)(\tilde{\xi}(z))) = (\tfrac{\pi}{2}, \cos(u)) \in \psi(P) = \{(r, s) \in \mathbb{R}^2 \mid r \leq s\},$$

weil z. B. $\cos(0) < \frac{\pi}{2}$ gilt.

c) $\alpha(\exists x\colon \forall y\colon P(f(x), y) \wedge Q(a)) = 0$, denn:
   - c1) $\alpha(Q(a)) = 1$, da $\varphi(a) = \pi \in \psi(Q) = [3, \infty)$ erfüllt ist.
   - c2) $\alpha(\exists x\colon \forall y\colon P(f(x), y)) = 0$, da nicht für alle $\tilde{u} \in \mathbb{R}$ ein $u \in \mathbb{R}$ existiert, so dass

$$(\varphi(f)(\xi(x)), \xi(y)) = (\sin(u), \tilde{u}) \in \psi(P) = \{(r, s) \in \mathbb{R}^2 \mid r \leq s\}$$

     erfüllt ist. (Betrachte z. B. $\tilde{u} = -2$.)
   - c3) Die Konjunktion $G \wedge H$ zweier Formeln mit $\alpha(G) = 0$ und $\alpha(H) = 1$ liefert $\alpha(G \wedge H) = 0$.

d) Insgesamt erhalten wir $\alpha(F) = 0$, denn F ist die Disjunktion $F = G \vee H \vee I$ dreier Formeln mit $\alpha(G) = \alpha(H) = \alpha(I) = 0$.

Definition 4.9

Seien F, G zwei prädikatenlogische Formeln.

a) Ist $\alpha = (U, \varphi, \psi, \xi)$ eine zu F passende Struktur, so heißt α auch **zu G passend**, wenn φ, ψ, ξ auch für die in G vorkommenden Funktionssymbole, Prädikatsymbole und Variablen definiert sind.
b) Die Struktur α heißt ein **Modell** für F, wenn $\alpha(F) = 1$ gilt. Wir schreiben in diesem Fall $\alpha \models F$.
c) Die Formel F heißt **allgemein gültig** oder eine **Tautologie**, wenn für alle zu F passenden Strukturen α gilt $\alpha \models F$.

d) Die Formel F heißt **unerfüllbar**, wenn es keine zu F passende Struktur α mit $\alpha \models F$ gibt. Andernfalls heißt F erfüllbar.

Bemerkung 4.10

a) Wie in der Aussagenlogik gilt, dass F genau dann unerfüllbar ist, wenn $\neg F$ eine Tautologie darstellt.

b) Die hier definierte Prädikatenlogik heißt auch die **Prädikatenlogik erster Stufe**. In der so genannten Prädikatenlogik zweiter Stufe sind auch Ausdrücke der Form $\forall P \colon \forall f \colon P(x, f(y))$ erlaubt.

Satz 4.11

Die Aussagenlogik ist ein Teil der Prädikatenlogik. Genauer gilt: Kommen in einer prädikatenlogischen Formel nur nullstellige Prädikate vor und keine Variablen, Terme, Funktionssymbole oder Quantoren, so erhalten wir die Aussagenlogik, wenn wir die nullstelligen Prädikatsymbole als Aussagen interpretieren.

Beweis Die Syntax reduziert sich auf Definition 4.1.e1) und e2), wobei in e2) nur nullstellige Prädikatsymbole $P_0, P_1, \ldots$ vorkommen. Dies ist exakt die Syntax der Aussagenlogik, wobei ein Aussagensymbol A_i dem nullstelligen Prädikatsymbol P_i entspricht. Die Semantik reduziert sich auf

$$\begin{aligned}\alpha(P) &= \begin{cases} 1 & \text{falls } \emptyset \in \psi(P) \subseteq U^0 = \{\emptyset\} \\ 0 & \text{sonst} \end{cases} \\ &= \begin{cases} 1 & \text{falls } \psi(P) = U^0 \\ 0 & \text{falls } \psi(P) = \emptyset \end{cases}\end{aligned}$$

und die üblichen aussagenlogischen Definitionen. Dies ist exakt die Semantik der Aussagenlogik. □

4.B Normalformen

Nachdem wir die Syntax und die Semantik der Prädikatenlogik definiert haben, geht es jetzt um die Frage, ob ein Resolutionskalkül existiert. Der erste Schritt im Resolutionskalkül der Aussagenlogik war die Transformation in die KNF. Entsprechend wollen wir nun auch hier die Frage untersuchen, ob und wie prädikatenlogische Formeln in eine „Normalform“ gebracht werden können.

Definition 4.12

a) Zwei prädikatenlogische Formeln F, G heißen **äquivalent**, wenn für alle zu F und G passenden Strukturen $\alpha = (U, \varphi, \psi, \xi)$ gilt: $\alpha(F) = \alpha(G)$. In diesem Fall schreiben wir $F \equiv G$.

b) Eine prädikatenlogische Formel F heißt in **Pränexform** oder eine **Pränexformel**, falls sie die Gestalt

$$Q_1 x_1 \colon Q_2 x_2 \colon \ldots \colon Q_n x_n \colon G$$

besitzt, wobei $Q_1, \ldots, Q_n$ Quantoren sind, $x_1, \ldots, x_n$ Variablen und G eine prädikatenlogische Formel ist, in der kein Quantor vorkommt.

Unser Ziel ist es im Folgenden zu zeigen, dass es zu jeder prädikatenlogischen Formel eine äquivalente Formel in Pränexform gibt. Als ersten Schritt erweitern wir dazu die fundamentalen Äquivalenzen der Aussagenlogik (Satz 2.15) um ihre prädikatenlogische Verwandtschaft.

Satz 4.13: Die fundamentalen Äquivalenzen der Prädikatenlogik

Seien F, G, H prädikatenlogische Formeln, wobei H die Variable x nicht enthalte.

a) Es gelten die fundamentalen Äquivalenzen der Aussagenlogik (vgl. Satz 2.15).

b) Es gelten die folgenden weiteren zehn Äquivalenzen:

1) $\neg(\forall x\colon F) \equiv \exists x\colon \neg F$
2) $\neg(\exists x\colon F) \equiv \forall x\colon \neg F$
3) $(\forall x\colon F) \wedge (\forall x\colon G) \equiv \forall x\colon (F \wedge G)$
4) $(\exists x\colon F) \vee (\exists x\colon G) \equiv \exists x\colon (F \vee G)$
5) $\forall x\colon \forall y\colon F \equiv \forall y\colon \forall x\colon F$
6) $\exists x\colon \exists y\colon F \equiv \exists y\colon \exists x\colon F$
7) $(\forall x\colon F) \wedge H \equiv \forall x\colon (F \wedge H)$
8) $(\forall x\colon F) \vee H \equiv \forall x\colon (F \vee H)$
9) $(\exists x\colon F) \wedge H \equiv \exists x\colon (F \wedge H)$
10) $(\exists x\colon F) \vee H \equiv \exists x\colon (F \vee H)$

Beweis Die zehn zusätzlichen Regeln in b) sind unschwer nachzurechnen (vgl. auch die Übungsaufgaben). □

Bemerkung 4.14

Wie in der Aussagenlogik gilt auch hier der *Ersetzungssatz*: Ersetzt man in einer prädikatenlogischen Formel eine Teilformel durch eine äquivalente Formel, so ist das Ergebnis äquivalent zur Ausgangsformel.

Der Beweis dieses Satzes verläuft völlig analog zu dem von Satz 2.14 und sei dem Leser überlassen.

Definition 4.15

Sei F eine prädikatenlogische Formel, sei x eine in F vorkommende Variable und sei t ein Term. Ersetzt man jedes freie Vorkommen von x in einer Teilformel von F durch t, so heißt die entstehende Formel $F|_{x \mapsto t}$ das Ergebnis der **Substitution** von x durch t.

Mit Hilfe von Substitutionen kann man auch gebundene Variablen ersetzen, aber nur durch anderweitig nicht vorkommende Variablen, wie der folgende Satz zeigt.

Satz 4.16: Die gebundene Umbenennung

Sei F eine prädikatenlogische Formel der Form $F = \forall x\colon G$ oder $F = \exists x\colon G$, wobei G die Variable x nur frei enthalte. Ferner sei y eine Variable, die in G nicht vorkommt. Dann gilt $F \equiv \forall y\colon\ G|_{x \mapsto y}$ bzw. $F \equiv \exists y\colon\ G|_{x \mapsto y}$. Wir sagen, die neue Formel entstehe durch eine ***gebundene Umbenennung*** *aus F.*

Beweis Dies ist klar, denn zu jeder zu F passenden Struktur $\alpha = (U, \varphi, \psi, \xi)$ kann man $\xi(y) = \xi(x)$ definieren und erhält eine zur neuen Formel passende Struktur mit demselben Wahrheitswert. □

Satz 4.17: Die bereinigte Form

Sei F eine prädikatenlogische Formel. Dann erhält man durch geeignete gebundene Umbenennungen eine äquivalente prädikatenlogische Formel G, in der keine Variable sowohl gebunden als auch in einer Teilformel frei vorkommt. Ferner erreicht man, dass hinter allen Quantoren von G paarweise verschiedene Variablen stehen.

Eine solche äquivalente Formel G heißt eine Formel ***in bereinigter Form*** *oder eine* ***bereinigte Form von*** *F.*

Beweis Es genügt, Satz 4.16 wiederholt anzuwenden. □

Nun sind wir bereit, unser erstes Teilziel zu erreichen. Der folgende Algorithmus transformiert prädikatenlogische Formeln in (bereinigte) Pränexform.

Satz 4.18: Transformation in bereinigte Pränexform

Sei F eine prädikatenlogische Formel. Betrachte die durch die folgenden Instruktionen definierte Prozedur $\mathrm{BPF}(F)$:

1) Ersetze F durch eine äquivalente Formel in bereinigter Form.
2) Ist F eine atomare Formel, so gib F aus und stoppe.
3) Ist F von der Form $F = \neg G$ mit einer Teilformel G, so wende $\mathrm{BPF}(G)$ an und erhalte eine Formel $\widetilde{G} = Q_1 x_1 : Q_2 x_2 : \ldots : Q_n x_n : \widehat{G}$.
   Dann gib
   $$\overline{Q}_1 x_1 : \overline{Q}_2 x_2 : \ldots : \overline{Q}_n x_n : \neg\widehat{G}$$
   aus und stoppe. Hierbei ist $\overline{Q}_i = \exists$ für $Q_i = \forall$ sowie $\overline{Q}_i = \forall$ für $Q_i = \exists$.
4) Ist F von der Form $F = (G \vee H)$, so wende die Prozeduren $\mathrm{BPF}(G)$ und $\mathrm{BPF}(H)$ an und erhalte Formeln $\widetilde{G} = Q_1 x_1 : \ldots : Q_n x_n : \widehat{G}$ sowie $\widetilde{H} = R_1 y_1 : \ldots : R_h y_h : \widehat{H}$ mit Quantoren $Q_1, \ldots, Q_n, R_1, \ldots, R_h$. Dann gib
   $$Q_1 x_1 : \ldots : Q_n x_n : R_1 y_1 : \ldots : R_h y_h : \widehat{G} \vee \widehat{H}$$
   aus und stoppe.
5) Ist F von der Form $F = (G \wedge H)$, so verfahre analog wie in Schritt 4), gib
   $$Q_1 x_1 : \ldots : Q_n x_n : R_1 y_1 : \ldots : R_h y_h : \widehat{G} \wedge \widehat{H}$$
   aus und stoppe.

6) Ist F von der Form $F = \forall x\colon G$, so wende BPF auf G an und erhalte $\widetilde{G} = Q_1 x_1 : \ldots : Q_n x_n : \widehat{G}$ mit Quantoren $Q_1, \ldots, Q_n$. (Dabei sei $x_i \neq x$ für $i = 1, \ldots, n$.) Gib dann

$$\forall x\colon Q_1 x_1 : \ldots : Q_n x_n : \widehat{G}$$

aus und stoppe.

7) Ist F von der Form $F = \exists x\colon G$, so verfahre wie in Schritt 6), gib

$$\exists x\colon Q_1 x_1 : \ldots : Q_n x_n : \widehat{G}$$

aus und stoppe.

Dies ist ein Algorithmus, der eine zu F äquivalente Formel G ausgibt, die sich in bereinigter Form und in Pränexform befindet. Wir sagen, die Formel G sei in **bereinigter Pränexform** (BPF).

Beweis Dies folgt sofort aus Satz 4.17, aus den fundamentalen Äquivalenzen und aus der rekursiven Definition der Syntax der Prädikatenlogik. □

Beispiel 4.19: Psycho-Logisches

Gegeben sei die prädikatenlogische Formel

$$F = Q(x) \vee \forall z\colon P\big(x, g(z)\big) \vee \exists x\colon \forall y\colon \big(P\big(f(x), y\big) \wedge Q(a)\big)$$

aus Beispiel 4.3. Wir berechnen die bereinigte Pränexform von F gemäß obigem Algorithmus.

1) Da x sowohl gebunden als auch frei vorkommt, setzen wir $x \mapsto u$ in der letzten Teilformel und erhalten

$$F \equiv Q(x) \vee \forall z\colon P\big(x, g(z)\big) \vee \exists u\colon \forall y\colon \big(P\big(f(u), y\big) \wedge Q(a)\big) .$$

Diese Formel ist jetzt in bereinigter Form.

4) Die BPF von den drei mit $\vee$ verknüpften Teilformeln wird benötigt. Offenbar sind die Teilformeln $\exists u\colon \forall y\colon \big(P\big(f(u), y\big) \wedge Q(a)\big)$, $\forall z\colon P\big(x, g(z)\big)$ und $Q(x)$ in BPF. Also wird

$$\forall z\colon \exists u\colon \forall y\colon \big[Q(x) \vee P\big(x, g(z)\big) \vee \big(P\big(f(u), y\big) \wedge Q(a)\big)\big]$$

ausgegeben und der Algorithmus stoppt.

Mit der bereinigten Pränexform haben wir eine zur ursprünglichen Formel äquivalente Formel gefunden, die bereits stark vereinfacht ist. An dieser Stelle sind i. A. keine weiteren Simplifikationen durch Äquivalenzumformungen mehr möglich. Für ein Resolutionskalkül brauchen wir aber nur die Erfüllbarkeit oder Unerfüllbarkeit einer Formel zu entscheiden. Daher führen wir jetzt den folgenden Begriff ein.

Definition 4.20

Zwei prädikatenlogische Formeln F, G heißen **erfüllbarkeitsäquivalent**, wenn F nachweislich genau dann erfüllbar ist, falls auch G erfüllbar ist.

Bemerkung 4.21

Sind zwei prädikatenlogische Formeln F, G äquivalent, so sind sie auch erfüllbarkeitsäquivalent, aber i. A. nicht umgekehrt. Offenbar ist die Erfüllbarkeitsäquivalenz eine Äquivalenzrelation.

Satz 4.22: Die Skolemform einer prädikatenlogischen Formel

Sei F eine prädikatenlogische Formel in BPF. Betrachte die folgenden Instruktionen:

1) Gibt es einen Existenzquantor in F, so schreibe

$$F = \forall x_1 : \forall x_2 : \ldots : \forall x_k : \exists x_{k+1} : G$$

mit einer prädikatenlogischen Formel G in BPF. (Es gilt $k \geq 0$.) Sei f ein in F nicht vorkommendes k-stelliges Funktionssymbol. Ersetze F durch die Formel

$$\forall x_1 : \forall x_2 : \ldots : \forall x_k : \; G|_{x_{k+1} \mapsto f(x_1,\ldots,x_k)} \, .$$

2) Wiederhole Schritt 1) so oft wie möglich.
3) Gib F aus und stoppe.

Dies ist ein Algorithmus, der eine prädikatenlogische Formel G ausgibt, die zu F erfüllbarkeitsäquivalent ist. Die Formel G heißt die **Skolemform** von F.

Beweis Es ist zu zeigen, dass die Formeln

$$F = \forall x_1 : \forall x_2 : \ldots : \forall x_k : \exists x_{k+1} : G \qquad \text{und}$$
$$\widehat{F} = \forall x_1 : \forall x_2 : \ldots : \forall x_k : \; G|_{x_{k+1} \mapsto f(x_1,\ldots,x_k)}$$

erfüllbarkeitsäquivalent sind. Dazu sei zuerst ein Modell $\alpha = (U, \varphi, \psi, \xi)$ von F gegeben. Zu jedem Tupel $(u_1, \ldots, u_k) \in U^k$ gibt es also ein $u_{k+1} \in U$ mit $\alpha\big(G|_{x_1 \mapsto u_1,\ldots,x_{k+1} \mapsto u_{k+1}}\big) = 1$.

Nun ergänzen wir α zu einer zu $\widehat{F}$ passenden Struktur $\widehat{\alpha} = (U, \widehat{\varphi}, \psi, \xi)$, indem wir $\widehat{\varphi}(f) : U^k \to U$ durch $(u_1, \ldots, u_k) \mapsto u_{k+1}$ festlegen. Bei der Berechnung von $\widehat{\alpha}(\widehat{F})$ wird dann $\widehat{\alpha}(f(x_1, \ldots, x_k))$ zu u_{k+1} ausgewertet und es ergibt sich dasselbe Resultat wie bei der Auswertung $\alpha(x_{k+1}) = u_{k+1}$ in F. Somit erhalten wir auch $\widehat{\alpha}(\widehat{F}) = 1$.

Umgekehrt liefert ein Modell $\widehat{\alpha} = (\widehat{U}, \widehat{\varphi}, \widehat{\psi}, \widehat{\xi})$ von $\widehat{F}$ auch eine zu F passende Struktur. Für alle $u_1, \ldots, u_k \in \widehat{U}$ gilt $\widehat{\alpha}\big(G|_{x_1 \mapsto u_1,\ldots,x_k \mapsto u_k, x_{k+1} \mapsto f(u_1,\ldots,u_k)}\big) = 1$. Setzen wir $u_{k+1} = f(u_1, \ldots, u_k) \in \widehat{U}$, so ergibt sich $\widehat{\alpha}\big(F|_{x_1 \mapsto u_1,\ldots,x_{k+1} \mapsto u_{k+1}}\big) = 1$ und somit $\widehat{\alpha} \models F$. □

Beispiel 4.23

Wir berechnen die Skolemform der Formel

$$F = \exists x \colon \forall y \colon \exists z \colon \forall w : ((\neg P(x,y) \wedge \neg Q(y,f(z))) \vee P(g(x,w),x)) \ .$$

Als Erstes führen wir eine nullstellige Funktion (also eine Konstante) a ein und erhalten

$$F_1 = \forall y \colon \exists z \colon \forall w : ((\neg P(a,y) \wedge \neg Q(y,f(z))) \vee P(g(a,w),a)) \ .$$

Dann brauchen wir eine einstellige Funktion $h(y)$ für z. Es ergibt sich

$$F_2 = \forall y \colon \forall w : ((\neg P(a,y) \wedge \neg Q(y,f(h(y)))) \vee P(g(a,w),a)) \ .$$

Insgesamt ist F_2 die Skolemform von F.

Beispiel 4.24: Psycho-Logisches

Um eine Skolemform der Formel

$$F = Q(x) \vee \forall z \colon P(x,g(z)) \vee \exists x \colon \forall y \colon \ (P(f(x),y) \wedge Q(a))$$

aus Beispiel 4.3 zu berechnen, bringen wir sie zunächst in bereinigte Pränexform und erhalten

$$F \equiv \forall z \colon \exists u \colon \forall y \colon \ [Q(x) \vee P(x,g(z)) \vee (P(f(u),y) \wedge Q(a))] \ .$$

Da hier ein Existenzquantor vorkommt, wenden wir Schritt 1) aus Satz 4.22 an. Die Substitution $u \mapsto h(z)$ liefert

$$\forall z \colon \forall y \colon \ [Q(x) \vee P(x,g(z)) \vee (P(f(h(z)),y) \wedge Q(a))] \ .$$

In dieser Formel gibt es keine Existenzquantoren mehr. Daher ist sie in Skolemform.

Eine Skolemform einer prädikatenlogischen Formel ist auch bzgl. der Erfüllbarkeitsäquivalenz nicht leicht zu vereinfachen. Allerdings können wir die Teilformeln hinter den Quantoren (also die Matrixformel) noch in eine Art KNF umformen. Schließlich bemerken wir wie in Kapitel 2, dass die Erfüllbarkeit des Ergebnisses nicht von der Reihenfolge der Literale und Teildisjunktionen in der KNF abhängt, sondern nur von der zugehörigen Klauselmenge. Diese letzten Vereinfachungsschritte vollzieht der folgende Algorithmus.

Korollar 4.25: Die Matrixklauselform einer prädikatenlogischen Formel

Sei F eine prädikatenlogische Formel. Führe die folgenden Schritte durch.

1) Bringe F mit Hilfe von Satz 4.18 in BPF. Das Ergebnis ist eine Formel G mit $G \equiv F$.

2) Seien $y_1, \ldots, y_m$ die in G vorkommenden freien Variablen. Ersetze G durch

$$\widetilde{G} = \exists y_1 : \exists y_2 : \ldots : \exists y_m : G\,.$$

3) Berechne die Skolemform von $\widetilde{G}$ mit Hilfe von Satz 4.22. Das Ergebnis sei die Formel H.

4) Bilde die Matrixformel H^* von H, d. h. streiche die Allquantoren am Anfang von H.

5) Berechne die KNF von H^* mittels Satz 2.19. (Betrachte dabei die in H^* vorkommenden atomaren Formeln wie Aussagensymbole.) Das Ergebnis sei die Formel K.

6) Gib die Klauselmenge $\mathcal{K}(K)$ aus und stoppe.

Die resultierende Klauselmenge $\mathcal{K}(K)$ heißt die **Matrixklauselform** von F und wird mit $\mathrm{MKF}(F)$ bezeichnet. Die Matrixklauselform von F ist genau dann erfüllbar (d. h. die zugrunde liegende Formel K ist erfüllbar), wenn F erfüllbar ist.

Beweis Dies folgt aus den Sätzen 2.19, 4.18 und 4.22. □

Auch dieses Verfahren wollen wir an unserem laufenden Beispiel ausprobieren.

Beispiel 4.26: Psycho-Logisches

Sei

$$F = Q(x) \vee \forall z\colon P\big(x, g(z)\big) \vee \exists x\colon \forall y\colon \ \big(P\big(f(x), y\big) \wedge Q(a)\big)\,.$$

die Formel aus Beispiel 4.3.

1) Wie in Beispiel 4.19 bringen wir F in BPF und erhalten

$$G = \forall z\colon \exists u\colon \forall y\colon \ \big[Q(x) \vee P\big(x, g(z)\big) \vee \big(P\big(f(u), y\big) \wedge Q(a)\big)\big]\,.$$

2) Die Variable x kommt frei in F vor. Deswegen wird sie mit einem Existenzquantor gebunden. Es ergibt sich die Formel

$$\widetilde{G} \equiv \exists x\colon \forall z\colon \exists u\colon \forall y\colon \ \big[Q(x) \vee P\big(x, g(z)\big) \vee \big(P\big(f(u), y\big) \wedge Q(a)\big)\big]\,.$$

3) Jetzt bestimmen wir mit Hilfe von Satz 4.22 eine Skolemform von $\widehat{G}$. Die Substitutionen $x \mapsto b$ und $u \mapsto h(z)$ liefern die erfüllbarkeitsäquivalente Formel

$$H = \forall z\colon \forall y\colon \ \big[Q(b) \vee P\big(b, g(z)\big) \vee \big(P\big(f(h(z)), y\big) \wedge Q(a)\big)\big]\,.$$

4) Die Matrixformel von H ist

$$H^* = Q(b) \vee P\big(b, g(z)\big) \vee \big(P\big(f(h(z)), y\big) \wedge Q(a)\big)\,.$$

5) Jetzt berechnen wir die KNF von H^*. Es gilt

$$\begin{aligned} H^* &= [Q(b) \vee P(b, g(z))] \vee [P(f(h(z)), y) \wedge Q(a)] \\ &\equiv (Q(b) \vee P(b, g(z)) \vee P(f(h(z)), y)) \wedge (Q(b) \vee P(b, g(z)) \vee Q(a)) \ . \end{aligned}$$

Die letzte Formel bezeichnen wir mit K.

6) Schließlich erhalten wir die MKF von F als die Klauselmenge von K, nämlich

$$\begin{aligned} \mathrm{MKF}(F) = \mathcal{K}(K) = \{&\{Q(b), P(b, g(z)), P(f(h(z)), y)\}, \\ &\{Q(b), P(b, g(z)), Q(a)\}\} \ . \end{aligned}$$

4.C Die Unentscheidbarkeit der Prädikatenlogik

In der Aussagenlogik konnten wir mit der Wahrheitstafelmethode durch Prüfen einer endlichen Anzahl von Belegungen entscheiden, ob eine Formel erfüllbar ist oder nicht. In der Prädikatenlogik ist dies i. A. unmöglich, denn es gibt Formeln, die zwar erfüllbar sind, aber nur unendliche Modelle besitzen, wie das folgende Beispiel zeigt.

Beispiel 4.27

Gegeben sei die prädikatenlogische Formel

$$\begin{aligned} F = \forall u\colon \forall v\colon \forall w : ((P(u, v) \wedge P(v, w)) \Rightarrow P(u, w)) \\ \wedge\ \forall x\colon \neg P(x, x) \wedge \forall y\colon P(y, f(y)) \ . \end{aligned}$$

a) Die Formel F besitzt das folgende unendliche Modell $\alpha = (U, \varphi, \psi, \xi)$:

$$U = \mathbb{N}\,, \quad \varphi(f)\colon \begin{array}{l} \mathbb{N} \to \mathbb{N}\,, \\ n \mapsto n+1 \end{array} \qquad \psi(P) = \{(a, b) \in \mathbb{N}^2 \mid a < b\}$$

und ξ beliebig (denn alle Variablen sind gebunden). Es gilt:

1) $\alpha(\forall u\colon \forall v\colon \forall w : ((P(u, v) \wedge P(v, w)) \Rightarrow P(u, w))) = 1$, denn $u < v$ und $v < w$ impliziert $u < w$ für $u, v, w \in \mathbb{N}$.
2) $\alpha(\forall x\colon \neg P(x, x)) = 1$, denn $x < x$ gilt für kein $x \in \mathbb{N}$.
3) $\alpha(\forall y\colon P(y, f(y))) = 1$, denn $y < \varphi(f)(y) = y + 1$ gilt für alle $y \in \mathbb{N}$.

Insgesamt folgt $\alpha(F) = 1$, d. h. α ist ein Modell für F.

b) Die Formel F besitzt kein endliches Modell.

Angenommen $\alpha = (U, \varphi, \psi, \xi)$ sei ein Modell für F und U sei eine endliche Menge. Sei $u \in U$. Für $i \geq 0$ sei $u_i = \varphi(f)^i(u)$, d. h. es gelte $u_0 = u$, $u_1 = \varphi(f)(u)$, $u_2 = \varphi(f)(u_1)$, etc. Dann gilt $(u_i, u_{i+1}) \in \psi(P)$ für alle $i \geq 0$ nach dem dritten Konjunktionsglied und somit ergibt sich $(u_i, u_j) \in \psi(P)$ für alle $0 \leq i < j$ nach dem ersten Konjunktionsglied.

Da U endlich ist, muss es $0 \leq i < j$ geben mit $u_i = u_j$. Doch dann widerspricht $(u_i, u_i) \in \psi(P)$ dem zweiten Konjunktionsglied.

▶ Theorem 4.28: Churchs Theorem: Die Unentscheidbarkeit der Prädikatenlogik

Es gibt keinen Algorithmus, der für jede beliebige gegebene prädikatenlogische Formel F in endlich vielen Schritten entscheidet, ob F erfüllbar ist oder nicht.

Der Beweis dieses Theorems beruht auf tief liegenden Resultaten der Berechenbarkeitstheorie. Man kann ihn z. B. zurückführen auf das Halteproblem für Turing-Maschinen oder das Postsche Korrespondenzproblem, die in einschlägigen Werken der Berechenbarkeitstheorie als unentscheidbar nachgewiesen werden. Da diese Beweise über die mathematische Logik hinausführen und den Rahmen dieses Buches sprengen würden, verweisen wir auf Standardwerke zur Berechenbarkeitstheorie, z. B. [7] und [14]. Einen vollständigen Beweis im Rahmen der Logik findet der Leser auch in [12], Kap. III.8. Jedoch wollen wir uns angesichts des Churchschen Theorems noch nicht geschlagen geben. Immerhin können wir versuchen, zu einer gegebenen prädikatenlogischen Formel systematisch nach einem Modell zu suchen, in dem sie gilt. Genauer studieren wir im Weiteren die folgenden Fragen.

1) Wie könnte man bei gegebenener Formel F systematisch nach einem zu F passenden Modell suchen?
2) Wie findet man eine möglichst kleine Grundmenge U, so dass man ein Modell $\alpha = (U, \varphi, \psi, \xi)$ für F ansetzen kann?
3) Wenn eine Formel F unerfüllbar ist, kann man dies in endlich vielen Schritten nachweisen? (Semi-Entscheidbarkeit der Prädikatenlogik)

Definition 4.29

Sei F eine geschlossene prädikatenlogische Formel in Skolemform, d. h. sei F eine prädikatenlogische Formel, so dass gilt:

1) F enthält keine freien Variablen,
2) F ist in BPF,
3) F enthält keine Existenzquantoren.

Dann sei $D(F)$ die Menge aller variablenfreien Terme, die aus den in F vorkommenden Funktionssymbolen und Konstanten gebildet werden können. Enthält F keine Konstanten, so wählen wir eine zusätzliche Konstante a.

Mit anderen Worten, die Menge $D(F)$ ist induktiv wie folgt definiert:

a) Alle in F enthaltenen Konstanten sind in $D(F)$. Enthält F keine Konstanten, so sei eine Konstante a in $D(F)$.
b) Ist f ein in F vorkommendes, k-stelliges Funktionssymbol und sind $t_1, \ldots, t_k \in D(F)$ Terme, so sei $f(t_1, \ldots, t_k) \in D(F)$.

Die Menge $D(F)$ heißt das **Herbrand-Universum** von F.

Beispiel 4.30: Geo-Logisches

Die Frage, ob sich unter einer Reihe von Erdschichten ausreichend Grundwasser sammeln kann, hängt von mehreren Fakoren ab: der aus der Dicke der Humusschicht zu berechnenden Durchlässigkeit, der Durchlässigkeit der Lehm- und Gesteinsschichten und der Dicke der Gesteinsschicht. Wenn letztere im Vergleich zu den beiden Durchlässigkeiten nicht zu groß ist, kann sich Grundwasser sammeln.

1) Zuerst wollen wir eine prädikatenlogische Formel aufstellen, die genau dann wahr ist, wenn sich stets Grundwasser sammeln kann. Die Funktion $f(x)$ berechne die Durchlässigkeit einer Humusschicht bei der Dicke x. Die Funktion $g(y,z)$ berechne die Durchlässigkeit der Lehm- und Gesteinsschichten aus der Dicke y der Lehmschicht und der Dicke z der Gesteinsschicht. Das dreistellige Prädikatsymbol P drücke schließlich aus, dass das dritte Argument „nicht zu groß" ist im Vergleich zu den ersten beiden. Wir erhalten die prädikatenlogische Formel

$$F = \forall x\colon \forall y\colon \forall z\colon P\left(f(x), g(y,z), z\right) .$$

2) Da F keine Konstante enthält, führen wir eine Konstante a ein. Das Herbrand-Universum ist dann

$$D(F) = \{a, f(a), g(a,a), f(g(a,a)), f(f(a)), g(a, f(a)),\\ g(f(a), a), g(f(a), f(a)), \dots\} .$$

In der Situation unseres fortlaufenden Beispiels (vgl. Beispiel 4.31) gibt es bereits zwei Konstanten. In diesem Fall sieht das Herbrand-Universum folgendermaßen aus.

Beispiel 4.31: Psycho-Logisches

Zu der Klauselmenge

$$\text{MKF}(F) = \{\{Q(b), P(b, g(z)), P(f(h(z)), y)\}, \{Q(b), P(b, g(z)), Q(a)\}\}$$

aus Beispiel 4.26 berechnen wir einige einfache Elemente des Herbrand-Universums und erhalten

$$D(K) = \{a, b, f(a), f(b), g(a), g(b), h(a), h(b),\\ f(f(a)), f(f(b)), f(g(a)), f(g(b)), f(h(a)), f(h(b)),\\ g(f(a)), g(f(b)), \dots\} .$$

Die Idee hinter der Definition des Herbrand-Universums ist, dass die Menge $D(F)$ als der „kleinste" Grundbereich dienen soll, über dem wir nach einem Modell für F suchen.

Definition 4.32

Sei F eine geschlossene prädikatenlogische Formel in Skolemform. Eine zu F passende Struktur $\alpha = (U, \varphi, \psi, \zeta)$ heißt eine **Herbrand-Struktur** für F, falls gilt:

a) $U = D(F)$.

b) Ist f ein in F vorkommendes k-stelliges Funktionssymbol und sind $t_1, \dots, t_k \in D(f)$, so gilt $\varphi(f)(\alpha(t_1), \dots, \alpha(t_k)) = f(t_1, \dots, t_k)$.

Man beachte dabei, dass letztere Vorschrift wohldefiniert ist, denn $\varphi(f)$ ist eine Abbildung $\varphi(f) : U^k \to U$ und es gilt $\alpha(t_i) \in U$.

Beispiel 4.33: Geo-Logisches

Sei $F = \forall x\colon \forall y\colon \forall z\colon P(f(x), g(y,z), z)$ wie in Beispiel 4.30. Für eine Herbrand-Struktur $\alpha = (U, \varphi, \psi, \xi)$ für F muss Folgendes gelten.

a) $U = D(F) = \{a, f(a), g(a,a), \ldots\}$.

b) Die Abbildung $\varphi\colon \{f,g\} \to \bigcup_{k\geq 1} \text{Abb}\left(U^k, U\right)$ unterliegt folgenden Einschränkungen:

   1) Die Abbildung $\varphi(f) : U \to U$ muss die Gleichheiten $\varphi(f)(a) = f(a)$, $\varphi(f)(f(a)) = f(f(a))$, $\varphi(f)(g(a,a)) = f(g(a,a))$ etc. erfüllen.

   2) Die Abbildung $\varphi(g) : U^2 \to U$ muss die Gleichheiten $\varphi(g)(a,a) = g(a,a)$, $\varphi(g)(a, f(a)) = g(a, f(a))$, $\varphi(g)(f(a), a) = g(f(a), a)$ etc. erfüllen.

c) Für die Teilmenge $\psi(P) \subseteq U^3$ haben wir keine Bedingungen vorgegeben. Wählen wir z. B. $\psi(P) = U^3$, so ist die so definierte Herbrand-Struktur α ein Modell für F.

Definition 4.34

Sei F eine geschlossene prädikatenlogische Formel in Skolemform. Eine Herbrand-Struktur $\alpha = (U, \varphi, \psi, \xi)$ für F heißt ein **Herbrand-Modell** für F, falls $\alpha \models F$ gilt.

Beispiel 4.35: Psycho-Logisches

Passend zur Skolemform aus Beispiel 4.26

$$K \equiv \forall z\colon \forall y\colon \left[Q(b) \vee P(b, g(z)) \vee \left(P(f(h(z)), y) \wedge Q(a)\right)\right]$$

geben wir jetzt eine Herbrand-Struktur $\alpha = (U, \varphi, \psi, \xi)$ an.

$$\begin{aligned}
U &\overset{4.31}{=} D(K) \\
\varphi(f) &: U^2 \to U \\
&\quad a \mapsto f(a), b \mapsto f(b), \ldots \\
\varphi(g) &: U \to U \\
&\quad a \mapsto g(a), b \mapsto g(b), \ldots \\
\varphi(h) &: U \to U \\
&\quad a \mapsto h(a), b \mapsto h(b), \ldots \\
\psi(P) &= U^2 \\
\psi(Q) &= U \\
\xi &: \text{beliebig}
\end{aligned}$$

Mit dieser Struktur gilt $\alpha \models F$.

Satz 4.36: Der Satz von Löwenheim-Skolem

Sei F eine geschlossene prädikatenlogische Formel in Skolemform. Genau dann ist F erfüllbar, wenn F ein Herbrand-Modell besitzt.

Beweis Schreibe $F = \forall x_1: \ldots: \forall x_\ell: G$ mit einer prädikatenlogischen Formel G. Besitzt F ein Herbrand-Modell, so ist F offenbar erfüllbar. Sei nun umgekehrt ein Modell $\alpha = (U, \varphi, \psi, \xi)$ für F gegeben. Kommt in F keine Konstante vor, so füge eine Definition $\varphi(a) = u$ zu α hinzu, wobei $u \in U$ beliebig gewählt werden kann. Unser Ziel ist es, ein Herbrand-Modell $\widehat{\alpha} = \left(D(F), \widehat{\varphi}, \widehat{\psi}, \widehat{\xi}\right)$ für F zu finden. Dazu nehmen wir $\widehat{\varphi} = \varphi$ und $\widehat{\xi} = \xi$. Zur Festlegung von $\widehat{\psi}$ sei P ein k-stelliges Prädikatsymbol, das in F vorkommt und seien $t_1, \ldots, t_k \in D(F)$. Nach Konstruktion von $D(F)$ und wegen der eventuellen Ergänzung von α sind die Werte $\alpha(t_1), \ldots, \alpha(t_k) \in U$ wohldefiniert.

Also können wir

$$\widehat{\psi}(P) = \left\{ (t_1, \ldots, t_k) \in D(F)^k \mid (\alpha(t_1), \ldots, \alpha(t_k)) \in \psi(P) \right\}$$

vereinbaren. Mit Induktion nach ℓ zeigen wir nun, dass $\widehat{\alpha}$ ein Modell für F ist. Im Fall $\ell = 0$ ist dies klar, denn nach Definition von $\widehat{\psi}$ liefern α und $\widehat{\alpha}$ für eine atomare Formel $P(t_1, \ldots, t_k)$ denselben Wert.

Sei nun $\ell > 0$ und sei $\widetilde{F}$ die Formel $\forall x_2: \ldots: \forall x_\ell: G$. Da x_1 in $\widetilde{F}$ frei vorkommen kann, ist die Induktionsvoraussetzung nicht direkt anwendbar. Jedoch wissen wir $\alpha\left(\widetilde{F}|_{x_1 \mapsto u}\right) = 1$ für jedes $u \in U$. Insbesondere zeigt dies $\alpha\left(\widetilde{F}|_{x_1 \mapsto \alpha(t)}\right) = 1$ für jedes $t \in D(F)$. Nach Definition von $\widehat{\alpha}$ folgt somit $\widehat{\alpha}\left(\widetilde{F}|_{x_1 \mapsto t}\right) = 1$, also auch die Gleichheit $\widehat{\alpha}(F) = \widehat{\alpha}\left(\forall x_1: \widetilde{F}\right) = 1$. □

Korollar 4.37

Ist F eine erfüllbare prädikatenlogische Formel, so gibt es ein Modell $\alpha = (U, \varphi, \psi, \xi)$ für F, in dem U eine abzählbare Menge ist.

Beweis Nach Abschnitt 4.B kann man F so in eine erfüllbarkeitsäquivalente Formel G in Skolemform überführen, dass jedes Modell für G auch ein Modell für F ist. Insbesondere ist dann das (abzählbare) Herbrand-Modell für G ein Modell für F. □

Definition 4.38

Sei F eine geschlossene prädikatenlogische Formel in Skolemform. Dann ist F also von der Gestalt $F = \forall x_1: \forall x_2: \ldots: \forall x_n: F^*$ mit der Matrixformel F^* von F. Die **Herbrand-Expansion** $E(F)$ von F ist definiert als die folgende (abzählbare) Menge prädikatenlogischer Formeln:

$$E(F) = \left\{ F^*|_{x_1 \mapsto t_1, x_2 \mapsto t_2, \ldots, x_n \mapsto t_n} \mid t_1, \ldots, t_n \in D(F) \right\}$$

Beispiel 4.39: Geo-Logisches

Sei wieder die Formel $F = \forall x: \forall y: \forall z: P(f(x), g(y, z), z)$ aus Beispiel 4.30 gegeben. Dann gilt

$$D(F) = \{a, f(a), g(a, a), f(f(a)), f(g(a, a)), g(a, f(a)), \ldots\} \text{ und}$$

$$
\begin{aligned}
E(F) = \{&P(f(a), g(a,a), a), && \text{mit } x \mapsto a, y \mapsto a, z \mapsto a\\
&P(f(f(a)), g(a,a), a), && \text{mit } x \mapsto f(a), y \mapsto a, z \mapsto a\\
&P(f(a), g(f(a), a), a), && \text{mit } x \mapsto a, y \mapsto f(a), z \mapsto a\\
&P(f(a), g(a, f(a)), f(a)), && \text{mit } x \mapsto a, y \mapsto a, z \mapsto f(a)\\
&P(f(g(a,a)), g(a,a), a), \ldots\} && \text{mit } x \mapsto g(a,a), y \mapsto a, z \mapsto a
\end{aligned}
$$

Sind bereits Konstanten in F vorhanden, so kann man die Herbrand-Expansion von F z. B. wie folgt bestimmen.

Beispiel 4.40: Psycho-Logisches

Zur Skolemformel aus Beispiel 4.26

$$F \equiv \forall z\colon \forall y\colon \left[Q(b) \vee P(b, g(z)) \vee (P(f(h(z)), y) \wedge Q(a))\right]$$

und dem Herbrand-Universum aus Beispiel 4.31 hat die Herbrand-Expansion die folgende Gestalt:

$$
\begin{aligned}
E(F) = \{&Q(b) \vee P(b, g(a)) \vee (P(f(h(a)), a) \wedge Q(a)),\\
&y, z \mapsto a\\
&Q(b) \vee P(b, g(b)) \vee (P(f(h(b)), a) \wedge Q(a)),\\
&y \mapsto a, z \mapsto b\\
&Q(b) \vee P(b, g(a)) \vee (P(f(h(a)), b) \wedge Q(a)),\\
&y \mapsto b, z \mapsto a\\
&Q(b) \vee P(b, g(b)) \vee (P(f(h(b)), b) \wedge Q(a)),\\
&y, z \mapsto b\\
&Q(b) \vee P(b, g(g(b))) \vee (P(f(h(g(b))), a) \wedge Q(a)),\\
&y \mapsto a, z \mapsto g(b)\\
&Q(b) \vee P(b, g(h(a))) \vee (P(f(h(h(a))), b) \wedge Q(a)),\\
&y \mapsto b, z \mapsto h(a)\\
&\ldots\}
\end{aligned}
$$

Bemerkung 4.41

Die Formeln in $E(F)$ enthalten keine Variablen. Die atomaren Teilformeln können in $A_0, A_1, A_2, \ldots$ umbenannt werden. Dadurch erhalten wir eine (abzählbare) Menge aussagenlogischer Formeln. Um ein Modell für $E(F)$ zu finden, genügt es, den atomaren Formeln in $E(F)$ geeignete Wahrheitswerte zuzuweisen. Dies ist ein aussagenlogisches Problem.

▶ Theorem 4.42: Gödel-Herbrand-Skolem

Eine geschlossene prädikatenlogische Formel F in Skolemform ist genau dann erfüllbar, wenn $E(F)$ im aussagenlogischen Sinn erfüllbar ist.

Beweis Es ist zu zeigen, dass F genau dann ein Herbrand-Modell besitzt, wenn $E(F)$ erfüllbar ist. Wir schreiben $F = \forall x_1 : \forall x_2 : \ldots : \forall x_n : F^*$. Genau dann ist α ein Herbrand-

Modell für F, wenn für alle $t_1, \ldots, t_n \in D(F)$ gilt

$$\alpha\left(F^*|_{x_1 \mapsto t_1, \ldots, x_n \mapsto t_n}\right) = 1$$

und dies ist äquivalent mit $\alpha(G) = 1$ für alle $G \in E(F)$. □

Aus diesem Theorem ergibt sich direkt ein Algorithmus, mit dem man die Unerfüllbarkeit einer prädikatenlogischen Formel nachweisen kann.

Korollar 4.43: Der Grundresolutionsalgorithmus

Sei F eine prädikatenlogische Formel. Betrachte die folgenden Instruktionen.

1) Ersetze F mit Hilfe von Satz 4.22 durch eine erfüllbarkeitsäquivalente Formel, die geschlossen und in Skolemform ist.
2) Schreibe G in der Form $G = \forall x_1 : \ldots : \forall x_n : G^*$. Bringe G^* in KNF und erhalte eine Formel $H = \forall x_1 : \ldots : \forall x_n : H^*$.
3) Setze $M = \emptyset$ und $i = 0$.
4) Erhöhe i um eins. Berechne dann das i-te Element H_i von $E(H)$. Füge dieses zu M hinzu, d. h. setze $M = \{H_1, \ldots, H_i\}$.
4) Betrachte M als Menge aussagenlogischer Formeln (vgl. Bemerkung 4.41) und prüfe mit Hilfe des aussagenlogischen Resolutionskalküls, ob M unerfüllbar ist. Ist dies der Fall, so gib „F ist unerfüllbar" aus und stoppe. Andernfalls fahre mit Schritt 3) fort.

Ist F eine unerfüllbare Formel, so ist dies ein Algorithmus, der die Unerfüllbarkeit von F nachweist. Ist F erfüllbar, so ist dies eine nicht endende Prozedur (Unendlichschleife).

Beweis Dies folgt sofort aus Theorem 4.42 und Kapitel 3. □

Bemerkung 4.44

Das Korollar zeigt, dass die Prädikatenlogik **semi-entscheidbar** ist im folgenden Sinn:

a) Ist F eine unerfüllbare prädikatenlogische Formel, so kann man dies in endlich vielen Schritten nachweisen. Man hat aber keine Schranke für die Zahl der Schritte und weiß somit nie, ob F erfüllbar ist.
b) Durch Eingabe von $\neg F$ in den Grundresolutionsalgorithmus kann man auch in endlich vielen Schritten nachweisen, dass F eine Tautologie ist.
c) Für erfüllbare Formeln, die keine Tautologien sind, kann es keinen Nachweisalgorithmus geben (vgl. Theorem 4.28).

4.D Das Resolutionskalkül der Prädikatenlogik

Wie wir soeben gesehen haben, kann man die Unerfüllbarkeit einer prädikatenlogischen Formel in endlich vielen Schritten beweisen. Für die Zahl der notwendigen Schritte lässt sich jedoch keine allgemein gültige Schranke angeben. Der Grundresolutionsalgorithmus soll im Folgenden verbessert werden. Um einen Einblick in mögliche Ansatzpunkte zur Optimierung des Verfahrens zu erhalten, wenden wir es zuerst an zwei relativ einfachen Beispielen explizit an. Der erste Schritt ist jeweils die Umwandlung der Formel in ihre Matrixklauselform.

Beispiel 4.45

Wir betrachten die prädikatenlogische Formel

$$F = \forall x\colon\ \big(P\,(f\,(x)) \wedge \neg P\,(x)\big)$$

und wollen ihre Unerfüllbarkeit beweisen. Es gilt

$$F^* = P\,(f\,(x)) \wedge \neg P\,(x) \quad \text{sowie} \quad \mathcal{K}\,(F^*) = \big\{\{P\,(f\,(x))\}\,,\{\neg P\,(x)\}\big\}\ .$$

Daraus ergibt sich

$$D\,(F) = \{a, f\,(a)\,, f\,(f\,(a))\,,\dots\} \qquad \text{und}$$

$$E\,(F) = \{P\,(f\,(a)) \wedge \neg P\,(a)\,,\ P\,(f\,(f\,(a)) \wedge \neg P\,(f\,(a)))\,,\dots\}\ .$$

1) Die Klauselmenge $\big\{\{P\,(f\,(a))\}\,,\{\neg P\,(a)\}\big\}$ ist erfüllbar.
2) Die Klauselmenge $\big\{\{P\,(f\,(a))\}\,,\{\neg P\,(a)\}\,,\{P\,(f\,(f\,(a)))\}\,,\{\neg P\,(f\,(a))\}\big\}$ ist nicht erfüllbar, denn

$$\begin{array}{ccc} \{P\,(f\,(a))\} & & \{\neg P\,(f\,(a))\} \\ & \searrow \quad \swarrow & \\ & \emptyset\ . & \end{array}$$

Bei der Herleitung der Unerfüllbarkeit werden zwei Klauseln generiert, nämlich $\{\neg P\,(a)\}$ und $\{P\,(f\,(f\,(a)))\}$, die gar nicht benötigt werden. Man kann den Unerfüllbarkeitsbeweis auch folgendermaßen interpretieren:

$$\begin{array}{lcccc} \mathcal{K}\,(F^*): & & \{P\,(f\,(x))\} & & \{\neg P\,(x)\} \\ & x \mapsto a & \big| & & \big| & x \mapsto f\,(a) \\ & & \{P\,(f\,(a))\} & & \{\neg P\,(f\,(a))\} \\ & & & \searrow \quad \swarrow & \\ & & & \emptyset & \end{array}$$

Beispiel 4.46

Gegeben sei die prädikatenlogische Formel

$$F = \forall x \colon \forall y \colon Q(x) \wedge (P(x) \vee \neg Q(y) \vee \neg Q(f(a))) \wedge (\neg P(b) \vee \neg Q(g(b,y))) \ .$$

Aus ihr erhalten wir die Matrixformel

$$F^* = Q(x) \wedge (P(x) \vee \neg Q(y) \vee \neg Q(f(a))) \wedge (\neg P(b) \vee \neg Q(g(b,y)))$$

sowie ihre Klauselmenge

$$\mathcal{K}(F^*) = \{\{Q(x)\}, \{P(x), \neg Q(y), \neg Q(f(a))\}, \{\neg P(b), \neg Q(g(b,y))\}\} \ .$$

Wir versuchen wieder, die Unerfüllbarkeit von F zu beweisen. Es gilt

$$\begin{aligned} D(F) &= \{a, b, f(a), g(b,a), g(b,b), \dots\} \quad \text{sowie} \\ E(F) &= \{Q(a) \wedge (P(a) \vee \neg Q(a) \vee \neg Q(f(a))) \wedge (\neg P(b) \vee \neg Q(g(b,a))), \\ &\qquad Q(a) \wedge (P(a) \vee \neg Q(b) \vee \neg Q(f(a))) \wedge (\neg P(b) \vee \neg Q(g(b,a))), \\ &\qquad Q(b) \wedge (P(b) \vee \neg Q(a) \vee \neg Q(f(a))) \wedge (\neg P(b) \vee \neg Q(g(b,a))), \\ &\qquad \text{etc.}\} \ . \end{aligned}$$

Bei der ersten Formel in $E(F)$ wurde dabei $x \mapsto a$, $y \mapsto a$ gesetzt, bei der zweiten $x \mapsto a$, $y \mapsto b$, bei der dritten $x \mapsto b$, $y \mapsto a$ usw.

Erst nachdem 13 Formeln in $E(F)$ erzeugt wurden, erhalten wir alle Klauseln, die für den folgenden Unerfüllbarkeitsbeweis nötig sind:

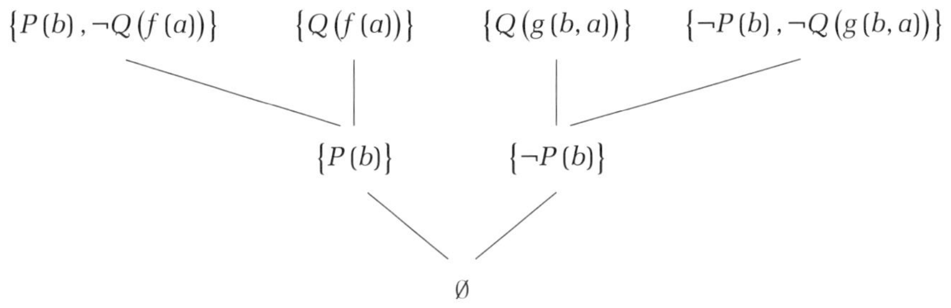

Hieraus können wir zweierlei erkennen:

1) Substituiert man in einer n-elementigen Klausel aus $\mathcal{K}(F^*)$, so kann das Ergebnis weniger als n Elemente enthalten. Z. B. geht $\{P(x), \neg Q(y), \neg Q(f(a))\}$ bei der Substitution $x \mapsto b$, $y \mapsto f(a)$ über in $\{P(b), \neg Q(f(a))\}$.

2) Es kann für den Unerfüllbarkeitsbeweis nötig sein, in einer Klausel aus $\mathcal{K}(F^*)$ verschiedene Substitutionen durchzuführen.

Basierend auf diesen Vorüberlegungen sollen nun prädikatenlogische Resolutionsschritte definiert werden, wobei zuerst geeignet substituiert und dann resolviert wird. Die Substitution soll zwei Literale bis auf das Vorzeichen gleich machen.

Definition 4.47

Sei $\mathcal{L} = \{L_1, \ldots, L_n\}$ eine Menge von prädikatenlogischen Literalen, d. h. von atomaren Formeln oder Negationen von atomaren Formeln.

a) Eine Substitution $s = (x_1 \mapsto t_1, \ldots, x_h \mapsto t_h)$ von einer oder mehreren Variablen in $\mathcal{L}$ heißt ein **Unifikator** für $\mathcal{L}$, falls

$$L_1|_{x_1 \mapsto t_1, \ldots, x_h \mapsto t_h} = \ldots = L_n|_{x_1 \mapsto t_1, \ldots, x_h \mapsto t_h}$$

gilt.

b) Ein Unifikator $s = (x_1 \mapsto t_1, \ldots, x_h \mapsto t_h)$ heißt ein **allgemeinster Unifikator** für $\mathcal{L}$, falls es für jeden weiteren Unifikator s' von $\mathcal{L}$ eine Substitution s'' gibt mit $s' = s'' \circ s$.

Ein Unifikator und erst recht ein allgemeinster Unifikator braucht nicht für jede Menge von prädikatenlogischen Literalen zu existieren. Diese Existenzfrage ist effektiv entscheidbar und ein allgemeinster Unifikator ist ggf. explizit berechenbar, wie der folgende Algorithmus zeigt.

Satz 4.48: Der Unifikationsalgorithmus

Sei $\mathcal{L} = \{L_1, \ldots, L_n\}$ eine nicht leere Menge von prädikatenlogischen Literalen. Betrachte die folgenden Instruktionen.

1) Setze $\widetilde{\mathcal{L}} := \mathcal{L}$ und $s := \emptyset$ (leere Substitution).
2) Wiederhole die folgenden Schritte solange, bis $\#\widetilde{\mathcal{L}} = 1$ gilt. Gib dann s aus und stoppe.
3) Finde zwei Literale $L_1, L_2 \in \widetilde{\mathcal{L}}$, die sich in den vorkommenden Zeichen (d. h. den Funktionssymbolen oder Variablennamen) unterscheiden. Seien z_1 und z_2 die in L_1 bzw. L_2 ersten Zeichen mit $z_1 \neq z_2$.
4) Ist weder z_1 noch z_2 ein Variablenname, so gib „$\mathcal{L}$ ist nicht unifizierbar" aus und stoppe.
5) O. E. sei z_1 ein Variablenname. Sei t der mit dem Zeichen z_2 in L_2 beginnende Term. Kommt z_1 in t vor, so gib „$\mathcal{L}$ ist nicht unifizierbar" aus und stoppe.
6) Füge die Substitution $z_1 \mapsto t$ zu s hinzu und führe sie in den Literalen von $\widetilde{\mathcal{L}}$ durch. Fahre dann mit Schritt 2) fort.

Dies ist ein Algorithmus, der entscheidet, ob eine endliche Menge von Literalen $\mathcal{L}$ unifizierbar ist und der ggf. den allgemeinsten Unifikator s von $\mathcal{L}$ ausgibt.

Beweis Zuerst zeigen wir die *Endlichkeit* dieses Algorithmus. Bei jedem Durchlauf der Schleife in den Schritten 3)–6) wird eine Variable z_1 durch einen Term t ersetzt, in dem sie nicht vorkommt. Damit nimmt die Anzahl der in $\widetilde{\mathcal{L}}$ vorkommenden Variablen ab und die Anzahl der Schleifendurchläufe ist endlich.

Zum Beweis der *Korrektheit* des Algorithmus unterscheiden wir drei Fälle:

1) Stoppt der Algorithmus in Schritt 4), so sind L_1 und L_2 nicht unifizierbar, denn weder z_1 noch z_2 kann durch eine Substitution verändert werden.

2) Stoppt der Algorithmus in Schritt 5), so kann z_1 mit z_2 nur durch die Substitution $z_1 \mapsto t$ in Einklang gebracht werden. Da z_1 in t vorkommt, ist dies jedoch nicht erlaubt.

3) Schließlich bleibt nur noch der Fall zu betrachten, dass der Algorithmus in Schritt 2) stoppt und eine Substitution s ausgibt. In diesem Fall ist s offenbar ein Unifikator, denn alle Literale in $\mathcal{L}$ werden durch Anwendung von s zu einem einzigen Literal in $\widetilde{\mathcal{L}}$. Es ist noch zu zeigen, dass s der allgemeinste Unifikator von $\mathcal{L}$ ist.

   Sei s' ein weiterer Unifikator von $\mathcal{L}$ und sei s_i die nach dem i-ten Durchlauf der Schleife 3)–6) berechnete Substitution. Wir zeigen mit vollständiger Induktion nach i, dass es eine Substitution s'_i gibt mit $s' = s'_i \circ s_i$. Da es ein $\ell \geq 0$ gibt mit $s = s_\ell$, folgt dann die Behauptung aus $s' = s'_\ell \circ s$.

   Für $i = 0$ gilt $s' = s' \circ s$, denn $s = \emptyset$ ist die leere Substitution. Sei nun $i > 0$ und sei $s' = s'_{i-1} \circ s_{i-1}$. Die Substitution s_i entsteht aus s_{i-1} durch Hinzunahme von $z_1 \mapsto t$ in Schritt 6). Da s' ein Unifikator von $\mathcal{L}$ ist, muss $s'_{i-1}(z_1) = s'_{i-1}(t)$ gelten. Sei s'_i die Teilsubstitution von s_{i-1}, die entsteht, indem man jede Ersetzung von z_1 streicht. Dann gilt $s'_i \circ s_i = s'$ wegen $s'_{i-1}(z) = s'_{i-1}(t)$ und der Induktionsvoraussetzung. □

Um die Vorgehensweise dieses Algorithmus besser zu verstehen, wenden wir ihn an einem konkreten Beispiel an.

Beispiel 4.49

Gegeben sei die Menge von Literalen

$$\mathcal{L} = \{P(f(x), g(y, h(a, z))), P(f(g(a, b)), g(g(u, v), w))\} .$$

Wir wenden den Unifikationsalgorithmus an und verfolgen die Schritte.

1) Setze $\widetilde{\mathcal{L}} = \mathcal{L}$ und $s = \emptyset$.
2) Es gilt $\#\widetilde{\mathcal{L}} = 2$.
3) Sei $L_1 = P(f(x), g(y, h(a, z)))$ und $L_2 = P(f(g(a, b)), g(g(u, v), w))$.
   Seien $z_1 = x$ sowie $z_2 = g$.
4) Hierbei ist z_1 ein Variablenname.
5) Es gilt $t = g(a, b)$ und x kommt in t nicht vor.
6) Setze $s = (x \mapsto g(a, b))$ und berechne nun $\widetilde{\mathcal{L}} = \{s(L_1), s(L_2)\}$
   mit $s(L_1) = P(f(g(a, b)), g(y, h(a, z)))$. Hierbei bleibt L_2 unverändert.
2) Es gilt $\#\widetilde{\mathcal{L}} = 2$.
3) In $s(L_1)$ wähle $z_1 = y$ und in L_2 wähle $z_2 = g$.
4) Hierbei ist z_1 ein Variablenname.
5) Es gilt $t = g(u, v)$ und y kommt in t nicht vor.
6) Setze $s = (x \mapsto g(a, b), y \mapsto g(u, v))$ und berechne $\widetilde{\mathcal{L}} = \{\widetilde{L}_1, \widetilde{L}_2\}$
   mit $\widetilde{L}_1 = P(f(g(a, b)), g(g(u, v), h(a, z)))$ und $\widetilde{L}_2 = P(f(g(a, b)), g(g(u, v), w))$.
2) Es gilt $\#\widetilde{\mathcal{L}} = 2$.
3) In $\widetilde{L}_1$ wähle $z_1 = h$ und in $\widetilde{L}_2$ wähle $z_2 = w$.

4) Hierbei ist z_2 ein Variablenname.

5) Es gilt $t = h(a, z)$ und w kommt in t nicht vor.

6) Nunmehr sei $s = \left(x \mapsto g(a,b), y \mapsto g(u,v), w \mapsto h(a,z)\right)$.
Damit folgt $\widetilde{\mathcal{L}} = \left\{P(f(g\,(a,b)), g(g(u,v), h(a,z)))\right\}$.

2) Jetzt gilt $\#\widetilde{\mathcal{L}} = 1$. Gib s aus und stoppe.

Also ist $\mathcal{L}$ unifizierbar und $s = \left(x \mapsto g(a,b), y \mapsto g(u,v), w \mapsto h(a,z)\right)$ der allgemeinste Unifikator von $\mathcal{L}$.

Definition 4.50: Prädikatenlogische Resolventen

Seien K_1, K_2 und K_3 prädikatenlogische Klauseln. Wir nennen die Klausel K_3 eine **(prädikatenlogische) Resolvente** von K_1 und K_2, wenn die folgenden Bedingungen erfüllt sind.

1) Es gibt Variablenumbenennungen s_1 und s_2, so dass $\widetilde{K}_1 = s_1(K_1)$ und $\widetilde{K}_2 = s_2(K_2)$ keine gemeinsamen Variablennamen besitzen.

2) Es gibt Literale $L_1, \ldots, L_k$ in $\widetilde{K}_1$ und $L'_1, \ldots, L'_m$ in $\widetilde{K}_2$, so dass die Menge $\mathcal{L} = \left\{\neg L_1, \ldots, \neg L_k, L'_1, \ldots, L'_m\right\}$ unifizierbar ist. Sei s der allgemeinste Unifikator von $\mathcal{L}$.

3) Es gilt $K_3 = s\left(\left(\widetilde{K}_1 \setminus \{L_1, \ldots, L_k\}\right) \cup \left(\widetilde{K}_2 \setminus \left\{L'_1, \ldots, L'_m\right\}\right)\right)$.
In diesem Fall schreiben wir

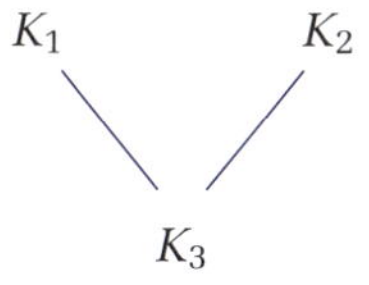

oder

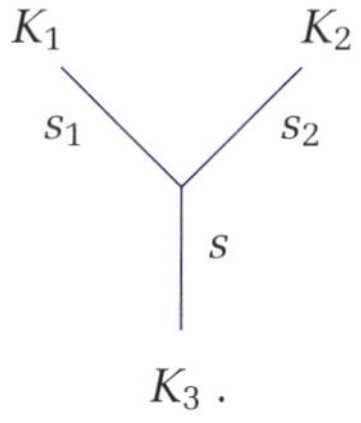

Beispiel 4.51: Psycho-Logisches

Da Kollege Schlauberger in der letzten Woche krank war und die Vorlesung noch nicht nachgearbeitet hatte, gab es eine Logik-Übung, in der er die Aufgaben nicht verstand. Zur Skolemformel

$$F \equiv \forall z\colon \forall y\colon \left[Q(x) \vee P(x, g(z)) \vee \left(P(f(h(z)), y) \wedge Q(a)\right)\right]$$

kommt also noch das Konjunktionsglied $\neg Q(a)$ hinzu.

Die KNF der zugehörigen Matrixformel ist dann

$$\begin{aligned} K' \equiv\; & \left(Q(b) \vee P(b, g(z)) \vee P(f(h(z)), y)\right) \\ & \wedge \left(Q(b) \vee P(b, g(z)) \vee Q(a)\right) \wedge \neg Q(a) \end{aligned}$$

und wir erhalten die Klauselmenge

$$\begin{aligned} \mathcal{K}(K') = \Big\{ & \left\{Q(b), P(b, g(z)), P(f(h(z)), y)\right\}, \\ & \left\{Q(b), P(b, g(z)), Q(a)\right\}, \{\neg Q(a)\}\Big\}. \end{aligned}$$

Die beiden Klauseln $K_1 = \{Q(b), P(b, g(z)), Q(a)\}$ und $K_2 = \{\neg Q(a)\}$ besitzen die Resolvente $K_3 = \{Q(b), P(b, g(z))\}$, d. h. es gilt

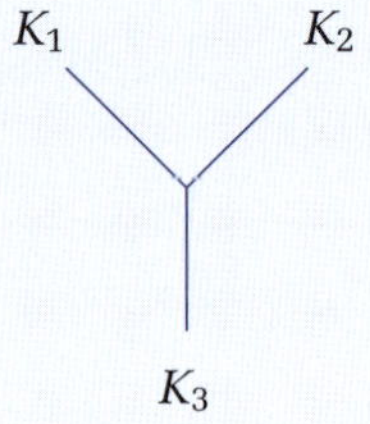

Beispiel 4.52

Gegeben seien die beiden Klauseln $K_1 = \{P(x), Q(f(x), a)\}$ und $K_2 = \{\neg P(f(x)), \neg P(y), \neg R(z)\}$. Dann gilt

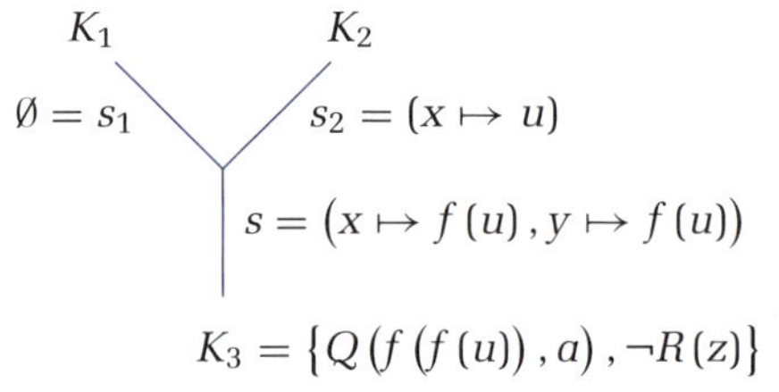

mit $\widetilde{K}_1 = s_1(K_1) = K_1$ und $\widetilde{K}_2 = s_2(K_2) = \{\neg P(f(u)), \neg P(y), \neg R(z)\}$.

Definition 4.53

Sei F eine prädikatenlogische Formel mit Klauselmenge $\mathcal{K} = \mathcal{K}(F)$. Wie in der Aussagenlogik definieren wir

$$\begin{aligned}
&\mathrm{Res}^0(F) = \mathcal{K}\,,\\
&\mathrm{Res}^i(F) = \mathrm{Res}^{i-1}(F) \cup \{K \mid K \text{ Resolvente zweier Klauseln in } \mathrm{Res}^{i-1}(F)\}\\
&\qquad \text{für } i \geq 1, \text{ und}\\
&\mathrm{Res}^\infty(F) = \bigcup_{i \geq 0} \mathrm{Res}^i(F)\ .
\end{aligned}$$

Des Weiteren nennen wir $\mathrm{Res}^i(\mathcal{K})$ die Menge der Resolventen ***i*-ter Stufe** von $\mathcal{K}$.

Bemerkung 4.54

a) Die aussagenlogische Resolution ist ein Spezialfall der prädikatenlogischen Resolution, nämlich der Fall $s_1 = \emptyset$, $s_2 = \emptyset$, $\widetilde{K}_1 = K_1$, $\widetilde{K}_2 = K_2$ und $k = n = 1$ in Definition 4.50.

   In diesem Fall liefert Definition 4.53 genau die Menge $\mathrm{Res}^\infty(\mathcal{K}\{F\})$ aus der Aussagenlogik.

b) Genau dann gilt $\emptyset \in \mathrm{Res}^\infty(F)$ für eine prädikatenlogische Formel F, wenn es Resolventen

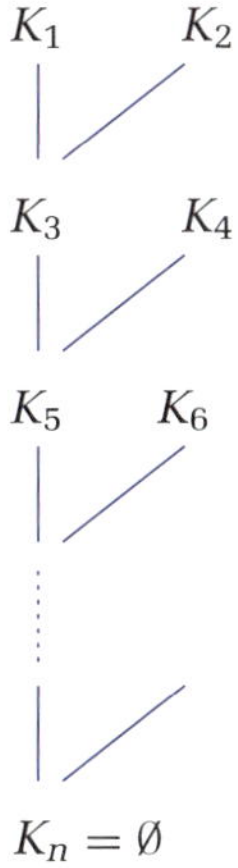

gibt, wobei $K_i \in \mathcal{K}(F)$ gilt oder $K_i \in \mathrm{Res}^i(F)$ eine Resolvente zweier Klauseln in $\mathrm{Res}^{i-1}(F)$ ist.

Eine Substitution nennt man eine **Grundsubstitution** für eine prädikatenlogische Formel F, wenn alle Variablen in F durch variablenfreie Terme ersetzt werden. Aussagenlogische Resolventen und prädikatenlogische Resolventen hängen wie folgt zusammen.

Satz 4.55: Das Lifting-Lemma

Gegeben seien zwei prädikatenlogische Klauseln K_1, K_2 und zwei Grundsubstitutionen s_1, s_2. Sei $\widetilde{K}_1 = s_1(K_1)$ und $\widetilde{K}_2 = s_2(K_2)$.

Gibt es eine (aussagenlogische) Resolvente $\widetilde{K}_3$ von $\widetilde{K}_1$ und $\widetilde{K}_2$, so gibt es eine (prädikatenlogische) Resolvente K_3 von K_1 und K_2, so dass $\widetilde{K}_3$ aus K_3 durch eine Grundsubstitution entsteht.

Beweis Seien s'_1 und s'_2 Variablenumbenennungen, so dass $K'_1 = s'_1(K_1)$ und $K'_2 = s'_2(K_2)$ keine gemeinsamen Variablen enthalten. Offensichtlich sind $s''_1 = s_1 \circ (s'_1)^{-1}$ und $s''_2 = s_2 \circ (s'_2)^{-1}$ Grundsubstitutionen mit $\widetilde{K}_1 = s''_1(K'_1)$ und $\widetilde{K}_2 = s''_2(K'_2)$. Da keine Variable sowohl in s''_1 als auch in s''_2 ersetzt wird, können wir die Substitution $s'' = s''_1 \circ s''_2$ als die disjunkte Vereinigung von s''_1 und s''_2 betrachten.

Nach Voraussetzung ist $\widetilde{K}_3$ von der Form $\widetilde{K}_3 = (\widetilde{K}_1 \setminus \{L\}) \cup (\widetilde{K}_2 \setminus \{\neg L\})$ mit einem Literal L. Seien $L_1, \ldots, L_k$ die Literale in K'_1, die durch s''_2 in L übergeführt werden. Dann ist s'' ein Unifikator für $\mathcal{L} = \{L_1, \ldots, L_k, \neg L'_1, \ldots, \neg L'_m\}$ und es gibt eine Resolvente K_3 mit

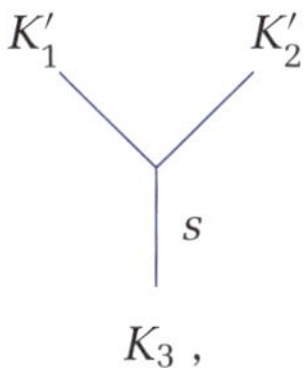

wobei s der allgemeinste Unifikator von $\mathcal{L}$ sei.

Wir zeigen noch, dass $\widetilde{K}_3$ durch Grundsubstitution aus K_3 entsteht. Da s der allgemeinste Unifikator von $\mathcal{L}$ ist, gibt es eine Substitution s' mit $s'' = s' \circ s$. Mit s'' besteht s' ebenfalls aus Grundsubstitutionen. Nun folgt die Behauptung aus

$$\begin{aligned}
\widetilde{K}_3 &= \left(\widetilde{K}_1 \setminus \{L\}\right) \cup \left(\widetilde{K}_2 \setminus \{\neg L\}\right) \\
&= \left(s_1'' \circ s_1' (K_1) \setminus \{L\}\right) \cup \left(s_2'' \circ s_2' (K_2) \setminus \{\neg L\}\right) \\
&= s'' \left(\left(s_1' (K_1) \setminus \{L\}\right) \cup \left(s_2' (K_2) \setminus \{\neg L\}\right)\right) \\
&= s' \circ s \left(\left(s_1' (K_1) \setminus \{L\}\right) \cup \left(s_2' (K_2) \setminus \{\neg L\}\right)\right) \\
&= s' (K_3) \; .
\end{aligned}$$

□

Im nachfolgenden Beispiel vollziehen wir den Beweis des Lifting-Lemmas in einer konkreten Situation nach.

Beispiel 4.56

Gegeben seien die beiden prädikatenlogischen Klauseln $K_1 = \{P(x,y), \neg Q(g(x), f(y))\}$ und $K_2 = \{Q(x,y), Q(g(a), z)\}$. Mit den Substitutionen $s_1 = (x \mapsto a, y \mapsto b)$ und $s_2 = (x \mapsto g(a), y \mapsto f(b), z \mapsto f(b))$ überführen wir die prädikatenlogischen Klauseln in aussagenlogische, so dass wir das Resolutionskalkül der Aussagenlogik anwenden können.

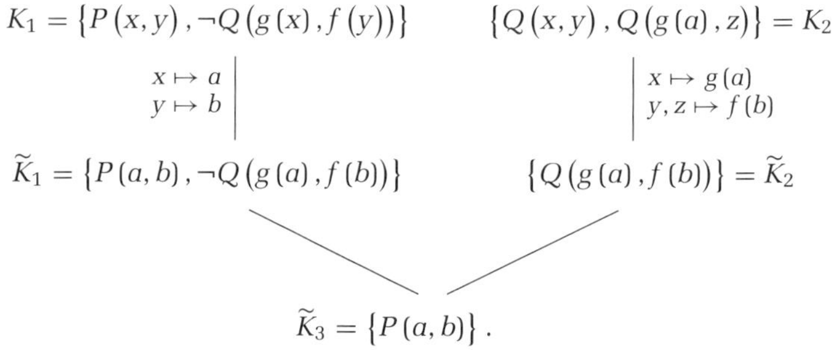

Wenn man erst prädikatenlogisch resolviert und nur die benötigten Substitutionen $s_1' = (x \mapsto a)$, $s_2' = (x \mapsto g(a), y \mapsto f(x), z \mapsto f(x))$ durchführt, erhält man die prädikatenlogische Klausel $K_3 = \{P(a,y)\}$.

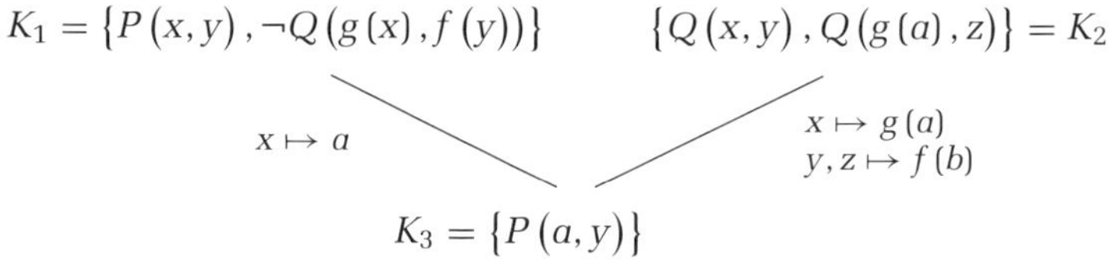

Die Klausel K_3 lässt sich mit der Substitution $s_3' = (y \mapsto b)$ in $\widetilde{K}_3 = \{P(a,b)\}$ überführen. Insgesamt ergibt sich das folgende Schema mit $s_1 = s_3' \circ s_1'$ und $s_2 = s_3' \circ s_2'$.

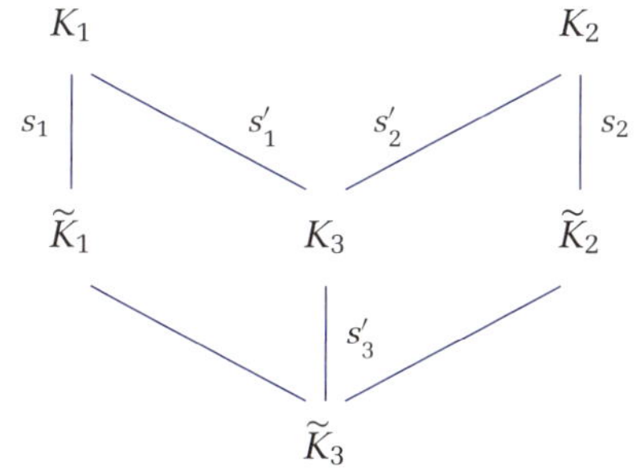

Nun sind wir bereit, die Semi-Entscheidbarkeit der Prädikatenlogik durch ein halbwegs effizientes Resolutionskalkül nutzbar zu machen.

▶ Theorem 4.57: Der Resolutionssatz der Prädikatenlogik

Sei F eine prädikatenlogische Formel und $\mathcal{K}$ die Matrixklauselform von F. Genau dann ist F unerfüllbar, wenn $\emptyset \in \mathrm{Res}^{\infty}(\mathcal{K})$ gilt.

Beweis Zuerst beweisen wir die *Korrektheit* des prädikatenlogischen Resolutionskalküls, d. h., dass aus $\emptyset \in \mathrm{Res}^{\infty}(\mathcal{K})$ tatsächlich folgt, dass F unerfüllbar ist.

Für eine Klausel $K_i \in \mathcal{K}$ seien $x_{i\,1}, \ldots, x_{i\,n_i}$ die in ihr vorkommenden Variablen. Nach Satz 4.22 ist F erfüllbarkeitsäquivalent zur Formel

$$\widetilde{F} = \bigwedge_{K_i \in \mathcal{K}} \forall x_{i\,1} : \forall x_{i\,2} : \ldots : \forall x_{i\,n_i} : \widetilde{F}_i \,,$$

wobei $\widetilde{F}_i$ die durch Konjunktion der Literale in K_i gewonnene Formel bezeichne. Eine Formel der Form $\forall x_{i\,1} : \forall x_{i\,2} : \ldots : \forall x_{i\,n_i} : \widetilde{F}_i$ heißt auch der **Allabschluss** von K_i und wird mit $\forall K_i$ notiert. Es genügt zu zeigen, dass für jeden Resolutionsschritt

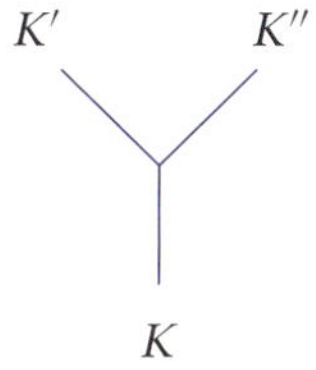

gilt, dass $\forall K$ eine Folgerung aus $\forall K'$ und $\forall K''$ darstellt. Da $\emptyset$ eine Folgerung aus $\mathcal{K}$ ist, ergibt sich dann die Unerfüllbarkeit von F.

Schreibe dazu K in der Form

$$\begin{aligned} K &= s\left(\left(s_1\left(K'\right) \setminus \{L_1, \ldots, L_k\}\right) \cup \left(s_2\left(K''\right) \setminus \left\{L'_1, \ldots, L'_m\right\}\right)\right) \\ &= \left(s \circ s_1\left(K'\right) \setminus \{L\}\right) \cup \left(s \circ s_2\left(K''\right) \setminus \{\neg L\}\right) \qquad (*) \end{aligned}$$

mit Substitutionen s_1, s_2 und s, wobei s der allgemeinste Unifikator von $\{L_1, \ldots, L_k, \neg L'_1, \ldots, \neg\, L'_m)$ ist. Für jede Struktur $\alpha = (U, \varphi, \psi, \xi)$ mit $\alpha\left(\forall K'\right) = 1$ und $\alpha\left(\forall K''\right) = 1$ müssen wir zeigen, dass auch $\alpha\left(\forall K\right) = 1$ gilt.

Angenommen, es gilt $\alpha(\forall K) = 0$. Seien $x_1, \ldots, x_n$ die in K vorkommenden Variablen. Dann gibt es eine Struktur $\widetilde{\alpha} = (U, \varphi, \psi, \widetilde{\xi})$ und $u_1, \ldots, u_n \in U$ mit $\widetilde{\xi}(x_i) = u_i$ für $i = 1, \ldots, n$, so dass $\widetilde{\alpha}(K) = 0$ gilt. Wegen $(*)$ ergibt sich $\widetilde{\alpha}(s \circ s_1(K') \setminus \{L\}) = 0$ und $\widetilde{\alpha}(s \circ s_2(K'') \setminus \{\neg L\}) = 0$. Die Voraussetzung $\alpha(\forall K') = 1$ liefert aber $\widetilde{\alpha}(s \circ s_1(K')) = 1$, so dass wir $\widetilde{\alpha}(L) = 1$ erhalten. Ebenso liefert $\alpha(\forall K'') = 1$, dass $\widetilde{\alpha}(s \circ s_1(K'')) = 1$ und somit $\widetilde{\alpha}(\neg L) = 1$ gelten muss. Insgesamt erhalten wir einen Widerspruch und $\alpha(\forall K) = 1$ ist gezeigt.

Nun beweisen wir die *Vollständigkeit* des prädikatenlogischen Resolutionskalküls, d. h., dass es für jede unerfüllbare Formel F eine Folge von Klauseln $K'_1, \ldots, K'_n$ gibt, so dass $K'_n = \emptyset$ gilt und jedes K'_i entsteht entweder durch eine Grundsubstitution aus einer Klausel in $\mathcal{K}$ oder ist Resolvent zweier Klauseln K'_j, K'_k mit $j < i$ und $k < i$. Man beachte, dass im zweiten Fall der Resolutionsschritt

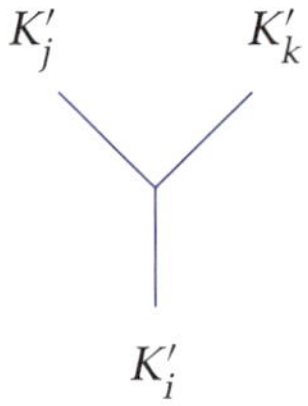

von der Form $K'_i = \left(K'_j \setminus \{L\}\right) \cup (K'_k \setminus \{\neg L\})$ mit einem Literal L ist, da alle Variablen grundsubstituiert wurden.

Es genügt nun, eine Folge von Klauseln $K_1, \ldots, K_n$ so zu konstruieren, dass K'_i für $i \in \{1, \ldots, n\}$ durch Grundsubstitution aus K_i entsteht und dass $(K_1, \ldots, K_n)$ eine prädikatenlogische Resolutionsherleitung von $K_n = \emptyset$ aus $\mathcal{K}$ darstellt. Ist dabei K'_i durch Grundsubstitution aus $\widetilde{K}_i \in \mathcal{K}$ entstanden, so wählen wir $K_i = \widetilde{K}_i$. Ist andererseits K'_i durch einen Resolutionsschritt

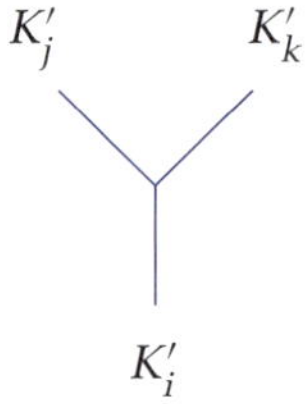

entstanden, so wenden wir das Lifting-Lemma (Satz 4.55) an und erhalten eine prädikatenlogische Resolvente K_i von K_j und K_k, die aus K'_i durch Grundsubstitution entsteht. Insgesamt ergibt sich $\emptyset \in \mathrm{Res}^\infty(\mathcal{K})$, was zu zeigen war. □

Wie in Kapitel 2 liefert dieses Theorem sofort einen Algorithmus für den Nachweis der Unerfüllbarkeit einer Formel. Wir überlassen die ausführliche Formulierung dieses Algorithmus dem geneigten Leser.

Beispiel 4.58: Psycho-Logisches

Zeigen Sie, dass es unter den Voraussetzungen von Beispiel 4.3 Teilnehmer gibt, die die Aufgaben verständlich fanden oder bei den jeweils besten Teilnehmern beliebt waren.

Dies bedeutet also, dass die Formel

$$G = \exists x\colon\ (Q(x) \vee P(x, g(z)))$$

aus der Formel F in Beispiel 4.3 folgen soll. Nach Bemerkung 2.23.b) müssen wir somit die Unerfüllbarkeit der Formel $\widetilde{F} = F \wedge \neg G$ nachweisen.

Analog zu Beispiel 4.24 erhalten wir die Skolemform

$$\begin{aligned}\widetilde{F} &\equiv \neg G \wedge K' \\ &\equiv \forall x\colon \forall z\colon \forall y\colon \left[(\neg Q(x) \wedge \neg P(x, g(v)))\right. \\ &\qquad \left.\wedge\ ((Q(w) \vee P(w, g(z)) \vee (P(f(h(z)), y) \wedge Q(a))))\right].\end{aligned}$$

Dies führt dann zu folgender KNF der Matrixformel

$$\begin{aligned}\widetilde{F}^* &= (\neg Q(x) \wedge \neg P(x, g(b))) \wedge ((Q(c) \vee P(c, g(z)) \vee (P(f(h(z)), y) \wedge Q(a)))) \\ &\overset{4.26}{\equiv} \neg Q(x) \wedge \neg P(x, g(b)) \wedge (Q(c) \vee P(c, g(z)) \vee Q(a)) \\ &\qquad \wedge (Q(c) \vee P(c, g(z)) \vee P(f(h(z)), y))\end{aligned}$$

und der Klauselmenge

$$\begin{aligned}\mathcal{K}(\widetilde{F}^*) = \{&\{\neg Q(x)\}, \{\neg P(x, g(b))\}, \{Q(c), P(c, g(z)), Q(a)\} \\ &\{Q(c), P(c, g(z)), P(f(h(z)), y)\}\}\end{aligned}$$

mit den Resolventenmengen

$$\begin{aligned}\operatorname{Res}^0(\mathcal{K}(\widetilde{F}^*)) &= \mathcal{K}(\widetilde{F}^*) \\ \operatorname{Res}^1(\mathcal{K}(\widetilde{F}^*)) &= \operatorname{Res}^0(\mathcal{K}(\widetilde{F}^*)) \\ &\cup\ \{\{P(c, g(z)), Q(a)\}, \{Q(c), P(c, g(z))\}, \\ &\qquad \{P(c, g(z)), P(f(h(z)), y)\}, \\ &\qquad \{Q(c), Q(a)\}, \{Q(c), P(f(h(b)), y)\}, \\ &\qquad \{Q(c), P(c, g(z))\}\} \\ \operatorname{Res}^2(\mathcal{K}(\widetilde{F}^*)) &= \operatorname{Res}^1(\mathcal{K}(\widetilde{F}^*)) \\ &\cup\ \{\{P(c, g(z))\}, \{Q(c)\}, \{Q(a)\} \\ &\qquad \{P(f(h(b), y))\}, \{P(c, g(z))\}\} \\ \operatorname{Res}^3(\mathcal{K}(\widetilde{F}^*)) &= \operatorname{Res}^2(\mathcal{K}(\widetilde{F}^*)) \cup\ \{\emptyset, \ldots\}.\end{aligned}$$

Insgesamt ist damit die Allgemeingültigkeit von $F \Rightarrow G$ bewiesen.

Beispiel 4.59

Gegeben sei eine prädikatenlogische Formel F mit Matrixklauselform

$$\begin{aligned}\mathcal{K} = \operatorname{MKF}(F) = \{&\{P(x), \neg Q(x), \neg R(f(x))\}, \{P(x), \neg Q(x), \neg S(x, f(x))\}, \\ &\{\neg P(a)\}, \{\neg T(a)\}, \{S(a, z), \neg T(z)\}, \{T(x), Q(x)\}, \{T(y), R(y)\}\}.\end{aligned}$$

Wir wollen zeigen, dass F unerfüllbar ist. Dazu verwenden wir die folgenden prädikatenlogischen Resolutionsschritte:

1)

$$\{\neg T(a)\} \qquad \{T(x), Q(x)\}$$

$$\emptyset = s_1 \qquad s_2 = (x \mapsto a)$$

$$\{\neg T(a)\} \qquad \{T(a), Q(a)\}$$

$$\{Q(a)\} \in \operatorname{Res}^1(\mathcal{K})$$

2)

$$\{P(x), \neg Q(x), \neg R(f(x))\} \qquad \{\neg P(a)\}$$

$$(x \mapsto a) = s_1 \qquad s_2 = \emptyset$$

$$\{P(a), \neg Q(a), \neg R(f(a))\} \qquad \{\neg P(a)\}$$

$$\{\neg Q(a), \neg R(f(a))\} \in \operatorname{Res}^1(\mathcal{K})$$

3)

$$\{\neg P(a)\} \qquad \{P(x), \neg Q(x), \neg S(x, f(x))\}$$

$$\emptyset = s_1 \qquad s_2 = (x \mapsto a)$$

$$\{\neg P(a)\} \qquad \{P(a), \neg Q(a), \neg S(a, f(a))\}$$

$$\{\neg Q(a), \neg S(a, f(a))\} \in \operatorname{Res}^1(\mathcal{K})$$

4)

$$\{Q(a)\} \qquad \{\neg Q(a), \neg S(a, f(a))\}$$

$$\{\neg S(a, f(a))\} \in \operatorname{Res}^2(\mathcal{K})$$

5)

$$\{Q(a)\} \qquad \{\neg Q(a), \neg R(f(a))\}$$

$$\{\neg R(f(a))\} \in \operatorname{Res}^2(\mathcal{K})$$

6)

$$\begin{array}{ccc} \{\neg S(a,f(a))\} & & \{S(a,z),\neg T(z)\} \\ \emptyset = s_1 \,\Big| & & \Big|\, s_2 = (z \mapsto f(a)) \\ \{\neg S(a,f(a))\} & & \{S(a,f(a),\neg T(f(a)))\} \\ & \{\neg T(f(a))\} \in \mathrm{Res}^3(\mathcal{K}) & \end{array}$$

7)

$$\begin{array}{ccc} \{\neg T(f(a))\} & & \{T(y),R(y)\} \\ \emptyset = s_1 \,\Big| & & \Big|\, s_2 = (y \mapsto f(a)) \\ \{\neg T(f(a))\} & & \{T(f(a)),R(f(a))\} \\ & \{R(f(a))\} \in \mathrm{Res}^4(\mathcal{K}) & \end{array}$$

8)

$$\begin{array}{ccc} \{R(f(a))\} & & \{\neg R(f(a))\} \\ & \emptyset \in \mathrm{Res}^5(\mathcal{K}) & \end{array}$$

Bemerkung 4.60

Bei endlichen aussagenlogischen Klauselmengen $\mathcal{K}$ ist auch $\mathrm{Res}^\infty(\mathcal{K})$ immer endlich. Dies gilt jedoch in der Prädikatenlogik nicht mehr. Es kann also vorkommen, dass für alle $n \in \mathbb{N}$ gilt

$$\mathrm{Res}^n(\mathcal{K}) \neq \mathrm{Res}^\infty(\mathcal{K}) \ .$$

Unser nächstes Beispiel liefert einen konkreten Fall, in dem dieses Phänomen auftritt.

Beispiel 4.61

Gegeben sei die Klauselmenge

$$\mathcal{K} = \{\{P(x), Q(x)\}, \{\neg Q(y), Q(f(y))\}\} \ .$$

Wenden wir das Resolutionskalkül auf diese Klauselmenge an, so erhalten wir:

1)

$\{P(x), Q(x)\}$ $\quad$ $\{\neg Q(y), Q(f(y))\}$

$x \mapsto z$ $\quad$ $y \mapsto z$

$\{P(z), Q(f(z))\}$

2)

$\{P(z), Q(f(z))\}$ $\quad$ $\{\neg Q(y), Q(f(y))\}$

$z \mapsto x$ $\quad$ $y \mapsto f(x)$

$\{P(x), Q(f(f(x)))\}$

$\vdots$

n)

$\{P(x), Q(f^{n-1}(x))\}$ $\quad$ $\{\neg Q(y), Q(f(y))\}$

$x \mapsto z$ $\quad$ $y \mapsto f^{n-1}(z)$

$\{P(z), Q(f^{n}(z))\}$

$\vdots$

Anders ausgedrückt, für jedes $n \geq 1$ gilt $\mathrm{Res}^{n-1}(\mathcal{K}) \subsetneq \mathrm{Res}^{n}(\mathcal{K})$.

Das folgende berühmte Beispiel löste unter den Mathematikern zu Beginn des letzten Jahrhunderts große Diskussionen aus, zeigte es doch, dass damals ein solides Fundament für die mathematische Logik noch nicht entwickelt war und dringend gebraucht wurde.

Beispiel 4.62: Russells Paradox

Der Bürgermeister eines Dorfes gibt dem Barbier einen ungewöhnlichen Auftrag. Erfüllt der Barbier die Bedingung des Bürgermeisters ein Jahr lang exakt, so erhält er einen beträchtlichen Lohn. Der Barbier akzeptiert folgende Bedingung: „Der Barbier solle genau diejenigen rasieren, die sich nicht selbst rasieren.“

Nach Verstreichen eines Jahres kommt der glattrasierte Barbier zum Bürgermeister und verlangt seinen Lohn. Daraufhin fragt der Bürgermeister, wer ihn denn rasiert habe. Der Barbier antwortete, dass er sich selbst rasiert habe. Das ist Pech für den Barbier, denn er sollte nur diejenigen rasieren, die sich nicht selbst rasieren. Damit hat er den Auftrag verletzt, da er sich selbst rasiert hat.

Da denkt sich der Barbier, das solle ihm nicht ein zweites Mal passieren und bittet den Bürgermeister aufgrund des hohen Honorars um ein weiteres Jahr Zeit, den

Auftrag zu erfüllen. Nach Beendigung dieses Jahres kommt der nun vollbärtige Barbier zum Bürgermeister und bittet um seinen Lohn. Jedoch zahlt der Bürgermeister wieder nicht, denn der Barbier hätte den Barbier rasieren müssen, da er sich nicht selbst rasiert.

Der Barbier schafft es also nicht, den Auftrag zu erfüllen.

Für eine *prädikatenlogische Erklärung* dieses Paradoxons betrachten wir die folgenden Aussagen:

1) Jeder Barbier rasiert alle Personen, die sich nicht selbst rasieren.
2) Kein Barbier rasiert jemand, der sich selbst rasiert.

Wir zeigen, dass hieraus folgt:

3) Es gibt keine Barbiere.

Dazu entspreche das Prädikat $P(x)$ der Eigenschaft „x ist Barbier" und das Prädikat $Q(x,y)$ der Relation „x rasiert y". Hiermit liefern die obigen Aussagen die folgenden prädikatenlogischen Formeln:

1) $F = \forall x\colon\ (P(x) \Rightarrow \forall y\colon\ (\neg Q(y,y) \Rightarrow Q(x,y)))$
2) $G = \neg\exists z\colon\ (P(z) \wedge \exists u\colon\ (Q(u,u) \wedge Q(z,u)))$
3) $H = \neg\exists v\colon P(v)$

Gemäß Satz 2.10 ist nach Bemerkung 2.23.b die Unerfüllbarkeit der Formel $F \wedge G \wedge \neg H$ zu zeigen. Die Berechnung der MKF liefert die Klauselmenge

$$\mathcal{K} = \{\{\neg P(x), Q(y,y), Q(x,y)\}, \{\neg P(z), \neg Q(u,u), \neg Q(z,u)\}, \{P(a)\}\} .$$

Jetzt berechnen wir einige Resolventen in $\mathrm{Res}^1(\mathcal{K})$:

a)

$\{\neg P(x), Q(y,y), Q(x,y)\}$ $\quad$ $\{P(a)\}$

$(x \mapsto a) = s_1$ $\quad$ $s_2 = \emptyset$

$\{\neg P(a), Q(y,y), Q(a,y)\}$ $\quad$ $\{P(a)\}$

$$\{Q(y,y), Q(a,y)\} \in \mathrm{Res}^1(\mathcal{K})$$

b)

$\{\neg P(z), \neg Q(u,u), \neg Q(z,u)\}$ $\quad$ $\{P(a)\}$

$(z \mapsto a) = s_1$ $\quad$ $s_2 = \emptyset$

$\{\neg P(a), \neg Q(u,u), \neg Q(a,u)\}$ $\quad$ $\{P(a)\}$

$$\{\neg Q(u,u), \neg Q(a,u)\} \in \mathrm{Res}^1(\mathcal{K})$$

Wir sehen bereits, dass sich in $\mathrm{Res}^2(\mathcal{K})$ der gesuchte Beweis ergibt:

c)

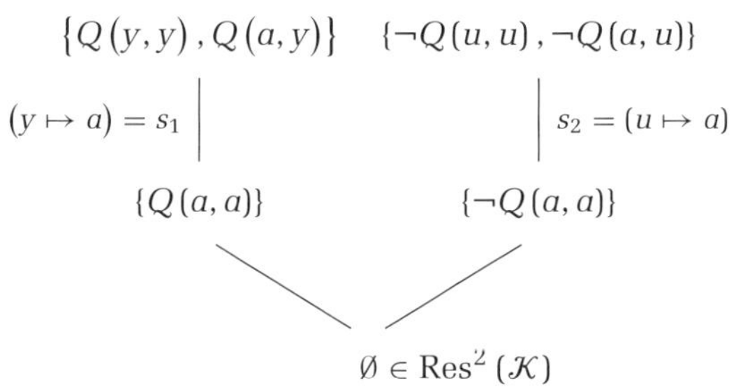

Zum Schluss dieses langen Abschnitts wollen wir noch versuchen, die Prädikatenlogik für „automatische" Beweise mathematischer Sätze zu verwenden. Als Beispiel einer geeigneten mathematischen Theorie wählen wir die Gruppentheorie. Dort betrachtet man die folgende Definition.

Definition 4.63

Eine **Gruppe** ist eine Menge G zusammen mit einer Verknüpfung $\circ\colon G \times G \to G$, so dass folgende Axiome gelten:

1) Für alle $g_1, g_2 \in G$ gilt $g_1 \circ g_2 \in G$.
   (Abgeschlossenheit)
2) Für $g_1, g_2, g_3 \in G$ gilt $(g_1 \circ g_2) \circ g_3 = g_1 \circ (g_2 \circ g_3)$.
   (Assoziativität)
3) Es gibt ein $e \in G$ mit $e \circ g = g$ für alle $g \in G$.
   (Existenz eines links neutralen Elements)
4) Für jedes $g \in G$ gibt es ein $h \in G$ mit $h \circ g = e$.
   (Existenz von links inversen Elementen)

Mit Hilfe des Resolutionskalküls der Prädikatenlogik wollen wir einige einfache Aussagen der Gruppentheorie beweisen. Man beachte, dass diese Beweise von einem im Computer implementierten Algorithmus „automatisch" gefunden werden.

Beispiel 4.64: Automatische Computerbeweise

Es sollen die folgenden Behauptungen „automatisch" bewiesen werden.

a) Für alle $g \in G$ gibt es ein $h \in G$ mit $g \circ h = e$.
   (Existenz von rechts inversen Elementen)
b) Es gibt ein $\widetilde{e} \in G$, so dass für alle $g \in G$ gilt: $g \circ \widetilde{e} = g$.
   (Existenz eines rechts neutralen Elements)
c) Es gilt $e = \widetilde{e}$.
d) Ist G kommutativ, d. h. gilt $g_1 \circ g_2 = g_2 \circ g_1$ für alle $g_1, g_2 \in G$, so folgt $g = h \circ g \circ h^{-1}$ für alle $h \in G$. Dabei sei h^{-1} das links inverse Element zu h.

Sei $P(x, y, z)$ die Relation „$x \circ y = z$". Wir wandeln zunächst die Voraussetzungen in prädikatenlogische Formeln um.

1) $F_1 = \forall x\colon \forall y\colon \exists z\colon P(x, y, z)$
2) $F_2 = \forall u\colon \forall v\colon \forall w : \forall x\colon \forall y\colon \forall z\colon\ ((P(x, y, u) \wedge P(y, z, v)) \Rightarrow (P(u, z, w) \Leftrightarrow P(x, v, w)))$
3) $F_3 = \exists x\colon \forall y\colon P(x, y, y)$
4) $F_4 = \exists x\colon\ (\forall y\colon P(x, y, y) \wedge \forall y\colon \exists z\colon P(z, y, x))$

Ebenso wandeln wir die Behauptungen in prädikatenlogische Formeln um.

a) $F_a = \exists x\colon\ (\forall y\colon P(x, y, y) \wedge \forall y\colon \exists z\colon P(y, z, x))$
b) $F_b = \exists x\colon \forall y\colon P(y, x, y)$
c) $F_c = \exists x\colon \forall y\colon\ (P(x, y, y) \wedge P(y, x, y))$
d) $F_d = [\forall x\colon \forall y\colon \forall z\colon\ (P(x, y, z) \Rightarrow P(y, x, z)) \wedge \exists \tilde{x}\colon \forall \tilde{y}\colon P(\tilde{x}, \tilde{y}, \tilde{y})\,]$
$\Rightarrow \forall u\colon \forall v\colon \forall w : ((P(u, v, w) \wedge \exists \tilde{u}\colon P(\tilde{u}, u, \tilde{x})) \Rightarrow P(w, \tilde{u}, v))$

Jetzt kann man die Tautologie-Eigenschaft für $(F_1 \wedge F_2 \wedge F_3 \wedge F_4) \Rightarrow F_a$ etc. durch Resolution nachweisen. Wir führen dies beispielhaft durch, indem wir die Unerfüllbarkeit von $F_1 \wedge F_2 \wedge F_3 \wedge F_4 \wedge \neg F_a$ zeigen und damit Behauptung a) beweisen. Die Berechnung der Matrixklauselform liefert

$$\begin{aligned}\mathcal{K} = \{\, &\{P(x, y, f(x, y))\}, \{\neg P(x, y, u), \neg P(y, z, v), \neg P(x, v, w), P(u, z, w)\}\ ,\\ &\{\neg P(x, y, u), \neg P(y, z, v), \neg P(u, z, w), P(x, v, w)\}, \{P(a, y, y)\}\ ,\\ &\{P(g(y), y, a)\}, \{\neg P(x, h(x), h(x)), \neg P(i(x), z, x)\}\,\}\,.\end{aligned}$$

Die folgenden acht Resolutionsschritte liefern nun den gesuchten Beweis.

1)

$\{\neg P(x, h(x), h(x)), \neg P(i(x), z, x)\}$ $\quad$ $\{P(a, y, y)\}$

$x \mapsto a$ $\quad$ $y \mapsto h(a)$

$\{\neg P(i(a), z, a)\}$

2)

$\{\neg P(i(a), z, a)\}$ $\quad$ $\{\neg P(x, y, u), \neg P(y, z, v), \neg P(x, v, w), P(u, z, w)\}$

$w \mapsto a$
$u \mapsto i(a)$

$\{\neg P(x, y, i(a)), \neg P(y, z, v), \neg P(x, v, a)\}$

3)

$\{\neg P(x, y, i(a)), \neg P(y, z, v), \neg P(x, v, a)\}$ $\quad$ $\{P(g(y), y, a)\}$

$x \mapsto g(g(i(a)))$
$v \mapsto g(i(a))$ $\quad$ $y \mapsto g(i(a))$

$\{\neg P(g(g(i(a))), y, i(a)), \neg P(y, z, g(i(a)))\}$

4)

$$\{\neg P(g(g(i(a))), y, i(a)), \neg P(y, z, g(i(a)))\} \qquad \{P(a, y, y)\}$$

$y \mapsto a$, $z \mapsto g(i(a))$ $\qquad$ $y \mapsto g(i(a))$

$$\{\neg P(g(g(i(a))), a, i(a))\}$$

5)

$$\{\neg P(x, y, u), \neg P(y, z, v), \neg P(u, z, w), P(x, v, w)\}$$

$$\{\neg P(g(g(i(a))), a, i(a))\}$$

$x \mapsto g(g(i(a)))$, $v \mapsto a$, $w \mapsto i(a)$

$$\{\neg P(g(g(i(a))), y, u), \neg P(y, z, a), \neg P(u, z, i(a))\}$$

6)

$$\{\neg P(g(g(i(a))), y, u), \neg P(y, z, a), \neg P(u, z, i(a))\} \qquad \{P(a, y, y)\}$$

$u \mapsto a$, $z \mapsto i(a)$ $\qquad$ $y \mapsto i(a)$

$$\{\neg P(g(g(i(a))), y, a), \neg P(y, i(a), a)\}$$

7)

$$\{\neg P(g(g(i(a))), y, a), \neg P(y, i(a), a)\} \qquad \{P(g(y), y, a)\}$$

$y \mapsto g(i(a))$ $\qquad$ $y \mapsto i(a)$

$$\{\neg P(g(g(i(a))), g(i(a)), a)\}$$

8)

$$\{\neg P(g(g(i(a))), g(i(a)), a)\} \qquad \{P(g(y), y, a)\}$$

$y \mapsto g(i(a))$

$$\emptyset$$

Die Beweise der Behauptungen b), c) und d) verlaufen ähnlich und seien dem Leser überlassen.

An diesem Beispiel erkennen wir, dass die prädikatenlogische Resolution für Beweise in durch Gleichungen definierten mathematischen Theorien nicht sehr geeignet ist.

Für ein Resultat, das in den üblichen Algebrabüchern höchstens ein paar Zeilen einnimmt, mussten wir acht komplizierte Resolutionsschritte finden. Einen wesentlich effizienteren Ansatz für die Deduktion neuer Gleichungen aus alten lernen wir im nun folgenden Abschnitt kennen.

Übungsaufgaben

Lösungstipps finden Sie im Anhang dieses Buchs. Hier erhalten Sie auch die wichtigsten Lösungsrezepte. Ausführliche Lösungswegbeschreibungen stehen auf der buchbegleitenden Companion Website (CWS) unter *www.pearson-studium.de* zur Verfügung.

Aufgabe 4.1: Unendliche Weiten, Episode 4: Die Regeln der Stämme

Captain Archer und Sub-Commander T'Pol finden während ihres Aufenthaltes auf Warlüg Folgendes heraus.

1) Eine Person vom Stamm der Xur vermählt sich nur mit jemandem vom Stamm der Xur oder der Yzy und umgekehrt. Polits vermählen sich nie, weil sie auf eine entscheidende Frage immer mit „Nein" zu antworten pflegen.
2) Ein Bewohner von Warlüg ist nur dann ein Xur, wenn die Eltern beide Xur oder beide Yzy sind.

Man drücke die Tatsachen 1) und 2) als prädikatenlogische Formeln aus.

Aufgabe 4.2

Seien F und G prädikatenlogische Formeln. Zeigen Sie die folgenden Äquivalenzen.

a) $\neg(\forall x\colon F) \equiv \exists x\colon \neg F$

b) $\neg(\exists x\colon F) \equiv \forall x\colon \neg F$

c) $(\forall x\colon F) \Rightarrow (\exists x\colon G) \equiv \exists x\colon (F \Rightarrow G)$

Aufgabe 4.3

Seien F, G prädikatenlogische Formeln.

a) Zeigen Sie für eine zu F und G passende Struktur α die folgenden beiden Behauptungen.
   - Ist $\alpha((\forall x\colon F) \vee (\forall x\colon G)) = 1$, so ist auch $\alpha(\forall x\colon (F \vee G)) = 1$.
   - Ist $\alpha(\exists x\colon (F \wedge G)) = 1$, so ist auch $\alpha((\exists x\colon F) \wedge (\exists x\colon G)) = 1$.

   Weiter zeige man jeweils, dass die Umkehrungen nicht gelten.

b) Zeigen Sie, dass für alle prädikatenlogischen Formeln F und G Folgendes gilt.
   - $\forall x\colon F \wedge \forall x\colon G \equiv \forall x\colon (F \wedge G)$
   - $\exists x\colon F \vee \exists x\colon G \equiv \exists x\colon (F \vee G)$

c) Sei P ein zweistelliges Prädikat. Zeigen Sie, dass $\forall x\colon \exists y\colon P(x,y)$ eine Folgerung ist von $\exists y\colon \forall x\colon P(x,y)$, aber nicht umgekehrt.

Aufgabe 4.4: Der Bulle von Transsylvanien, 3. Irre Vampire

Man formuliere die folgenden Aussagen über die Bewohner von Transsylvanien als prädikatenlogische Formeln und gebe jeweils eine passende Struktur an:

1) Alle geisteskranken Vampire sagen die Wahrheit.
2) Ist ein Mensch geistig gesund, so ist mindestens einer seiner Elternteile geistig gesund.
3) Vampire heiraten nur Vampire.
4) Alle geisteskranken Vampire haben mindestens ein Kind.

Aufgabe 4.5

Gegeben sei die prädikatenlogische Formel

$$F = \neg\exists x\colon (\exists y\colon P(z, f(x,y)) \vee \forall z\colon Q(z)) \vee \forall x\colon Q(x)\ .$$

a) Bringen Sie F in Matrixklauselform.
b) Bestimmen Sie den Wahrheitswert für F in der Struktur $\alpha = (U, \psi, \varphi, \xi)$ mit

$$\begin{aligned} U &= \mathbb{Z}\,,\\ \psi(P) &= \{(x,y) \mid x > y\}\ ,\\ \psi(Q) &: \text{Menge aller geraden Zahlen}\ ,\\ \varphi(f) &: \mathbb{Z}^2 \to \mathbb{Z} \qquad ((x,y) \mapsto |x-y|)\ ,\\ \xi(x) = \xi(y) = \xi(z) &= -1\,. \end{aligned}$$

Aufgabe 4.6: Der Bulle von Transsylvanien, 4. Wes Geistes Kind seid Ihr?

Inspektor Craig kommt im Zuge seiner Ermittlungen in ein abgeschiedenes Dorf. Aus den Büchern im Standesamt erfährt er, dass für die Bewohner dieses Dorfes Folgendes gilt:

1) Ist ein Kind eines weiblichen Vampirs geisteskrank, so ist es ein Vampir.
2) Die Kinder menschlicher Frauen sind gesund.

a) Formulieren Sie diese Regeln als prädikatenlogische Formeln.
b) Zeigen Sie, dass in diesem Dorf alle geisteskranken Bewohner Vampire sind, indem Sie eine geeignete prädikatenlogische Formel mit Hilfe des Grundresolutionsalgorithmus auf Unerfüllbarkeit untersuchen.

Aufgabe 4.7

Gegeben sei die prädikatenlogische Formel

$$F = \neg \left(\forall x\colon \; (P\,(x,y) \Rightarrow Q\,(f\,(x)))\right) \wedge \forall x\colon \forall y\colon P\,(x,f\,(y)) \; .$$

Man gebe die Matrix von F, sämtliche Teilformeln von F sowie alle in F vorkommenden Terme an und bestimme für jedes Vorkommen einer Variablen, ob sie in F frei oder gebunden ist.

Aufgabe 4.8

Beweisen Sie den prädikatenlogischen Ersetzungssatz (siehe Bemerkung 4.14).

Aufgabe 4.9: Herakles heroische Heldentaten, 2. Der Stall des Augias

Eurystheus befahl Herakles, die Stallungen des Augias in einem Tag zu reinigen.

a) Helfen Sie dem heroischen Helden und bringen Sie die folgende prädikatenlogische Formel in Skolemform:

$$\neg \left(\forall x\colon \; (P\,(x,y) \Rightarrow Q\,(f\,(y)))\right) \wedge \forall x\colon \forall y\colon P\,(x,f\,(y))$$

b) Einerseits reichte nicht einmal die Kraft des Herakles, um die gestellte Aufgabe zu erfüllen. Andererseits konnte er sie doch erfüllen, indem er die Flüsse Alpheios und Peneios umleitete. Finden Sie eine prädikatenlogische Struktur, in der obige Formel nicht erfüllt ist, und geben Sie auch ein Modell für die Formel an, d. h. eine Struktur, in der die Formel gilt.

Aufgabe 4.10

Wenden Sie den Unifikationsalgorithmus auf die Literalmenge

$$\mathcal{L} = \left\{P\,(f\,(x)\,,w,f\,(a))\,,P\,(f\,(w)\,,w,f\,(z))\,,P\,(f\,(g\,(z))\,,x,y)\right\}$$

an.

Aufgabe 4.11: Der Bulle von Transsylvanien, 5. Der Leichengräber

In einem Dorf Transsylvaniens, das bekanntermaßen von Menschen und Vampiren bewohnt wird, gilt Folgendes:

1) Sind beide Eltern eines Bewohners Menschen, so ist der Bewohner selbst auch ein Mensch.
2) Ein Bewohner ist geisteskrank, wenn eines seiner Kinder geisteskrank ist.
3) Der Leichengräber ist ein Vampir.

a) Drücken Sie obige Tatsachen als eine prädikatenlogische Formel aus.
b) Bringen Sie die Formel aus a) in Skolemform.

Aufgabe 4.12

a) Wenden Sie den Unifikationsalgorithmus auf die Literalmenge

$$\mathcal{L} = \{P(x, g(y, a), g(u, g(y, v))), P(f(y), g(y, v), u), P(f(f(z)), w, g(x, w))\}$$

an.

b) Testen Sie die Formel

$$\exists x\colon \forall y\colon \forall z\colon ((P(y, f(z)) \vee P(f(z), y)) \wedge \neg P(f(x), z))$$

auf Erfüllbarkeit.

Aufgabe 4.13: Unendliche Weiten, Episode 5: First Contact

Captain Archer und Sub-Commander T'Pol beamen nach einer ersten Kontaktaufnahme mit den Bewohnern des Planeten Zwe wieder zurück auf die Enterprise und haben Folgendes zu berichten:

1) Es gibt nur Zwillingsgeburten, wobei Zwillinge grundsätzlich verschiedenen Geschlechts sind. (Es gibt auch auf Zwe nur zwei Geschlechter. Außerdem ist niemand Zwilling von sich selbst.)
2) Die Bewohner essen niemals allein.
3) Zwillinge essen niemals zusammen. (Sie hassen sich zu sehr.)

a) Übersetzen Sie die Aussagen 1) bis 3) in eine prädikatenlogische Formel F, wobei die ausschließliche Geburt von Zwillingen so zu interpretieren ist, dass jeder Bewohner genau einen Zwillingsbruder oder eine Zwillingsschwester hat. (Die Sätze in Klammern sollen nicht übersetzt werden.)
b) Bringen Sie die Formel aus Teil a) in Skolemform.

Aufgabe 4.14

Gegeben sei die prädikatenlogische Formel

$$F = \forall x\colon \forall y\colon \forall z\colon ((P(f(x), x) \vee Q(x)) \wedge \neg R(f(y)) \\ \wedge (\neg P(y, z) \vee \neg R(y) \vee R(z)))\,.$$

Man gebe zehn erste Terme des zugehörigen Herbrand-Universums sowie die ersten sechs Formeln aus der Herbrand-Expansion von F an.

Aufgabe 4.15

Gegeben sei die prädikatenlogische Formel

$$F = \neg\exists x\colon (\forall y\colon P(x, y) \vee \exists z\colon Q(z, y)) \vee \forall x\colon P(x, g(x, a))\,.$$

a) Bringen Sie F in Skolemform.

b) Bestimmen Sie die Matrixklauselform von F.

c) Geben Sie für die Formel aus a) die ersten 15 Terme des Herbrand-Universums sowie die ersten sechs Formeln aus der Herbrand-Expansion an.

d) Geben Sie ein Herbrand-Modell für F an.

Aufgabe 4.16

Man finde einen Beweis dafür, dass aus der prädikatenlogischen Formel

$$F = \forall x \colon \forall y \colon \forall z \colon \; ((P(f(x), x) \vee Q(x)) \wedge \neg R(f(y)) \\ \wedge (\neg P(z, y) \vee \neg R(y) \vee R(z)))$$

folgt $\forall w : (R(w) \Rightarrow Q(w))$.

Aufgabe 4.17: Der Bulle von Transsylvanien, 6. Der monströse Mondschein

Auf seiner Reise durch Transsylvanien findet Inspektor Craig Folgendes über die Bewohner heraus:

1) Ein Bewohner Transsylvaniens ist wahnsinnig, wenn alle seine Kinder Vampire sind.
2) Alle Mondsüchtigen sind Vampire.
3) Ist ein Bewohner Transsylvaniens nicht mondsüchtig, so auch keiner seiner Elternteile.

a) Drücken Sie obige Tatsachen als prädikatenlogische Formeln aus.

b) Folgern Sie mittels prädikatenlogischer Resolution, dass alle Mondsüchtigen wahnsinnig sind.

Aufgabe 4.18

Gegeben sei die Klauselmenge

$$\mathcal{K} = \{ \{P(a, x, f(y)), P(a, z, f(h(b))), \neg Q(y, z)\}, \\ \{\neg Q(h(b), w), H(w, a)\}, \{\neg P(a, w, f(h(b))), H(x, a)\}, \\ \{P(a, u, f(h(u))), H(u, a), Q(h(b), b)\}, \{\neg H(v, a)\} \}.$$

Man zeige, dass $\emptyset \in \text{Res}^*(\mathcal{K})$ gilt.

Aufgabe 4.19: Schneewittchen und die sieben Zwerge, 2

Jeder der sieben Zwerge hinter den sieben Bergen hat eine Schwester hinter den acht Bergen. Alle sieben Zwerge hinter den sieben Bergen kennen Schneewittchen. Umgekehrt kennt außer diesen sieben kein weiterer Zwerg Schneewittchen.

a) Stellen Sie eine prädikatenlogische Formel auf, deren Unerfüllbarkeit gleichbedeutend damit ist, dass aus obiger Situation folgt, dass nur diejenigen Zwerge Schneewittchen kennen, die eine Schwester hinter den acht Bergen haben.

b) Bringen Sie die Formel aus a) in Matrixklauselform und zeigen Sie deren Unerfüllbarkeit.

Aufgabe 4.20: Der Bulle von Transsylvanien, 7. Dame, König, As, Vampir

Inspektor Craig findet heraus, dass der Beginn des Auftretens der Geisteskrankheit in Transsylvanien mit der Ersterscheinung eines Kartenlegespiels zusammenfällt. Die Karten ähneln einem herkömmlichen Skatspiel mit der Ausnahme, dass es nur Bilder in der Farbe Kreuz gibt. (Bube, Dame und König fehlen also in den Farben Karo, Herz und Pik.) Die Karten sind so in einer Reihe von Stapeln anzuordnen, dass gilt:

1. Eine Karte muss ein As sein, wenn alle Karten im Stapel unmittelbar rechts von dieser Karte Kreuz sind oder in diesem Stapel eine Karte kein Bild ist.
2. Eine Karte muss ein Bild sein, wenn es im Stapel unmittelbar rechts von dieser Karte ein Bild gibt.

Durch eine Unachtsamkeit wurden bei der Produktion des Spiels die Asse vergessen. Inspektor Craig vermutet, dass dadurch die Legeregeln nicht zu erfüllen sind und viele Bewohner Transsylvaniens bei dem Versuch, das Spiel zu spielen, in den Wahnsinn getrieben wurden.

a) Formulieren Sie obige Situation als prädikatenlogische Formel.
b) Beweisen Sie mit Hilfe des Resolutionssatzes der Prädikatenlogik, dass es unmöglich ist, das Spiel zu spielen.

Gleichungslogik

5

ÜBERBLICK

Logik ist …
der Anfang der Weisheit,
nicht ihr Ende.
(Commander Spock)

Die Letzten werden die Ersten sein!

Bei der Mitgliederversammlung eines Tennisclubs kommt es zu einer heftigen Diskussion.

Spielleiter: „Wir schlagen vor, die Vereinsrangliste ab sofort folgendermaßen zu bestimmen. Jeder Spieler kann den in der Rangliste direkt vor ihm liegenden Spieler zu einem Match fordern. Gewinnt er, so tauschen die beiden die Plätze."

Spieler der vierten (und letzten) Mannschaft: „Das ist unfair. Wenn man einen Spieler einer höheren Mannschaft besiegt, müsste man doch mehr belohnt werden, als wenn man schwächere Spieler besiegt."

Spielleiter: „O. K., dann machen wir es folgendermaßen. Besiegt man einen Spieler aus der eigenen Mannschaft, so wandert man einen Ranglistenplatz vor. Besiegt man einen Spieler der nächsthöheren Mannschaft, so steigt man zwei Ranglistenplätze auf, usw."

Spieler der ersten Mannschaft: „Das ist total unfair! Nach einiger Zeit wären wir Spieler der ersten Mannschaft automatisch auf den letzten Ranglistenplätzen."

Vereinsvorstand (ein Mathematiker): „Das stimmt und mittels eines geeigneten Termersetzungssystems kann man es sogar beweisen."

Alle anderen Anwesenden: „Wie bitte? Kannst Du uns das erklären?"

Vereinsvorstand: „So in etwa. Bezeichne a einen Spieler der ersten Mannschaft. Sei b ein Spieler der zweiten, sei c ein Spieler aus der dritten und d einer aus der vierten. Dann ist die Rangliste ein *Wort* $x_1x_2\cdots x_{37}$ aus 37 Buchstaben, denn wir haben 37 Mitglieder. Die vorgeschlagenen Regeln entsprechen den Ersetzungsregeln $xab \to bxa$, $xbc \to cxb$, $xcd \to dxc$, $xyac \to cxya$, $xybd \to dxyb$, $xyzad \to dxyza$, wobei x, y, z beliebige Buchstaben repäsentieren. Solche Ersetzungsregeln kann man zu einem konvergenten Termersetzungssystem ergänzen. Dann ist jede Rangliste nach endlich vielen Matchen in Normalform und bei dieser befinden sich die Spieler der ersten Mannschaft tatsächlich ganz hinten."

Spielleiter: „Was ist ein Termersetzungssystem? Wenn die Spieler unserer ersten Mannschaft in der Rangliste ganz hinten stehen, so ist das wohl kaum ihre Normalform."

Spieler der ersten Mannschaft: „Genau! Herr erster Vorsitzender, die erste Mannschaft verlangt eine Erklärung."

Vereinsvorstand: „Na ja, ganz einfach ist das nicht! Am besten, ihr lest Euch einmal Kapitel 5 des Buchs „Logik für Informatiker" von Kreuzer und Kühling durch, da wird alles ganz genau erklärt."

5.A Termersetzungssysteme

Im letzten Beispiel von Kapitel 4 haben wir eine Situation gesehen, die für Anwendungen wie das automatische Beweisen, künstliche Intelligenz oder symbolisches Rechnen typisch ist. Aus einer vorgegebenen Menge von Gleichungen (Spielregeln, Axiome, Input-Formeln, ...) sollen durch automatische Manipulation weitere Gleichungen erzeugt werden. Das Ziel dabei ist, die Ableitbarkeit einer gegebenen Gleichung zu entscheiden. In der Mathematik kommen solche Schlussketten häufig vor. Wir beginnen damit, dass wir einen Teil von Beispiel 4.64 noch einmal in der Sprache der Mathematik formulieren.

Beispiel 5.1: Gruppenspiele

Sei G eine Gruppe, d. h. es sei G eine Menge und es gebe eine Verknüpfung

$$\circ : \begin{array}{l} G \times G \to G \\ (x,y) \mapsto x \circ y \end{array}$$

, so dass die folgenden Regeln gelten:

(1) $(x \circ y) \circ z = x \circ (y \circ z)$ für alle $x, y, z \in G$.

(2) Es gibt ein $e \in G$ mit $e \circ x = x$ für alle $x \in G$.

(3) Es gibt eine Abbildung $i \colon G \to G$ mit $i(x) \circ x = e$ für alle $x \in G$.

Behauptung: Aus diesen Gleichungen folgt:

(4) $x \circ i(x) = e$ für alle $x \in G$.

(5) $x \circ e = x$ für alle $x \in G$.

Beweis.

„(4)“
$$\begin{aligned} x \circ i(x) &\underset{(2)}{=} (e \circ x) \circ i(x) \underset{(3)}{=} ((i(i(x)) \circ i(x)) \circ x) \circ i(x) \\ &\underset{(1)}{=} (i(i(x)) \circ (i(x) \circ x)) \circ i(x) \underset{(3)}{=} (i(i(x)) \circ e) \circ i(x) \\ &\underset{(1)}{=} i(i(x)) \circ (e \circ i(x)) \underset{(2)}{=} i(i(x)) \circ i(x) \underset{(3)}{=} e \end{aligned}$$

„(5)“
$$x \circ e \underset{(3)}{=} x \circ (i(x) \circ x) \underset{(1)}{=} (x \circ i(x)) \circ x \underset{(4)}{=} e \circ x \underset{(2)}{=} x$$

Wie kann man solche „Rechnungen mit Gleichungen“ formalisieren? Die Gleichungslogik erweitert dazu die Prädikatenlogik um den Gleichheitsbegriff. Ihre Syntax ist wie folgt definiert.

Definition 5.2: Syntax der Gleichungslogik

a) Die folgenden Definitionen werden aus der Prädikatenlogik wörtlich übernommen:

   a1) Eine **Variable** ist ein Symbol der Form x_i mit $i \in \mathbb{N}$ (bzw. x, y, z etc.).

   a2) Ein **Funktionssymbol** bzw. eine **Funktion** hat die Form f_i mit $i \in \mathbb{N}$ bzw. $f_i^{(k)}$, wenn man die k-Stelligkeit andeuten will. (Wir verwenden auch f, g, h etc.)

   a3) Ein **Term** ist eine Variable oder eine Formel der Form $f_i(t_1, \ldots, t_k)$, wobei f_i eine k-stellige Funktion und $t_1, \ldots, t_k$ bereits definierte Terme sind.

b) Eine **gleichungslogische Formel** oder eine **Gleichung** hat die Form $s = t$, wobei s und t Terme sind.

Beispiel 5.3: Gruppenspiele

In Beispiel 5.1 sind die Variablen x, y, z, die Konstante (d. h. die 0-stellige) Funktion e, die einstellige Funktion $i(x)$, die zweistellige Funktion $f(x,y)$ mit der Bedeutung $x \circ y$ und die folgenden drei Gleichungen gegeben:

(1) $f(f(x,y),z) = f(x, f(y,z))$

(2) $f(e,x) = x$

(3) $f(i(x),x) = e$

Behauptet wird, dass hieraus die folgenden beiden Gleichungen „folgen":

(4) $f(x, i(x)) = e$

(5) $f(x,e) = x$

Definition 5.4: Semantik der Gleichungslogik

Für die semantische Interpretation der Terme orientieren wir uns wieder an der Prädikatenlogik. Sei $F\colon s = t$ eine Gleichung.

a) Eine zu F **passende Struktur** $\alpha = (U, \varphi, \xi)$ ist ein Tripel, wobei

  a1) U eine nichtleere Menge (genannt **Grundbereich** oder **Grundmenge** oder **Universum** von α) darstellt,

  a2) φ eine Abbildung ist, die jedem in s oder t vorkommenden k-stelligen Funktionssymbol f eine Abbildung $\varphi(f) : U^k \to U$ zuordnet und

  a3) ξ eine Abbildung ist, die jeder in $s = t$ vorkommenden Variablen x ein Element $\xi(x) \in U$ zuordnet.

b) Der **Wert** $\alpha(t) \in U$ eines Terms t in der Struktur $\alpha = (U, \varphi, \xi)$ ist definiert durch $\alpha(t) = \xi(t)$, falls t eine Variable ist bzw. durch $\alpha(f(t_1, \ldots, t_k)) = \varphi(f)(\alpha(t_1), \ldots, \alpha(t_k))$, falls t von der Form $t = f(t_1, \ldots, t_k)$ ist.

c) Ein Paar $\iota = (U, \varphi)$, wobei U eine nichtleere Menge und φ eine Abbildung wie in a2) ist, heißt eine **Interpretation** von F. Jede Struktur der Form $\alpha = (U, \varphi, \xi)$ heißt dann **zu ι passend**.

d) Der **Wahrheitswert** von F unter der Interpretation ι ist definiert durch

$$\iota(F) = \begin{cases} 1 & \text{falls } \alpha(s) = \alpha(t) \text{ für jede zu } \iota \text{ passende Struktur } \alpha\,, \\ 0 & \text{sonst}\,. \end{cases}$$

Sind $x_1, \ldots, x_k$ die in einer Gleichung $F\colon s = t$ vorkommenden Variablen, so entspricht eine Interpretation von F also einer zu der prädikatenlogischen Formel $\forall x_1 : \ldots : \forall x_k : F$ passenden Struktur. Anders ausgedrückt, wir betrachten eine Gleichung F als wahr, wenn sie für alle möglichen Werte der Variablen wahr ist.

Die folgenden Begriffe werden wie üblich festgelegt.

Definition 5.5

a) Eine Interpretation $\iota = (U, \varphi)$ heißt ein **Modell** für eine Menge M gleichungslogischer Formeln, wenn ι zu jeder Gleichung aus M passt und wenn für alle $F \in M$ gilt $\iota(F) = 1$. In diesem Fall schreiben wir $\iota \models M$ bzw. $\iota \models F$ für alle $F \in M$.

b) Eine gleichungslogische Formel F heißt **allgemein gültig** oder **Tautologie**, wenn für alle zu F passenden Interpretationen ι gilt $\iota \models F$.

c) Eine gleichungslogische Formel F heißt **unerfüllbar**, wenn es keine zu F passende Interpretation ι mit $\iota \models F$ gibt.

Beispiel 5.6: Gruppenspiele

Sei $M = \{F_1, F_2, F_3\}$ die Menge der drei Gleichungen

$$F_1\colon\ f(f(x,y),z) = f(x, f(y,z)),$$
$$F_2\colon\ f(e,x) = x,$$
$$F_3\colon\ f(i(x),x) = e$$

und sei $\iota = (U, \varphi)$ ein Modell für M. Dann heißt U eine *Gruppe* mit *Verknüpfung*

$$\circ : U \times U \to U$$
$$(u,v) \mapsto \varphi(f)(u,v)$$

mit *neutralem Element* $e \in U$ und mit *inversem Element*

$$(\ldots)^{-1} : U \to U$$
$$u \mapsto \varphi(i)(u) = u^{-1}.$$

Als Nächstes soll das „logische Folgern" von Gleichungen aus anderen Gleichungen exakt definiert werden.

Definition 5.7

Sei $F\colon s = t$ eine Gleichung und M eine Menge von Gleichungen.

a) Die Gleichung F und eine Gleichung G heißen **äquivalent**, wenn für alle zu F und G passenden Interpretationen $\iota = (U, \varphi)$ die Gleichung $\iota(F) = \iota(G)$ gilt.

b) Die Gleichung F heißt eine **(semantische) Folgerung** aus der Gleichungsmenge M oder aus M **ableitbar**, wenn für alle zu F und M passenden Interpretationen $\iota = (U, \varphi)$ mit $\iota(G) = 1$ für alle $G \in M$ auch $\iota(F) = 1$ gilt. In diesem Fall schreiben wir $M \vdash F$.

Beispiel 5.8: Gruppenspiele

Sei $M = \{F_1, F_2, F_3\}$ die Gleichungsmenge aus den Beispielen 5.3 und 5.6 und seien die beiden weiteren Gleichungen

$$F_4\colon\ f(x, i(x)) = e,$$
$$F_5\colon\ f(x,e) = x$$

gegeben. Ist eine zu M passende Interpretation $\iota = (U, \varphi)$ gegeben, so kann man die Schritte der Beweise in Beispiel 5.1 auch nach einer Auswertung der Terme in einer zu ι passenden Struktur durchführen. Dies zeigt $M \vdash F_4$ und $M \vdash F_5$.

Wie können wir mathematische Beweise formalisieren? Die Verwendung von gegebenen Gleichungen, um durch Substitution oder andere Verfahren neue Gleichungen zu erzeugen, ist ein Beispiel für **syntaktisches Folgern**. In diesem Abschnitt betrachten wir einen Spezialfall hiervon, nämlich die Termersetzung. Später werden wir das Zeichen $\vdash$ für syntaktische Folgerungen verwenden. In Theorem 5.13 beweisen wir jedoch, dass in der Gleichungslogik die semantische Ableitbarkeit aus einer Gleichungsmenge und das syntaktische Folgern durch Termersetzung äquivalent sind. Nun wird es höchste Zeit für eine exakte Definition.

Definition 5.9: Termersetzung

Sei M eine Menge von gleichungslogischen Formeln und seien s, t zwei Terme.

a) Wie in der Prädikatenlogik definieren wir **Substitutionen**:
Ist F eine in M vorkommende Gleichung und x eine in F vorkommende Variable, so ersetzen wir jedes Vorkommen von x in F durch t. Die entstehende Formel $F|_{x \mapsto t}$ nennen wir das Ergebnis der **Substitution** $\sigma = (x \mapsto t)$ von x durch t.

b) Die gleichzeitige Ausführung mehrerer Substitutionen $\sigma_0 = (x_0 \mapsto t_0), \sigma_1 = (x_1 \mapsto t_1), \ldots, \sigma_n = (x_n \mapsto t_n)$ heißt ebenfalls eine **Substitution** und wird mit $\sigma = (x_1 \mapsto t_1, \ldots, x_n \mapsto t_n)$ bezeichnet.

c) Wir sagen, dass der Term t durch eine **Termersetzung in einem Schritt** aus s entsteht, wenn es eine Gleichung $F\colon \widetilde{s} = \widetilde{t}$ in M und eine Substitution σ gibt, so dass

   c1) $\sigma(\widetilde{s})$ ein Unterterm von s ist und

   c2) t entsteht aus s, indem man $\sigma(\widetilde{s})$ genau an einer Stelle durch $\sigma(\widetilde{t})$ ersetzt.

   In diesem Fall schreiben wir $s \xrightarrow{F} t$.

d) Die reflexive, transitive Hülle der Relationen $\xrightarrow{F}$ mit $F \in M$ wird mit $\xrightarrow{M}$ bezeichnet und heißt das durch M definierte **Termersetzungssystem** (TES) oder die durch M definierte **Ersetzungsregel**.

   Mit anderen Worten, wir schreiben $s \xrightarrow{M} t$, wenn es Terme $t_1, \ldots, t_n$ und Gleichungen $F_1, \ldots, F_{n+1} \in M$ gibt mit $s \xrightarrow{F_1} t_1 \xrightarrow{F_2} t_2 \xrightarrow{F_3} \cdots \xrightarrow{F_n} t_n \xrightarrow{F_{n+1}} t$.

e) Die reflexive, transitive, symmetrische Hülle von $\xrightarrow{M}$ wird mit $\xleftrightarrow{M}$ bezeichnet.

   Mit anderen Worten, $\xleftrightarrow{M}$ ist eine Äquivalenzrelation und $s \xleftrightarrow{M} t$ bedeutet, dass es Terme $t_1, \ldots, t_n$ gibt mit $s \xrightarrow{M} t_1 \xleftarrow{M} t_2 \cdots \xrightarrow{M} t_n \xleftarrow{M} t$.

Man beachte, dass wir bei der Termersetzung die gegebene Gleichung $F\colon \widetilde{s} = \widetilde{t}$ *orientiert* lesen, d. h. dass wir zwischen ihrer linken Seite $\widetilde{s}$ und ihrer rechten Seite $\widetilde{t}$ unterscheiden. Es wird in der Folge also durchaus eine Rolle spielen, wie wir die gegebenen Gleichungen orientieren.

Beispiel 5.10: Gruppenspiele

Seien $M = \{F_1, F_2, F_3\}$ sowie F_4, F_5 die Gleichungen aus den Beispielen 5.6 und 5.8, also

$$F_1\colon\ f\left(f\left(x,y\right),z\right) = f\left(x, f\left(y,z\right)\right)\,,$$
$$F_2\colon\ f\left(e,x\right) = x\,,$$
$$F_3\colon\ f\left(i\left(x\right),x\right) = e\,,$$
$$F_4\colon\ f\left(x, i\left(x\right)\right) = e\,,$$
$$F_5\colon\ f\left(x,e\right) = x\,.$$

Jetzt können wir die Beweise aus Beispiel 5.1 formalisieren. Der Beweis von F_4 lautet:

$$\begin{aligned} f\left(x,i\left(x\right)\right) &\overset{F_2}{\longleftarrow} f\left(f\left(e,x\right),i\left(x\right)\right) \overset{F_3}{\longleftarrow} f\left(f\left(f\left(i\left(i\left(x\right)\right),i\left(x\right)\right),x\right),i\left(x\right)\right) \\ &\overset{F_1}{\longrightarrow} f\left(f\left(i\left(i\left(x\right)\right),f\left(i\left(x\right),x\right)\right),i\left(x\right)\right) \overset{F_3}{\longrightarrow} f\left(f\left(i\left(i\left(x\right)\right),e\right),i\left(x\right)\right) \\ &\overset{F_1}{\longrightarrow} f\left(i\left(i\left(x\right)\right),f\left(e,i\left(x\right)\right)\right) \overset{F_2}{\longrightarrow} f\left(i\left(i\left(x\right)\right),i\left(x\right)\right) \overset{F_3}{\longrightarrow} e \end{aligned}$$

Hierbei wurde im zweiten Schritt nicht die Formel F_3 selbst verwendet, sondern die Formel $F_3|_{x\mapsto i(x)}$. Gemäß Definition 5.9 können wir auch alle Gleichungen verwenden, die sich aus den Voraussetzungen durch Substitution ergeben.

Analog können wir auch den Beweis von F_5 formalisieren.

Wie in der Aussagenlogik und der Prädikatenlogik gilt auch hier ein Ersetzungssatz. Sein Beweis folgt unmittelbar aus Definition 5.9.

Satz 5.11: Ersetzungssatz der Gleichungslogik

Sei M eine Gleichungsmenge, seien s, t Terme und sei σ eine Substitution.

a) Gilt $s \overset{F}{\to} t$ für ein $F \in M$, so folgt $\sigma(s) \overset{F}{\to} \sigma(t)$.

b) Gilt $s \overset{M}{\longleftrightarrow} t$, so folgt $\sigma(s) \overset{M}{\longleftrightarrow} \sigma(t)$.

Offenbar folgt aus $s \overset{M}{\longrightarrow} t$, dass auch $s \overset{M}{\longleftrightarrow} t$ gilt, wenn s, t Terme und M eine Menge von Gleichungen sind. Die umgekehrte Richtung gilt i. A. nicht. Unser nächstes Ziel ist zu zeigen, dass die Äquivalenzrelation $\overset{M}{\longleftrightarrow}$ genau dem Begriff „aus M ableitbar“ entspricht. Dazu benötigen wir einige Vorbereitungen.

Im Folgenden sei M eine (endliche oder abzählbar unendliche) Menge von Gleichungen, sei X die Menge der in M vorkommenden Variablen und sei T die Menge der Terme, die man mit in M vorkommenden Funktionssymbolen und den Variablen aus X bilden kann. Die Relation $\overset{M}{\longleftrightarrow}$ ist eine Äquivalenzrelation auf T. Zu jedem Term $t \in T$ bezeichnen wir seine Äquivalenzklasse mit $[t]$. Die Menge aller dieser Äquivalenzklassen werde mit T/M notiert. Sie heißt das **freie Modell** (oder die **freie Algebra**) von M. Unser nächstes Lemma zeigt, warum das freie Modell von M seinen Namen verdient.

Lemma 5.12

Für jede Gleichung $F\colon l = r$ aus M und jede zu F passende Interpretation $\iota = (T/M, \varphi)$ gilt $\iota(F) = 1$.

Beweis Sei $\alpha = (T/M, \varphi, \xi)$ eine zu ι passende Struktur und sei $\xi(x_i) = [t_i]$ mit $t_i \in T$ für $x_i \in X$. Ferner sei s die Substitution $x_i \mapsto t_i$ für $x_i \in X$. Um $\alpha(F) = 1$ zu zeigen, müssen wir $\left[s(l)\right] = [s(r)]$ beweisen. Dies bedeutet $s(l) \overset{M}{\longleftrightarrow} s(r)$ und folgt aus Satz 5.11.b). □

Jetzt sind wir bereit, die gewünschte Äquivalenz zwischen syntaktischem und semantischem Folgern zu beweisen.

▶ Theorem 5.13

Sei M eine Menge von Gleichungen, seien s, t Terme und sei $F : s = t$. Ferner sei T die Menge der Terme, die man mit den in M vorkommenden Funktionssymbolen und Variablen bilden kann. Dann sind die folgenden Bedingungen äquivalent.

a) Es gilt $s \overset{M}{\longleftrightarrow} t$.

b) Es gilt $M \vdash F$.

c) Für jede zu M und F passende Interpretation $\iota = (T/M, \varphi)$ gilt $\iota(F) = 1$, d. h. die Gleichung F gilt im freien Modell von M.

Beweis Für die Richtung „a) $\Rightarrow$ b)“ genügt es zu zeigen, dass $t_i \overset{M}{\longrightarrow} t_{i+1}$ impliziert, dass die Gleichung $F_i\colon t_i = t_{i+1}$ aus M folgt. Dazu können wir wiederum annehmen, dass $t_i \overset{\widetilde{F}}{\rightarrow} t_{i+1}$ durch Termersetzung in einem Schritt mit $\widetilde{F} \in M$ entsteht. Jetzt folgt die Behauptung aus dem Ersetzungssatz 5.11.

Da die Implikation „b) $\Rightarrow$ c)“ klar ist, denn es werden nur spezielle Interpretationen betrachtet, bleibt noch die Richtung „c) $\Rightarrow$ a)“ zu beweisen. Sei $\iota = (U, \varphi)$ eine zu M und F passende Interpretation. Wir definieren eine zu ι passende Struktur $\alpha = (U, \varphi, \xi)$, indem wir für die vorkommenden Variablen $\alpha(x_i) = [x_i] \in U$ setzen. Dann liefert $\iota(F) = 1$ die Gleichung $[s] = \alpha(s) = \alpha(t) = [t]$ und dies bedeutet gerade $s \overset{M}{\longrightarrow} t$. □

5.B Die Knuth-Bendix-Vervollständigung

Da man obige Beispiele auch direkt mittels der Prädikatenlogik behandeln könnte, stellen sich offenbar die folgenden Fragen.

1) Welche Vorteile hat die Gleichungslogik?

2) Gibt es ein effizientes Resolutionskalkül bzw. ein effizientes **Deduktionsverfahren**?

Um diese Fragen zu untersuchen, müssen wir Termersetzungssysteme näher studieren.

Definition 5.14

Sei M eine Menge von Gleichungen und sei $\xrightarrow{M}$ das durch M definierte TES.

a) Das TES $\xrightarrow{M}$ heißt **Noethersch** (oder **terminierend**), wenn jede unendliche Kette

$$t_1 \xrightarrow{M} t_2 \xrightarrow{M} t_3 \xrightarrow{M} \cdots$$

stationär wird, d. h. wenn es ein $n \geq 1$ gibt mit $t_n = t_{n+1} = t_{n+2} = \cdots$.

b) Das TES $\xrightarrow{M}$ hat die **Church-Rosser-Eigenschaft**, wenn für alle Terme t_1, t_2 mit $t_1 \xleftrightarrow{M} t_2$ ein Term t_3 existiert mit $t_1 \xrightarrow{M} t_3$ und $t_2 \xrightarrow{M} t_3$.

c) Das TES $\xrightarrow{M}$ heißt **konfluent**, wenn für alle Terme t_0, t_1, t_2 mit $t_0 \xrightarrow{M} t_1$ und $t_0 \xrightarrow{M} t_2$ ein Term t_3 existiert mit $t_1 \xrightarrow{M} t_3$ und $t_2 \xrightarrow{M} t_3$.

Skizze:

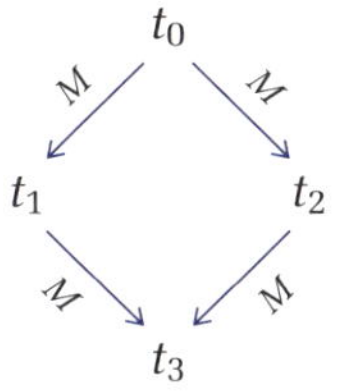

d) Ein Term t heißt **irreduzibel** bzgl. $\xrightarrow{M}$, wenn es keine Termersetzung $t \xrightarrow{F} t'$ mit einem Term $t' \neq t$ und mit $F \in M$ gibt.

e) Ein Term t' heißt eine **Normalform** eines Terms t bzgl. $\xrightarrow{M}$, wenn $t \xrightarrow{M} t'$ gilt und t' irreduzibel ist.

In unserem fortlaufenden Beispiel kommen diese Begriffe wie folgt zum Tragen.

Beispiel 5.15: Gruppenspiele

Sei $M = \{F_1, F_2, F_3\}$ die Menge der drei Gleichungen aus Beispiel 5.6. Das durch M definierte Termersetzungssystem $\xrightarrow{M}$ ist Noethersch, denn bei Termersetzungsschritten $\xrightarrow{F_2}$ und $\xrightarrow{F_3}$ nimmt die Länge der Terme (betrachtet als Zeichenkette) ab und bei $\xrightarrow{F_1}$ wandern die Funktionssymbole f „nach rechts". Das Termersetzungssystem $\xrightarrow{M}$ ist jedoch nicht konfluent, denn für den Term $t_0 = f(f(i(x), x), y)$ gilt $t_0 \xrightarrow{F_3} f(e, y) \xrightarrow{F_2} y$ und $t_0 \xrightarrow{F_1} f(i(x), f(x, y))$. Da die Terme $t_1 = y$ und $t_2 = f(i(x), f(x, y))$ bzgl. $\xrightarrow{M}$ irreduzibel sind, gibt es keinen Term t_3 mit $t_1 \xrightarrow{M_3} t_3$ und $t_2 \xrightarrow{M} t_3$.

Ergänzt man die drei Axiome F_1, F_2, F_3 der Gruppentheorie noch durch das Kommutativitätsgesetz $F_0\colon f(x, y) = f(y, x)$, so ist das durch $M_0 = \{F_0, F_1, F_2, F_3\}$ definierte TES nicht mehr Noethersch, denn es existiert eine unendliche Kette von Termersetzungen

$$f(x, y) \xrightarrow{F_0} f(y, x) \xrightarrow{F_0} f(x, y) \xrightarrow{F_0} \ldots\,.$$

Satz 5.16
Sei M eine Menge von Gleichungen und $\xrightarrow{M}$ *das durch M definierte TES.*

a) *Genau dann hat* $\xrightarrow{M}$ *die Church-Rosser-Eigenschaft, wenn* $\xrightarrow{M}$ *konfluent ist.*

b) *Ist* $\xrightarrow{M}$ *Noethersch und konfluent, so besitzt jeder Term t eine eindeutige Normalform* $\mathrm{NF}_M(t)$.

Beweis Zuerst beweisen wir a). Offfensichtlich ist das TES $\xrightarrow{M}$ konfluent, falls es die Church-Rosser-Eigenschaft hat, denn in der Voraussetzung gilt $t_1 \xleftrightarrow{M} t_2$. Zum Beweis der umgekehrten Richtung sei $\xrightarrow{M}$ als konfluent vorausgesetzt und sei $t_1 \xleftrightarrow{M} t_2$. Seien $u_1, \dots, u_\ell$ Terme mit $t_1 = u_0$, $t_2 = u_\ell$ und $u_{i-1} \xrightarrow{M} u_i$ oder $u_i \xrightarrow{M} u_{i-1}$ für $i = 1, \dots, k$. Wir schließen mit vollständiger Induktion nach ℓ.

Im Fall $\ell = 1$ gilt entweder $t_1 \xleftarrow{M} u_1 \xrightarrow{M} t_2$ und die Existenz des behaupteten t_3 folgt sofort aus der Definition von $\xrightarrow{M}$ oder es gilt $t_1 \xrightarrow{M} u_1 \xleftarrow{M} t_2$ und u_1 ist der gesuchte Term. Im Fall $\ell > 1$ sei $u_{\ell-2} \xleftarrow{M} u_{\ell-1} \xrightarrow{M} u_\ell = t_2$. Aus der Konfluenz von $\xrightarrow{M}$ erhalten wir einen Term $u'_{\ell-1}$ mit

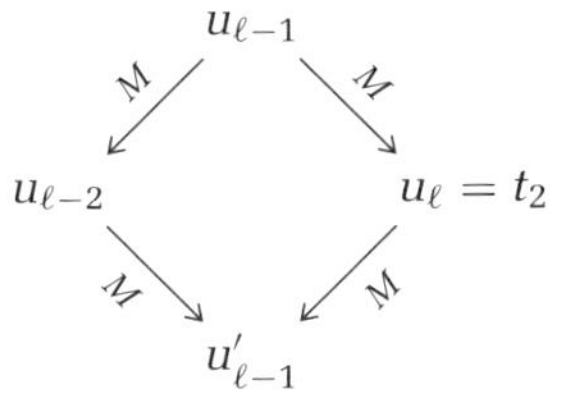

und somit die kürzere Kette $t_1 = u_0 \xrightarrow{M} \cdots \xrightarrow{M} u_{\ell-3} \xrightarrow{M} u'_{\ell-1} \xleftarrow{M} u_\ell = t_2$, auf die wir die Induktionsvoraussetzung anwenden können. Gilt jedoch $u_{\ell-2} \xrightarrow{M} u_{\ell-1} \xleftarrow{M} u_\ell = t_2$, so können wir entsprechend auf $u_{\ell-3} \xleftarrow{M} u_{\ell-2} \xrightarrow{M} u_{\ell-1}$ die Konfluenz anwenden und erhalten einen Term $u'_{\ell-2}$ mit $u_{\ell-3} \xrightarrow{M} u'_{\ell-2} \xleftarrow{M} u_{\ell-1}$. Nun ist $t_1 = u_0 \xrightarrow{M} \cdots \xleftarrow{M} u_{\ell-3} \xrightarrow{M} u'_{\ell-2} \xleftarrow{M} u_\ell = t_2$ eine kürzere Kette, auf die die Induktionsvoraussetzung anwendbar ist. In allen Fällen ergibt sich die Behauptung.

Nun zeigen wir b). Indem wir auf t beliebige Termersetzungsschritte anwenden, erhalten wir eine Kette $t = t_1 \xrightarrow{M} t_2 \xrightarrow{M} \cdots$. Da das TES $\xrightarrow{M}$ Noethersch ist, wird diese Kette stationär, d. h. sie endet mit einem bezüglich $\xrightarrow{M}$ irreduziblen Term t'. Wir beweisen nun, dass dieser Term eindeutig bestimmt ist. Sei t'' ein weiterer bezüglich $\xrightarrow{M}$ irreduzibler Term mit $t \xrightarrow{M} t''$. Wegen der Konfluenz von $\xrightarrow{M}$ gibt es dann einen Term t''' mit $t' \xrightarrow{M} t''' \xleftarrow{M} t''$. Jedoch sind t' und t'' irreduzibel bezüglich des TES $\xrightarrow{M}$. Also muss $t' = t''' = t''$ gelten. □

Auf Grund dieses Satzes kann man für Noethersche, konfluente TES wie folgt in endlich vielen Schritten entscheiden, ob eine Gleichung $s = t$ aus einer Gleichungsmenge M folgt.

Korollar 5.17

Sei $\stackrel{M}{\longrightarrow}$ *Noethersch und konfluent.*

a) *Für zwei Terme* s, t *gilt* $s \stackrel{M}{\longleftrightarrow} t$ *genau dann, wenn* $\mathrm{NF}_M(s) = \mathrm{NF}_M(t)$ *gilt.*

b) *Für jeden Term* t *kann man* $\mathrm{NF}_M(t)$ *berechnen, indem man* $t = t_0$ *setzt und so lange wie möglich Termersetzungen* $t_i \stackrel{F}{\to} t_{i+1}$ *mit* $F \in M$ *vornimmt. (Die Reihenfolge ist dabei egal.) Irgendwann ist* t_i *irreduzibel und dann ist* $t_i = \mathrm{NF}_M(t)$.

c) *Mittels a) und b) kann man in endlich vielen Schritten entscheiden, ob die Gleichung* $s = t$ *aus* M *folgt.*

Beweis Zuerst beweisen wir a). Sind s und t Terme mit $s \stackrel{M}{\longleftrightarrow} t$, so sei $s = t_0 \stackrel{M}{\longrightarrow} t_1 \stackrel{M}{\longleftarrow} \cdots \stackrel{M}{\longrightarrow} t_\ell = t$ eine Kette mit Termen $t_0, \ldots, t_\ell$. Hierbei gilt $\mathrm{NF}_M(t_i) = \mathrm{NF}_M(t_{i+1})$ für $i = 0, \ldots, n-1$, denn gilt z. B. $t_i \stackrel{M}{\longrightarrow} t_{i+1}$, so kann man ja nach dem Satz bei der Berechnung der Normalform von t_i erst die zu $t_i \stackrel{M}{\longrightarrow} t_{i+1}$ gehörigen Termersetzungsschritte ausführen. Insgesamt folgt $\mathrm{NF}_M(s) = \mathrm{NF}_M(t)$. Gilt umgekehrt $\mathrm{NF}_M(s) = \mathrm{NF}_M(t)$, so liefert $s \stackrel{M}{\longrightarrow} \mathrm{NF}_M(s) = \mathrm{NF}_N(t) \stackrel{M}{\longleftarrow} t$ unmittelbar die Behauptung $s \stackrel{M}{\longleftrightarrow} t$.

Die Behauptung b) wurde im Beweis des Satzes bereits gezeigt und c) folgt offensichtlich aus a) und b). □

Die Suche nach einem Resolutionskalkül für die Gleichungslogik reduziert sich also auf folgende Fragen:

1) Wie kann man herausfinden, ob ein TES $\stackrel{M}{\longrightarrow}$ Noethersch und konfluent ist?

2) Ist ein TES $\stackrel{M}{\longrightarrow}$ Noethersch, kann man es dann zu einem Noetherschen und konfluenten TES ergänzen?

Definition 5.18

Sei M eine Menge von Gleichungen und $\stackrel{M}{\longrightarrow}$ das von M definierte TES. Seien $s_1 = t_1$ und $s_2 = t_2$ zwei Gleichungen, die aus Gleichungen in M durch Variablenumbenennungen so entstehen, dass keine Variable in beiden Gleichungen vorkomme. Ferner gebe es einen Teilterm $\widetilde{s}$ von s_1, der keine Variable ist, so dass der allgemeinste Unifikator σ von $\widetilde{s}$ und s_2 existiert.

Dann heißt das Paar $\left(\sigma(t_1)\,;\sigma\left(s_1|_{\widetilde{s}\mapsto\sigma(t_2)}\right)\right)$ ein **kritisches Paar** von M.

Beispiel 5.19: Gruppenspiele

Ist die Gleichungsmenge $M = \{F_1, F_2, F_3\}$ aus Beispiel 5.6 gegeben, so gibt es zwischen F_1 und F_2 ein kritisches Paar, denn setzt man $x \mapsto e$, $y \mapsto \widetilde{x}$ und $z \mapsto \widetilde{y}$ in F_1 sowie $x \mapsto \widetilde{x}$ in F_2, so wird die linke Seite $f(e, \widetilde{x})$ von $\sigma(F_2)$ ein Teilterm der linken Seite von $\sigma(F_1)$. Es ergibt sich das kritische Paar $(f(e, f(\widetilde{x}, \widetilde{y})), f(\widetilde{x}, \widetilde{y}))$.

Ebenso existiert ein kritisches Paar zwischen F_1 und F_3, denn setzt man $x \mapsto i(\widetilde{x})$, $y \mapsto \widetilde{x}$ und $z \mapsto \widetilde{y}$ in F_1 und $x \mapsto \widetilde{x}$ in F_3, so wird die linke Seite $f(i(\widetilde{x}), \widetilde{x})$ von $\sigma(F_3)$ ein Teilterm der linken Seite von $\sigma(F_1)$. Es ergibt sich das kritische Paar $(f(i(\widetilde{x}), f(\widetilde{x}, \widetilde{y})), f(e, \widetilde{y}))$.

Zwischen F_2 und F_3 gibt es offenbar keine kritischen Paare.

Beispiel 5.20

Gegeben sei die Gleichungsmenge $M = \{F_1, F_2, F_3\}$ mit folgenden Gleichungen:

$F_1\colon\ g(x,a) = x$

$F_2\colon\ f(a) = a$

$F_3\colon\ f(g(g(y,y),z)) = g(y,f(z))$

mit einer Konstanten a. Interpretiert man a als die Zahl 0, so kann man z. B. die Funktion f als „Halbierung" und g als „Addition" betrachten. Wir prüfen, welche kritischen Paare existieren:

a) Zwischen F_1 und F_2 gibt es keine kritischen Paare, denn kein Teilterm von $g(x,a)$ besitzt einen allgemeinsten Unifikator mit $f(a)$.

b) Zwischen F_3 und F_1 kann man ein kritisches Paar finden. Der Term $g(y,y)$ ist ein Teilterm der linken Seite von F_3.

$$\begin{aligned} F_3\colon\quad & s_1 = f(g(\overbrace{g(y,y)}^{\widetilde{s}},z)) = g(y,f(z)) = t_1 \\ F_1\colon\quad & s_2 = g(x,a) = x = t_2 \end{aligned}$$

Sein allgemeinster Unifikator mit $g(x,a)$ ist $\sigma = (x \mapsto a, y \mapsto a)$. Damit erhalten wir das kritische Paar

$$(\sigma(t_1); \sigma(s_1|_{\widetilde{s} \mapsto \sigma(t_2)})) = (g(a,f(z)); f(g(a,z))) \ .$$

c) Zwischen F_3 und F_1 können wir ein weiteres kritisches Paar finden. Der Term $g(g(y,y),z)$ ist ein Teilterm der linken Seite von F_3. Sein allgemeinster Unifikator mit $g(x,a)$ ist $\sigma = (x \mapsto g(y,y); z \mapsto a)$. Damit erhalten wir das kritische Paar $(g(y,f(a)); f(g(y,y)))$.

d) Zwischen F_3 und F_2 gibt es kein kritisches Paar.

Wie man leicht nachprüft, gibt es in M sonst keine weiteren kritischen Paare.

Um die Konfluenz eines Termersetzungssystems mit Hilfe kritischer Paare zu charakterisieren, müssen wir zuerst die Konfluenzbedingung wie folgt abschwächen.

Definition 5.21

Sei M eine Menge von Gleichungen und seien $F, G \in M$. Das durch M definierte TES $\xrightarrow{M}$ heißt **lokal konfluent**, falls es zu je zwei Termersetzungen in einem Schritt $t_0 \xrightarrow{F} t_1$ und $t_0 \xrightarrow{G} t_2$ einen Term t_3 gibt mit $t_1 \xrightarrow{M} t_3$ und $t_2 \xrightarrow{M} t_3$.

Diese auf den ersten Blick schwächere Bedingung ist im Fall eines Noetherschen Termersetzungssystems zur üblichen Konfluenz äquivalent, wie der folgende Satz zeigt.

Satz 5.22

Sei M eine Menge von Gleichungen, die ein Noethersches TES $\xrightarrow{M}$ definiert. Genau dann ist das TES $\xrightarrow{M}$ konfluent, wenn es lokal konfluent ist.

Beweis Offensichtlich ist ein konfluentes TES auch lokal konfluent. Zum Beweis der umgekehrten Implikation verwenden wir das Beweisprinzip der *Noetherschen Induktion*. Dazu betrachten wir folgende Eigenschaft $\mathcal{E}(t_0)$ eines Terms t_0:

$\mathcal{E}(t_0)$: Für alle t_1, t_2 mit $t_0 \overset{M}{\longrightarrow} t_1$ und $t_0 \overset{M}{\longrightarrow} t_2$ gibt es einen Term t_3 mit $t_1 \overset{M}{\longrightarrow} t_3$ und $t_2 \overset{M}{\longrightarrow} t_3$.

Es genügt nun, die Behauptung zu beweisen, dass $\mathcal{E}(t_0)$ erfüllt ist, wenn $\mathcal{E}(t'_0)$ für alle Terme $t'_0 \neq t_0$ mit $t_0 \overset{M}{\longrightarrow} t'_0$ gilt. Dann können wir die Menge aller Terme t_0 betrachten, für die $\mathcal{E}(t_0)$ nicht gilt. Ist sie nicht leer, so gibt es einen bezüglich $\overset{M}{\longrightarrow}$ minimalen Term t_0 in ihr, da $\overset{M}{\longrightarrow}$ Noethersch ist. Alle Terme $t'_0 \neq t_0$ mit $t_0 \overset{M}{\longrightarrow} t'_0$ hätten dann die Eigenschaft $\mathcal{E}(t'_0)$ und somit wäre auch $\mathcal{E}(t_0)$ erfüllt, ein Widerspruch.

Zum Beweis der Behauptung betrachten wir Ketten von Termersetzungen in einem Schritt $t_0 = u_0 \overset{M}{\longrightarrow} u_1 \overset{M}{\longrightarrow} \cdots \overset{M}{\longrightarrow} z_k = t_1$ und $t_0 = v_0 \overset{M}{\longrightarrow} v_1 \overset{M}{\longrightarrow} \cdots \overset{M}{\longrightarrow} v_\ell = t_2$. Ist $k = 0$, so wählen wir $t_3 = t_2$ und ist $\ell = 0$, so sei $t_3 = t_1$. Nun gelte $k > 0$ und $\ell > 0$. Wegen der lokalen Konfluenz von $\overset{M}{\longrightarrow}$ gibt es einen Term z_0 mit $u_1 \overset{M}{\longrightarrow} z_0$ und $v_1 \overset{M}{\longrightarrow} z_0$. Nach der Vorausssetzung, angewendet auf $t_1 = u_k \overset{M}{\longleftarrow} u_1 \overset{M}{\longrightarrow} z_0$, gibt es dann einen Term z_1 mit $u_k \overset{M}{\longrightarrow} z_1 \overset{M}{\longleftarrow} z_0$. Ebenso können wir die Voraussetzung auf $z_1 \overset{M}{\longleftarrow} z_0 \overset{M}{\longleftarrow} v_1 \overset{M}{\longrightarrow} v_\ell$ anwenden und erhalten einen Term t_3 mit $z_1 \overset{M}{\longrightarrow} t_3 \overset{M}{\longleftarrow} v_\ell = t_2$.

Skizze:

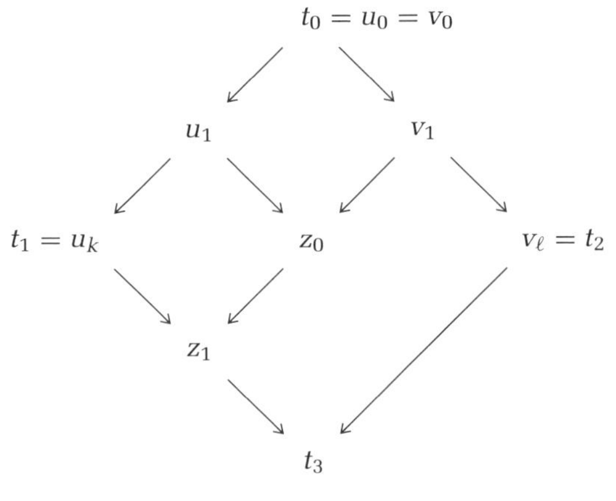

Insgesamt folgt $t_1 \overset{M}{\longrightarrow} t_3 \overset{M}{\longleftarrow} t_2$, was zu zeigen war. □

Ein nicht Noethersches Termersetzungssystem kann lokal konfluent sein, ohne konfluent zu sein, wie unser nächstes Beispiel zeigt.

Beispiel 5.23

Sei $M = \{F_1, F_2, F_3, F_4\}$ die Menge der vier Gleichungen $F_1 \colon f(x) = a$, $F_2 \colon f(x) = g(f(x))$, $F_3 \colon g(f(x)) = f(h(x))$ und $F_4 \colon g(f(x)) = b$. Wie man leicht nachprüft, gibt es zu jedem kritischen Paar (c_1, c_2) von M einen Term t mit $c_1 \overset{M}{\longrightarrow} t$ und $c_2 \overset{M}{\longrightarrow} t$. Insbesondere kann man damit wie im Beweis des nachfolgenden Satzes zeigen, dass das TES $\xrightarrow{M}$ lokal konfluent ist. Wegen der unendlichen Kette $f(x) \xrightarrow{F_2} g(f(x)) \xrightarrow{F_2} g(g(f(x))) \xrightarrow{F_2} \cdots$ ist es offenbar nicht Noethersch. Es ist auch nicht konfluent, denn die beiden Terme $t_1 = a$ und $t_2 = b$, die sich aus $t_0 = f(x)$ durch $t_0 \xrightarrow{F_1} t_1$ bzw. $t_0 \xrightarrow{F_2} g(f(x)) \xrightarrow{F_4} b$ ergeben, sind beide irreduzibel bzgl. $\xrightarrow{M}$ und besitzen daher keinen Term t_3 mit $t_1 \xrightarrow{M} t_3$ und $t_2 \xrightarrow{M} t_3$.

Dieses Hilfsmittel erlaubt es uns nun, die gewünschte Charakterisierung der Konfluenz mit Hilfe kritischer Paare zu beweisen.

Satz 5.24: Knuth-Bendix-Kriterium, Superimpositionskriterium

Sei M eine Menge von Gleichungen, so dass $\xrightarrow{M}$ ein Noethersches TES ist.

a) Genau dann ist $\xrightarrow{M}$ konfluent, wenn für jedes kritische Paar $(c_1; c_2)$ von M ein Term t existiert mit $c_1 \xrightarrow{M} t$ und $c_2 \xrightarrow{M} t$.

b) Ist M endlich, so kann man in endlich vielen Schritten entscheiden, ob $\xrightarrow{M}$ konfluent ist oder nicht.

Beweis Da die Behauptung b) sofort aus a) folgt, genügt es a) zu beweisen.

Ist $\xrightarrow{M}$ konfluent, so folgt aus $s_1 \xrightarrow{M} t_1$ und $s_1 \xrightarrow{M} s_1|_{\tilde{s} \mapsto \sigma(t_2)}$, dass der gesuchte Term t existiert. Nun gelte umgekehrt, dass es für jedes kritische Paar (c_1, c_2) einen Term t gibt mit $c_1 \xrightarrow{M} t$ und $c_2 \xrightarrow{M} t$. Auf Grund von Satz 5.22 genügt es zu zeigen, dass $\xrightarrow{M}$ lokal konfluent ist. Seien t_0, t_1, t_2 Terme und $F_1, F_2 \in M$ Gleichungen mit $t_0 \xrightarrow{F_1} t_1$ und $t_0 \xrightarrow{F_2} t_2$. Schreibe $F_1\colon l_1 = r_1$ und $F_2\colon l_2 = r_2$ sowie $t_1 = t_0|_{\sigma(l_1) \mapsto \sigma(r_1)}$ und $t_2 = t_0|_{\tau(l_2) \mapsto \tau(r_2)}$ mit Substitutionen σ, τ. Je nach Position der Teilterme $\sigma(l_1)$ und $\tau(l_2)$ von t_0 unterscheiden wir verschiedene Fälle.

1. Fall: Die beiden Teilterme $\sigma(l_1)$ und $\tau(l_2)$ von t_0 seien disjunkt. Dann kommen $\sigma(l_1)$ als Teilterm von t_2 und $\tau(l_2)$ als Teilterm von t_1 vor. Wir können also auf t_2 einen Resolutionsschritt $t_2 \xrightarrow{F_1} t_2'$ und auf t_1 einen Resolutionsschritt $t_1 \xrightarrow{F_2} t_1'$ anwenden. Es ergibt sich

$$t_1' = t_1|_{\tau(l_2) \mapsto \tau(r_2)} = t_0|_{\sigma(l_1) \mapsto \sigma(r_1), \tau(l_2) \mapsto \tau(r_2)} = t_2|_{\sigma(l_1) \mapsto \sigma(r_1)} = t_2',$$

d. h. es gilt $t_1 \xrightarrow{M} t_3 \xleftarrow{M} t_2$ mit $t_3 = t_1' = t_2'$.

2. Fall: Sind $\sigma(l_1)$ und $\tau(l_2)$ nicht disjunkt, so muss einer dieser Terme ein Teilterm des anderen sein. O. E. sei $\sigma(l_1)$ ein Teilterm von $\tau(l_2)$. Wir können sogar annehmen, dass $t_0 = \tau(l_2)$ gilt, denn wenn wir in diesem Spezialfall einen Term t_3 finden mit $t_1 \xrightarrow{M} t_3 \xleftarrow{M} t_2$, so können wir die entsprechenden Termersetzungsschritte auch innerhalb der wahren Terme t_1 und t_2 anwenden.

Schreibe $\sigma = (x_i \mapsto u_i)$ und $\tau = (x_i \mapsto v_i)$ mit Termen u_i, v_i. Jetzt gibt es zwei Unterfälle.

Unterfall 2a: Der Term $\sigma(l_1)$ ist ein Teilterm eines Terms v_j. Beim Übergang $t_0 \xrightarrow{F_1} t_1$ wird also ein Vorkommen von v_j als Teilterm von t_0 durch einen Term v_j' ersetzt, wobei $v_j \xrightarrow{F_1} v_j'$ gilt. Ersetzen wir auch die übrigen Vorkommen von v_j in t_0 durch v'_j, so erhalten wir einen Term t'_1, der aus l_2 durch die Substitution $\tau' = \left(x_j \mapsto v'_j, x_i \mapsto v_i \text{ für } i \neq j\right)$ entsteht und $t_0 \xrightarrow{M} t'_1$ erfüllt. Für den Term $t_3 = \tau'(r_2)$ gilt dann $t_0 \xrightarrow{F_1} t'_1 \xrightarrow{F_2} t_3$ und $t_2 \xrightarrow{F_2} t_3$.

Unterfall 2b: Die einzige verbleibende Möglichkeit ist, dass l_1 ein nicht trivialer Teilterm von l_2 ist. Dann sind t_0 und l_1 unifizierbar. Nach einer geeigneten Variablenumbenennung in l_1 ist ihr allgemeinster Unifikator ρ von der Form $\rho = \left(x'_i \mapsto u_i, x''_j \mapsto v_j\right)$, wobei x'_i die in l_1 und x''_j die in l_2, aber nicht in l_1 vorkommenden Variablen durchläuft. Nun ergibt sich leicht, dass $c_1 = \rho(r_2)$ und $c_2 = \rho\big(l_2|_{l_1 \mapsto \rho(r_1)}\big)$ ein kritisches Paar bilden. Wegen $t_0 \xrightarrow{M} c_1$ und $t_0 \xrightarrow{F_2} c_2$ liefert die Voraussetzung, dass es einen Term t_3 mit $c_1 \xrightarrow{M} t_3 \xleftarrow{M} c_2$ gibt, dann die behauptete lokale Konfluenz von $\xrightarrow{M}$. □

Beispiel 5.25

Sei $M_1 = \{F_1\}$ die durch die Gleichung $F_1 = f(f(x)) = g(x)$ definierte Gleichungsmenge. Da die Termersetzung $\xrightarrow{F_1}$ die Länge eines Terms verkürzt, ist $\xrightarrow{M_1}$ Noethersch. Zwischen F_1 und F_1 gibt es ein kritisches Paar, nämlich $(c_1, c_2) = (f(g(x)), g(f(x)))$. Da beide Terme c_1 und c_2 bzgl. $\xrightarrow{M_1}$ irreduzibel sind, ist $\xrightarrow{M_1}$ nach Satz 5.24 nicht konfluent.

Nun ergänzen wir M_1 durch $F_2\colon f(g(x)) = g(f(x))$ zu $M_2 = \{F_1, F_2\}$. Das TES $\xrightarrow{M_2}$ ist weiterhin Noethersch, da $\xrightarrow{F_2}$ die lexikographische Anordnung der Funktionssymbole bzgl. $f \succ g$ verkleinert (vgl. Beispiel 5.29). Das neue TES ist sogar konfluent, denn bei dem kritischen Paar (c_1, c_2) von oben gilt $c_1 \xrightarrow{F_2} c_2$ und bei dem einzigen neuen kritischen Paar $(c'_1, c'_2) = (f(g(f(x))), g(g(x)))$ gilt

$$c'_1 = f(g(f(x))) \xrightarrow{F_2} g(f(f(x))) \xrightarrow{F_1} g(g(x)) = c'_2 \,.$$

Also zeigt Satz 5.24, dass das TES $\xrightarrow{M_2}$ konfluent ist.

Beispiel 5.26: Gruppenspiele

Wenn wir die drei Gleichungen

$F_1\colon\ f(f(x,y),z) = f(x, f(y,z))$

$F_2\colon\ f(e,x) = x$

$F_3\colon\ f(i(x),x) = e$

aus Beispiel 5.6 durch die folgenden sieben Gleichungen

$F_4\colon\ f(x, i(x)) = e$

$F_5\colon\ f(x,e) = x$

$F_6\colon\ i(e) = e$

$F_7\colon\ i(i(x)) = x$

$F_8\colon\ f(i(x), f(x,y)) = y$

F_9: $f(x, f(i(x), y)) = y$

F_{10}: $i(f(x,y)) = f(i(y), i(x))$

ergänzen, so definiert die resultierende Gleichungsmenge $\overline{M} = \{F_1, \ldots, F_{10}\}$ ein Noethersches konfluentes Termersetzungssystem $\xrightarrow{\overline{M}}$.

Die Eigenschaft, dass $\xrightarrow{\overline{M}}$ Noethersch ist, wird in Beispiel 5.30 bewiesen werden. Um zu sehen, dass das TES $\xrightarrow{\overline{M}}$ konfluent ist, wenden wir das Superimpositionskriterium an.

Die zehn Gleichungen liefern insgesamt 50 kritische Paare (c_1, c_2). Sie entstehen aus den Kombinationen der folgenden Gleichungspaare.

1) F_1, F_1,	11) F_3, F_6,	21) F_5, F_6,	31) F_8, F_8,	41) F_9, F_8,
2) F_1, F_2,	12) F_3, F_7,	22) F_7, F_6,	32) F_8, F_9,	42) F_9, F_9,
3) F_1, F_3,	13) F_3, F_{10},	23) F_7, F_{10},	33) F_8, F_{10},	43) F_9, F_{10},
4) F_1, F_4,	14) F_4, F_2,	24) F_8, F_1,	34) F_9, F_1,	44) F_{10}, F_1,
5) F_1, F_5,	15) F_4, F_6,	25) F_8, F_2,	35) F_9, F_2,	45) F_{10}, F_2,
6) F_1, F_8,	16) F_4, F_7,	26) F_8, F_3,	36) F_9, F_3,	46) F_{10}, F_3,
7) F_1, F_9,	17) F_4, F_{10},	27) F_8, F_4,	37) F_9, F_4,	47) F_{10}, F_4,
8) F_2, F_4,	18) F_5, F_1,	28) F_8, F_5,	38) F_9, F_5,	48) F_{10}, F_5,
9) F_2, F_5,	19) F_5, F_2,	29) F_8, F_6,	39) F_9, F_6,	49) F_{10}, F_8,
10) F_2, F_9,	20) F_5, F_3,	30) F_8, F_7,	40) F_9, F_7,	50) F_{10}, F_9.

Wir zeigen beispielhaft an dreien, dass sich dabei stets $\mathrm{NF}_M(c_1) = \mathrm{NF}_M(c_2)$ ergibt.

a) Kritisches Paar zwischen F_1 und F_1:

$$s_1 := f(f(x,y), z) = f(x, f(y,z)) = t_1$$
$$s_2 := f(f(u,v), w) = f(u, f(v,w)) = t_2$$

Verwende $\widetilde{s}_1 = f(x,y)$ und $\sigma = (x \mapsto f(u,v), y \mapsto w)$ und erhalte

$$\sigma(s_1) = f(f(f(u,v), w), z)$$

$$\swarrow_{F_1} \qquad \searrow_{F_1}$$

$$\sigma(t_1) = f(f(u,v), f(w,z)) \qquad f(f(u, f(v,w)), z) = \sigma\left(s_1|_{\widetilde{s}_1 \mapsto \sigma(t_2)}\right)$$

$$\downarrow F_1 \qquad \downarrow F_1$$

$$f(u, f(v, f(w,z))) \qquad f(u, f(f(v,w), z))$$

$$\downarrow F_1$$

$$f(u, f(v, f(w,z))).$$

b) Kritisches Paar zwischen F_3 und F_{10}:

$$s_1 = f(i(x), x) = e = t_1$$
$$s_2 = i(f(v,w)) = f(i(w), i(v)) = t_2$$

Verwende $\widetilde{s}_1 = i(x)$ und $\sigma = (x \mapsto f(v,w))$ und erhalte

$$\sigma(s_1) = f(i(f(v,w)), f(v,w))$$

$$\xrightarrow{F_3} \sigma(t_1) = e$$

$$\xrightarrow{F_{10}} f(f(i(w), i(v)), f(v,w)) = \sigma\left(s_1|_{\widetilde{s}_1 \mapsto \sigma(t_2)}\right)$$

$$\xrightarrow{F_1} f(i(w), f(i(v), f(v,w)))$$

$$\xrightarrow{F_8} f(i(w), w)$$

$$\xrightarrow{F_3} e\,.$$

c) Kritisches Paar zwischen F_8 und F_3:

$$s_1 = f(i(x), f(x,y)) = y = t_1$$
$$s_2 = f(i(v), v) = e = t_2$$

Verwende $\widetilde{s}_1 = f(x,y) = s_1$ und $\sigma = (x \mapsto i(v), y \mapsto v)$ und erhalte

$$\sigma(s_1) = f(i(i(v)), f(i(v), v))$$

$$\xrightarrow{F_8} \sigma(t_1) = v$$

$$\xrightarrow{F_3} f(i(i(v)), e) = \sigma\left(s_1|_{\widetilde{s}_1 \mapsto \sigma(t_2)}\right)$$

$$\xrightarrow{F_7} f(v, e)$$

$$\xrightarrow{F_5} v\,.$$

Allerdings bleibt noch ein schwerwiegendes Problem. Die Frage, ob $\xrightarrow{M}$ Noethersch ist, ist nicht allgemein entscheidbar, selbst wenn M nur aus einer Gleichung besteht! Im Folgenden wollen wir versuchen, wenigstens für gewisse $\xrightarrow{M}$ zu zeigen, dass sie Noethersch sind.

Definition 5.27

Sei M eine Menge von Gleichungen und sei T die Menge aller Terme, die man mit den in M vorkommenden Variablen und Funktionen bilden kann. Eine Ordnung $>_\tau$ heißt eine **Termordnung** auf T, wenn sie die folgenden Eigenschaften hat:

a) Die Ordnung $>_\tau$ ist **transitiv**, d. h. für Terme t, t', t'' mit $t >_\tau t'$ und $t' >_\tau t''$ gilt $t >_\tau t''$.

b) Ist f eine k-stellige Funktion und sind $t_1, \dots, t_k, t_i'$ Terme mit $i \in \{1, \dots, k\}$ und $t_i >_\tau t_i'$, so gilt $f(t_1, \dots, t_{i-1}, t_i, t_{i+1}, \dots, t_n) >_\tau f(t_1, \dots, t_{i-1}, t_i', t_{i+1}, \dots, t_n)$.

c) Ist σ eine Substitution und sind s, t Terme mit $s >_\tau t$, so gilt $\sigma(s) >_\tau \sigma(t)$.

d) Die Ordnung $>_\tau$ ist **Noethersch**, d. h. es gibt keine unendliche echt absteigende Kette von Termen $t_1 >_\tau t_2 >_\tau t_3 >_\tau \dots$.

Satz 5.28

Sei M eine Menge von Gleichungen, sei T die Menge der Terme und sei $\xrightarrow{M}$ das durch M definierte TES. Gibt es eine Termordnung $>_\tau$ auf T, so dass für jede Gleichung $F\colon s = t$ aus M die Ungleichung $s >_\tau t$ gilt, so ist $\xrightarrow{M}$ Noethersch.

Beweis Gilt $s >_\tau t$ für jede Gleichung $F\colon s = t$ aus M, so folgt für jeden Termersetzungsschritt $t_1 \xrightarrow{F} t_2$, dass $t_1 >_\tau t_2$ gilt. Da $>_\tau$ Noethersch ist, gibt es damit keine unendliche Kette $t_1 \xrightarrow{F_1} t_2 \xrightarrow{F_2} t_3 \xrightarrow{F_3} \cdots$ von echten Termersetzungsschritten mit Gleichungen $F_i \in M$. □

Beispiel 5.29

Man kann die Umformung von Formeln der Aussagenlogik in DNF definieren durch die folgenden Gleichungen:

$$F_1\colon\ f(f(x)) = x$$
$$F_2\colon\ f(g(x,y)) = h(f(x), f(y))$$
$$F_3\colon\ f(h(x,y)) = g(f(x), f(y))$$
$$F_4\colon\ g(x, h(y,z)) = h(g(x,y), g(x,z))$$
$$F_5\colon\ g(h(x,y), z) = h(g(x,z), g(y,z))$$

Hierbei entspricht $f(x)$ der Negation „$\neg A$“, die Funktion $g(x,y)$ entspricht „$A \wedge B$“ und die Funktion $h(x,y)$ entspricht „$A \vee B$“.

Dann kann man auf den Termen der zugehörigen Gleichungsmenge M wie folgt eine Termordnung definieren.

1) Wir setzen $f \succ g \succ h$ (symbolische Anordnung der Funktionssymbole).

2) Wir setzen $s >_\tau t$ genau dann, wenn s von der Form $\varphi(s_1, \ldots, s_m)$ mit Termen $s_1, \ldots, s_m$ und einer m-stelligen Funktion φ ist und wenn einer der folgenden Fälle eintritt:

   2a) $s_i >_\tau t$ oder $s_i = t$ für ein $i \in \{1, \ldots, m\}$.

   2b) $t = \psi(t_1, \ldots, t_k)$ und $\varphi \succ \psi$ und $s >_\tau t_j$ für alle $j = 1, \ldots, k$.

   2c) $t = \varphi(t_1, \ldots, t_m)$ und für alle $t_j \notin \{s_1, \ldots, s_m\}$ existiert ein $s_i \notin \{t_1, \ldots, t_m\}$ mit $s_i >_\tau t_j$. (Außerdem soll $\{s_1, \ldots, s_m\} \neq \{t_1, \ldots, t_m\}$ gelten.)

Es ist nicht schwer nachzurechnen, dass $>_\tau$ eine Termordnung ist. Also ist $\xrightarrow{M}$ Noethersch. Mittels Satz 5.24.b) kann man nun prüfen, dass $\xrightarrow{M}$ konfluent ist. Nach Satz 5.16.b) besitzt jeder Term daher bzgl. $\xrightarrow{M}$ eine eindeutige Normalform. Dies entspricht der Überführung einer aussagenlogischen Formel in DNF.

Eine Termordnung, die wie hier durch die Vorschriften 1) und 2) definiert wird, nennt man eine (rekursive) **Pfadordnung**.

Beispiel 5.30: Gruppenspiele

Gegeben sei die Menge $M = \{F_1, F_2, \ldots, F_{10}\}$ der Gleichungen in Beispiel 5.26. Wir setzen $i \succ f \succ e$ und betrachten die hierdurch wie in Beispiel 5.29 definierte Pfadordnung $>_\tau$. Es ist leicht nachzuprüfen, dass hierdurch für jede Gleichung F_i: $s_i = t_i$ die Ungleichung $s_i >_\tau t_i$ gilt. Da $>_\tau$ Noethersch ist, gibt es keine unendliche bzgl. $>_\tau$ echt absteigende Kette von Termen. Folglich ist das TES $\xrightarrow{M}$ ebenfalls Noethersch.

Sei $\xrightarrow{M}$ Noethersch. Kann man M durch weitere Gleichungen, die aus M folgen, so ergänzen, dass das resultierende TES Noethersch und konfluent ist? Die folgende Prozedur versucht, diese Frage positiv zu beantworten.

Satz 5.31: Die Knuth-Bendix-Vervollständigung

Sei M eine Menge von Gleichungen und $\xrightarrow{M}$ das durch M definierte TES. Wir nehmen an, dass $\xrightarrow{M}$ Noethersch ist und dass es eine Termordnung $>_\tau$ gibt mit $s >_\tau t$ für alle Gleichungen $s = t$ in M. Betrachte die folgenden Instruktionen:

1) Bilde alle kritischen Paare (c_1, c_2) von M.
2) Für jedes kritische Paar (c_1, c_2) reduziere $c_1 \xrightarrow{M} c'_1$ und $c_2 \xrightarrow{M} c'_2$ mit irreduziblen Termen c'_1, c'_2. Gilt stets $c'_1 = c'_2$, so gib M aus und stoppe.
3) Sei (c_1, c_2) ein kritisches Paar mit $c'_1 \neq c'_2$. Prüfe, ob $c'_1 >_\tau c'_2$ gilt. In diesem Fall füge $c'_1 = c'_2$ zu M hinzu und fahre mit Schritt 1) fort.
4) Prüfe, ob $c'_2 >_\tau c'_1$ gilt. In diesem Fall füge $c'_2 = c'_1$ zu M hinzu und fahre mit 1) fort.
5) Gib „Fehlschlag" aus und stoppe.

Dies ist eine Prozedur, die, falls sie in Schritt 2) stoppt, eine M enthaltende Gleichungsmenge $\widetilde{M}$ ausgibt, für die $\overset{\widetilde{M}}{\longleftrightarrow}$ mit $\overset{M}{\longleftrightarrow}$ übereinstimmt und $\overset{\widetilde{M}}{\longrightarrow}$ Noethersch und konfluent ist.

Beweis Angenommen, die Prozedur stoppt und gibt eine Menge von Gleichungen $\widetilde{M}$ aus. Zuerst bemerken wir, dass auch $\overset{\widetilde{M}}{\longrightarrow}$ Noethersch ist, da nur Gleichungen $c_i' = c_j'$ zu M hinzugefügt werden, für die $c_i' >_\tau c_j'$ gilt. Damit würde jede unendliche Kette von Termersetzungsschritten $t_1 \overset{M}{\longrightarrow} t_2 \overset{M}{\longrightarrow} \cdots$ zu einer Kette $t_1 >_\tau t_2 >_\tau \ldots$ führen, was für eine Termordnung $>_\tau$ nicht möglich ist.

Nun wenden wir das Knuth-Bendix-Kriterium an. Für jedes kritische Paar (c_1, c_2) von $\widetilde{M}$ gibt es einen Term $t = c_1' = c_2'$ mit $c_1 \overset{\widetilde{M}}{\longrightarrow} t$ und $c_2 \overset{\widetilde{M}}{\longrightarrow} t$. Somit ist das TES $\overset{\widetilde{M}}{\longrightarrow}$ auch konvergent. □

Beispiel 5.32

Wir betrachten noch einmal die Gleichungsmenge $M = \{F_1, F_2, F_3\}$ aus Beispiel 5.20. Verwende eine Termordnung mit $f \succ g \succ 0$.

1) Bestimme die kritischen Paare (vgl. Beispiel 5.20) $(g(0, f(z)); f(g(0, z)))$ und $(g(y, f(0)); f(g(y, y)))$.
2) Sei $(c_1; c_2) = (g(0, f(z)); f(g(0, z)))$.
   Dann gilt $c_1 \overset{M}{\longrightarrow} c_1' = g(0, f(z))$, $c_2 \overset{M}{\longrightarrow} c_2' = f(g(0, z))$ mit $c_1' \neq c_2'$.
4) Wegen $c_2' >_\tau c_1'$ füge $F_4 : c_2' = c_1'$ zu M hinzu.
1) Bestimme wieder die kritischen Paare. Erhalte ein neues kritisches Paar aus F_3 und F_4, nämlich $(f(g(g(0, 0), z)); g(0, f(z)))$.
2) Sei $(c_1; c_2) = (g(y, f(0)); f(g(y, y)))$.
   Dann gilt $c_1 \overset{M}{\longrightarrow} c_1'' = y$, $c_2 \overset{M}{\longrightarrow} c_2'' = f(g(y, y))$ mit $c_1'' \neq c_2''$.
4) Wegen $c_2'' >_\tau c_1''$ füge $F_5 : c_2'' = c_1''$ zu M hinzu.
1) Bestimme wieder die kritischen Paare. Erhalte zwei neue kritische Paare, nämlich $(f(g(g(y, y), g(y, y))); g(y, f(g(y, y))))$ aus F_3 und F_5 sowie $(f(g(0, 0)); 0)$ aus F_5 und F_1.
2) Für alle kritischen Paare $(c_1; c_2)$ gilt jetzt $c_1' = c_2'$. Gib $\widetilde{M} = \{F_1, F_2, F_3, F_4, F_5\}$ aus und stoppe.

Das Ergebnis $\widetilde{M} = \{F_1, \ldots, F_5\}$ ist eine Gleichungsmenge, für die $\overset{\widetilde{M}}{\longleftrightarrow}$ mit $\overset{M}{\longleftrightarrow}$ übereinstimmt und $\overset{\widetilde{M}}{\longrightarrow}$ konfluent ist.

Beispiel 5.33: Gruppenspiele

Gegeben sei die Menge $M = \{F_1, F_2, F_3\}$ aus Beispiel 5.6. Wir wenden die Knuth-Bendix-Vervollständigung auf M an und zeigen, dass sich gerade die Menge der zehn Gleichungen $\{F_1, \ldots, F_{10}\}$ aus Beispiel 5.26 ergibt.

Gegeben sei also das durch die Gleichungen

F_1: $f(f(x,y),z) = f(x,f(y,z))$

F_2: $f(e,x) = x$

F_3: $f(i(x),x) = e$

gegebene Termersetzungssystem.

Da die ausführliche Betrachtung zu viel Platz in Anspruch nimmt, präsentieren wir hier nur die entscheidenden Schritte der Vervollständigung. Wir lassen die harmlosen kritischen Paare (vgl. Beispiel 5.26) dabei außer Acht.

1) F_1, F_3: Wir erhalten die Gleichung

   F_4: $f(i(x), f(x,y)) = y$.

2) F_4, F_1: Wir erhalten die Gleichung

   F_5: $f(i(f(x,y)), f(x,f(y,z))) = z$.

3) F_4, F_2: Wir erhalten die Gleichung

   F_6: $f(i(e), x) = x$.

4) F_4, F_3: Wir erhalten die Gleichung

   F_7: $f(i(i(x)), e) = x$.

5) F_1, F_7: Wir erhalten die Gleichung

   F_8: $f(i(i(x)), y) = f(x,y)$.

   Damit betrachten wir das kritische Paar F_4, F_3 erneut und erhalten (anstelle von F_7) die Gleichung

   F_9: $f(x,e) = x$.

6) F_3, F_9: Wir erhalten die Gleichung

   F_{10}: $i(e) = e$.

   Damit verschwindet die Gleichung F_6, da das kritische Paar F_4, F_2 jetzt harmlos geworden ist.

7) F_8, F_9: Wir erhalten die Gleichung

   F_{11}: $i(i(x)) = x$.

   Damit verschwindet die Gleichung F_8, da die linke Seite von F_8 jetzt nicht mehr irreduzibel ist.

8) F_3, F_{11}: Wir erhalten die Gleichung

   F_{12}: $f(x, i(x)) = e$.

9) F_{11}, F_3: Wir erhalten die Gleichung

   F_{13}: $f(x, f(y, i(f(x,y)))) = e$.

10) F_1, F_{12}: Wir erhalten die Gleichung
F_{14}: $f(x, f(i(x), y)) = y$.

11) F_1, F_{13}: Wir erhalten die Gleichung
F_{15}: $f(x, f(y, f(i(f(x,y)), z))) = z$.

(Das kritische Paar zwischen F_1 und F_{14} stellt sich als harmlos heraus.)

12) F_{13}, F_1: Wir erhalten die Gleichung
F_{16}: $f(x, f(y, f(z, i(f(x, f(y,z)))))) = e$.

13) F_{13}, F_4: Wir erhalten die Gleichung
F_{17}: $f(y, i(f(x,y))) = i(x)$.

14) F_1, F_{17}: Wir erhalten die Gleichung
F_{18}: $f(y, f(i(f(x,y)), z)) = f(i(x), z)$.

Damit verschwindet die Gleichung F_{15}.

15) F_{17}, F_1: Wir erhalten die Gleichung
F_{19}: $f(x, f(y, i(f(z, f(x,y))))) = i(z)$.

Damit verschwindet die Gleichung F_{16}.

16) F_{17}, F_4: Wir erhalten die Gleichung
F_{20}: $i(f(x,y)) = f(i(y) . i(x))$.

Damit verschwinden die Gleichungen $F_5, F_{13}, F_{17}, F_{18}, F_{19}$.

Die zehn erhaltenen Gleichungen sind, bis auf Umbenennung, die Gleichungen aus Beispiel 5.26, d. h. das berechnete Termersetzungssystem ist vollständig.

Zum Schluss noch zwei Beispiele, die zeigen, wie Gleichungslogik in der Informatik angewendet wird, z. B. für die Beschreibung von Schnittstellen.

Beispiel 5.34: Operationen mit Mengen natürlicher Zahlen

Seien folgende Funktionen und ihre Bedeutungen gegeben:

1) Die konstante Funktion a bedeute $\emptyset$.
2) Die einstellige Funktion $f(x)$ bedeute „Füge 0 zur Menge hinzu“.
3) Die einstellige Funktion $g(x)$ bedeute „Erhöhe alle Elemente der Menge um eins“.
4) Die zweistellige Funktion $h(x,y)$ bedeute „Vereinige die beiden Mengen“.

Dann gelten z. B. die folgenden Gleichungen:

F_1: $h(h(x,y), y) = h(x,y)$
F_2: $h(h(x,y), z) = h(h(x,z), y)$
F_3: $h(x,y) = h(y,x)$
F_4: $g(f(x)) = h(g(f(a)), g(x))$

Durch die Funktionen f, g, h werden gewisse „Operationen mit Mengen natürlicher Zahlen“ beschrieben. Man kann jede Menge natürlicher Zahlen als Term in den Funktionssymbolen a, f, g, h darstellen. Kann man eine Operation mit Mengen natürlicher Zahlen als (orientierte) Gleichung zweier Terme in den Funktionssymbolen a, f, g, h und den Variablen $x, y, z, \ldots$ darstellen, so kann man mit dem von $M = \{F_1, \ldots, F_4\}$ erzeugten TES prüfen, ob diese neue Operation von den alten, bereits implementierten Operationen unabhängig ist. Ist sie abhängig, erhält man eine „möglichst einfache“ Realisierung der neuen Operation.

Unser letztes Beispiel liefert einen Ausblick auf die „mehrsortige“ Variante der Gleichungslogik.

Beispiel 5.35: Stacks und Stackoperationen

Ein **Stack** sei eine Liste $[a_0, a_1, \ldots, a_\ell]$ natürlicher Zahlen. Eine natürliche Zahl werde dabei durch endlich viele Anwendungen der folgenden Operationen erzeugt.

a) Die Konstante 0 sei eine natürliche Zahl.

b) Es gebe eine einstellige Funktion $\mathtt{succ}(x)$, die zu einer natürlichen Zahl x ihren **Nachfolger** berechnet.

   Die natürliche Zahl 3 werde also durch den Term $\mathtt{succ}(\mathtt{succ}(\mathtt{succ}(0)))$ beschrieben. Nun kommen wir zur Konstruktion der Stacks. Für sie brauchen wir die folgenden Operationen.

c) Die Konstante a bezeichne den leeren Stack [ ].

d) Ist x eine natürliche Zahl und y ein Stack, so bildet $\mathtt{push}(x, y)$ einen neuen Stack, indem es x als erstes Element zu y hinzufügt.

e) Ist y ein nicht leerer Stack, so liefert $\mathtt{top}(y)$ die erste natürliche Zahl in y zurück.

f) Ist y ein nicht leerer Stack, so liefert $\mathtt{pop}(y)$ den Stack zurück, bei dem das erste Element gestrichen ist.

g) Sind y und z Stacks, so liefert $\mathtt{alternate}(y, z)$ schließlich den Stack zurück, der entsteht, indem man das erste Element von y nimmt, dann das erste von z, dann das zweite von y etc. Ist einer der beiden Stacks irgendwann aufgebraucht, so hängt man den Rest des zweiten hinten an.

Für diese Funktionen gelten eine Reihe von Gleichungen, z. B.

$$F_1: \quad \mathtt{top}(\mathtt{push}(x, y)) = x\,,$$

$$F_2: \quad \mathtt{pop}(\mathtt{push}(x, y)) = y\,,$$

$$F_3: \quad \mathtt{alternate}(a, y) = y\,,$$

$$F_4: \quad \mathtt{alternate}(\mathtt{push}(x, y), z) = \mathtt{push}(x, \mathtt{alternate}(y, z))\,.$$

Dabei nehmen die Variablen zwei Arten von Werten an: x wird zu einer natürlichen Zahl ausgewertet, während y und z Stacks bedeuten. Ein passendes Universum besteht also aus zwei Mengen. Man sagt, die beschriebene Logik sei **mehrsortig**. Das Kalkül der

Gleichungslogik lässt sich auf diese Situation leicht verallgemeinern. Man kann z. B. zeigen, dass das Termersetzungssystem $\xrightarrow{M}$ für $M = \{F_1, F_2, F_3, F_4\}$ die Vereinfachung

$$\texttt{alternate}(\texttt{push}(\texttt{top}(\texttt{push}(0, a)), a), \texttt{pop}(\texttt{push}(\texttt{succ}(0), a)))$$
$$\xrightarrow{M} \texttt{push}(0, a)$$

ermöglicht. Wiederum kann man eine Stackoperation auffassen als orientierte Gleichung zwischen zwei Termen und mittels des TES $\xrightarrow{M}$ zu prüfen versuchen, ob sie als Kombination der vorhandenen Gleichungen darstellbar ist. Das TES $\xrightarrow{M}$ ist Noethersch, aber nicht konfluent (vgl. Übungsaufgabe 5.5).

Übungsaufgaben

Lösungstipps finden Sie im Anhang dieses Buchs. Hier erhalten Sie auch die wichtigsten Lösungsrezepte. Ausführliche Lösungswegbeschreibungen stehen auf der buchbegleitenden Companion Website (CWS) unter *www.pearson-studium.de* zur Verfügung.

Aufgabe 5.1: Ein Ring, sie zu knechten, sie alle zu finden, ins Dunkel zu treiben und ewig zu binden.

Ein *Ring* ist definiert als eine Menge R zusammen mit zwei Verknüpfungen, „+" und „·", die den folgenden Axiomen genügen:

1. $(x + y) + z = x + (y + z)$ für alle $x, y, z \in R$.
2. $x + y = y + x$ für alle $x, y \in R$.
3. Es gibt ein Element $e \in R$ mit $e + x = x$ für alle $x \in R$.
4. Es gibt eine Abbildung $i: R \to R$ mit $i(x) + x = e$ für alle $x \in R$.
5. $(x \cdot y) \cdot z = x \cdot (y \cdot z)$ für alle $x, y, z \in R$.
6. $x \cdot (y + z) = (x \cdot y) + (x \cdot z)$ für alle $x, y, z \in R$.
7. $(x + y) \cdot z = (x \cdot z) + (y \cdot z)$ für alle $x, y, z \in R$.

Man formuliere dies als Menge gleichungslogischer Formeln.

Aufgabe 5.2

Sei M eine Menge von Gleichungen.

a) Jeder Term besitze eine eindeutige Normalform bzgl. $\xrightarrow{M}$. Zeigen Sie, dass das Termersetzungssystem $\xrightarrow{M}$ dann konfluent ist.

b) Auf einer Menge A sei eine assoziative Verknüpfung $\circ: A \times A$ gegeben. Beschreiben Sie diese Situation durch eine gleichungslogische Formel F und beweisen Sie, dass das durch $M = \{F\}$ definierte TES $\xrightarrow{M}$ Noethersch und konfluent ist.

Aufgabe 5.3: Die Rudi-Family

Beim Rentiergespann des Weihnachtsmannes verhält es sich so, dass die Rentiere in Paaren vor den Schlitten gespannt sind. Dabei gilt, dass die Väter zweier Rentiere, die ein Paar bilden, wiederum ein Paar bilden. Mit anderen Worten, der Partner des Vaters ist der Vater des Partners.

a) Formulieren Sie diese Situation mit Hilfe von gleichungslogischen Formeln.

b) Zeigen Sie, dass das zugehörige Termersetzungssystem Noethersch und konfluent ist.

c) Zeigen Sie, dass der Partner des Vaters des Partners eines Rentiers der Vater dieses Rentiers ist.

Aufgabe 5.4: Das niederländische Nationalflaggenspiel

Die niederländische Nationalflagge enthält die Farben weiß, rot und blau. Beim Nationalflaggenspiel ist eine endliche Reihe von Tüchern in jeweils einer der drei Farben gegeben. Es sind folgende Operationen erlaubt:

1) Folgt ein rotes Tuch auf ein weißes, so dürfen die beiden vertauscht werden.

2) Folgt ein rotes Tuch auf ein blaues, so dürfen die beiden ebenfalls vertauscht werden.

3) Folgt ein weißes Tuch auf ein blaues, so kann man diese beiden auch vertauschen.

a) Definieren Sie ein TES, das dieses Spiel beschreibt.

b) Ist das niederländische Nationalflaggenspiel Noethersch?

c) Ist das niederländische Nationalflaggenspiel konfluent? Wie kann man es ggf. zu einem konfluenten TES vervollständigen?

d) Wenn sie existiert, wie sieht die Normalform einer Reihe aus?

Aufgabe 5.5: Herakles heroische Heldentaten, 3. Stackenpferde

Diomedes besaß vier Rosse, die Menschenfleisch fraßen. Im Auftrag von Eurystheus sollte Herakles sie einfangen. Helfen Sie mit, die vier Gleichungen

F_1: $\texttt{top}(\texttt{push}(x, y)) = x$

F_2: $\texttt{pop}(\texttt{push}(x, y)) = y$

F_3: $\texttt{alternate}(a, y) = y$

F_4: $\texttt{alternate}(\texttt{push}(x, y), z) = \texttt{push}(x, \texttt{alternate}(y, z))$

der Stackenpferde aus Beispiel 5.35 unter Kontrolle zu bringen.

Sei $M = \{F_1, F_2, F_3, F_4\}$ und $\overset{M}{\longrightarrow}$ das zugehörige Termersetzungssystem.

a) Zeigen Sie, dass die zwei Terme $\texttt{alternate}(\texttt{push}(\texttt{top}(\texttt{push}(0, z)), z), a)$ und $\texttt{alternate}(\texttt{push}(0, \texttt{pop}(\texttt{push}(\texttt{succ}(y), z))), a)$ bzgl. $\overset{M}{\longleftrightarrow}$ äquivalent sind.

b) Für seine Reise nach Mallorca, das damals noch Erytheia hieß, hatte Herakles zwei Routen zur Verfügung. Zeigen Sie die beiden Möglichkeiten auf, den Term $\texttt{alternate}(\texttt{push}(\texttt{top}(\texttt{push}(0, z)), a), z)$ zu $\texttt{push}(0, z)$ zu vereinfachen.

c) Beweisen Sie, dass die Gleichung F_5: $\texttt{alternate}(y, a) = y$ für alle wie im Beispiel 5.35 konstruierten Stacks gilt, aber nicht aus M folgt.

d) Zeigen Sie, dass das TES $\xrightarrow{M}$ Noethersch ist.

e) Beweisen Sie, dass das durch $N = \{F_3, F_4, F_5\}$ definierte Termersetzungssystem konvergent ist.

Aufgabe 5.6

Sei A ein Monoid, in dem alle Quadrate eins sind. Mit anderen Worten, sei A eine Menge zusammen mit einer Verknüpfung $\circ\colon A \times A \to A$, so dass Folgendes gilt:

1) $(x \circ y) \circ z = x \circ (y \circ z)$ für alle $x, y, z \in M$.
2) Es gibt ein $e \in M$ mit $e \circ x = x \circ e = x$ für alle $x \in M$.
3) $x \circ x = e$ für alle $x \in M$.

a) Übersetzen Sie die Gesetze 1) bis 3) in gleichungslogische Formeln.

b) Zeigen Sie, dass aus diesen Gesetzen das Kommutativgesetz folgt, d. h., dass für alle $x, y \in A$ die Gleichung $x \circ y = y \circ x$ gilt.

Aufgabe 5.7: Noethersch oder nicht Noethersch, das ist hier die Frage!

a) Gegeben seien die Gleichungen

$$F_1: \quad f(x, f(y, z)) = f(y, f(x, z)),$$
$$F_2: \quad f(x, x) = a.$$

Zeigen Sie, dass das zugehörige Termersetzungssystem *nicht* Noethersch ist. Geben Sie eine Normalform für $f(x, f(y, x))$ an.

b) Gegeben seien die Gleichungen

$$F_1: \quad f(g(x)) = h(x),$$
$$F_2: \quad g(g(x)) = x.$$

Zeigen Sie, dass das zugehörige Termersetzungssystem Noethersch, aber nicht konfluent ist. Vervollständigen Sie es zu einem Noetherschen und konfluenten Termersetzungssystem.

Aufgabe 5.8: Herakles heroische Heldentaten, 4. Hacke, hacke, Hydra

Das Schlangenmonster Hydra war eine Landplage von Lerna, die Herakles unschädlich machen sollte. Sie war ein buschartig verzweigtes Wesen, dessen dehnbare und bewegliche Zweige jeweils in einem von 50 Tentakeln oder neun Köpfen endeten.

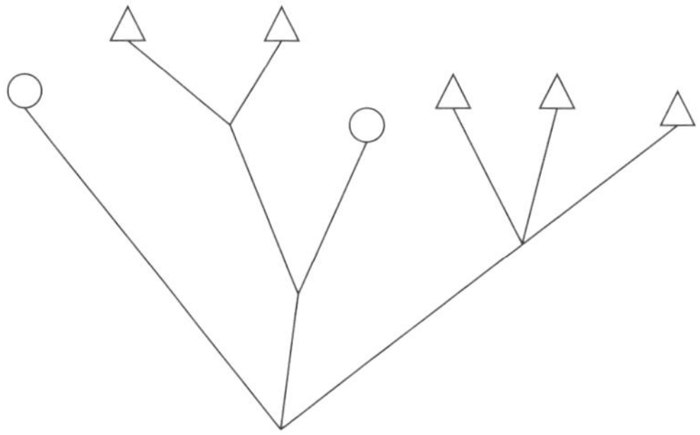

a) Jedes Mal, wenn Herakles einen Kopf mit seiner Keule erschlug, wuchsen an dessen Stelle zwei weitere nach. Zeigen Sie, dass diese Vorgehensweise ein nicht Noethersches Termersetzungsssystem definiert.

Nun änderte Herakles seine Taktik. Er beseitigte jeweils zwei benachbarte Zweigenden zugleich und brannte die gemeinsame Wurzel mit lodernden Hölzern aus. Hatte er einen Kopf und ein Tentakel erwischt, so wuchs auf diese Art nur ein Tentakel nach. Hatte er zwei Köpfe oder zwei Tentakel entfernt, so spross ein neuer Kopf.

b) Zeigen Sie, dass man diesen Kampf beschreiben kann, indem man auf den Term

$$\underbrace{f(f(\ldots f(f(}_{27}\underbrace{a,a),a)\ldots,a)}_{19},\underbrace{b),b)\ldots,b)}_{9}$$

ein geeignetes Termersetzungssystem anwendet, welches beliebige Vertauschungen und Klammerung zulässt.

c) Vervollständigen Sie das Termersetzungssystem in b).

d) Wird am Ende Herakles siegen, indem er das letzte verbleibende Tentakel entfernt, oder Hydra, weil ihr unsterblicher mittlerer Kopf übrig bleibt?

Dass sie von dem Sauerkohle
Eine Portion sich hole,
Wofür sie besonders schwärmt,
Wenn er wieder aufgewärmt.
(Wilhelm Busch)

Aufgabe 5.9: Gruppenspiele – wieder aufgewärmt

Gegeben sei eine Gruppe G, also eine Menge mit Verknüpfung $\circ\colon G \times G \to G$, so dass die Axiome

(1) $(x \circ y) \circ z = x \circ (y \circ z)$ für alle $x, y, z \in G$.

(2) Es gibt ein $e \in G$ mit $e \circ x = x$ für alle $x \in G$.

(3) Es gibt eine Abbildung $i\colon G \to G$ mit $i(x) \circ x = e$ für alle $x \in G$.

aus Beispiel 5.1 gelten.

a) Seien $x, y, z \in G$ gegeben mit

$$x \circ z = e, \ (z \circ y) \circ x = e, \ z \circ y = z\,.$$

Beschreiben Sie diese Voraussetzungen durch gleichungslogische Formeln und folgern Sie mittels Termersetzung, dass $y = e$ gilt.

b) Zu den Axiomen (1), (2), (3) werden die Folgerungen

(4) $x \circ i(x) = e$

(5) $x \circ e = x$ für alle $x \in G$

aus Beispiel 5.1 hinzugenommen. Ferner gebe es Elemente $\widetilde{e}, a \in G$ mit $\widetilde{e} \circ a = a$. Zeigen Sie mit Hilfe von Termersetzungen, dass $\widetilde{e} = e$ gelten muss.

c) In der Situation von b) gebe es Elemente $\widetilde{a}, a \in G$ mit $\widetilde{a} \circ a = e$. Beweisen Sie mit Hilfe von Termersetzungen, dass dann $\widetilde{a} = i(a)$ gelten muss.

Modallogik

6

ÜBERBLICK

Logik ist ...,
wenn eine zarte Formel mehr
als tausend Worte sagt.

Paradoxe Implikationen

In der Aussagenlogik kann man leicht die Allgemeingültigkeit der beiden Formeln $F \Rightarrow (G \Rightarrow F)$ und $\neg F \Rightarrow (F \Rightarrow G)$ beweisen. In der Umgangssprache werden diese Formeln häufig in der Form „Ein wahrer Satz folgt aus allem." und „Ein falscher Satz impliziert jeden beliebigen Satz." ausgedrückt. Das erscheint ziemlich paradox, denn dann wäre z. B.

(1) „Schneit es im Dezember jeden Tag, so schneit es nicht an Weihnachten."

eine korrekte Behauptung, sofern es im Dezember nicht jeden Tag schneit, und zwar ganz unabhängig davon, ob es an Weihnachten schneit oder nicht. Betrachten wir noch zwei weitere, scheinbar gleichartige Implikationen:

(2) „Schneit es im Dezember jeden Tag, so schneit es auch an Weihnachten."

(3) „Schneit es im Dezember jeden Tag, so muss ich jeden Morgen mein Auto vom Schnee befreien."

Kehrt man diese beiden Implikationen jedoch um, so ergibt sich ein sehr unterschiedlicher Wahrheitsgehalt:

(2) „Schneit es an Weihnachten, so schneit es im Dezember jeden Tag."

(3) „Muss ich im Dezember jeden Morgen mein Auto vom Schnee befreien, so schneit es jeden Tag."

Was ist hier los? Sind solche Paradoxa logisch zu erklären?

Der Punkt ist, dass es noch eine weitere, wesentlich enger zu interpretierende Form der Implikation gibt. Die Aussage „es schneit" kann im Dezember an den verschiedenen Tagen verschiedene Wahrheitswerte besitzen. Eine **strikte Implikation** liegt vor, wenn die Folgerung an jedem einzelnen Tag im Dezember stimmt. Als strikte Implikation ist (1) falsch, sofern es an Weihnachten schneit. Während (2) keine strikte Implikation darstellt, ist (3) sogar eine strikte Äquivalenz.

Für eine mathematisch exakte Beschreibung dieser Phänomene können wir die Modallogik verwenden. In der Aussagenlogik ist eine Aussage entweder „wahr" oder „falsch". In der Realität gibt es aber auch Aussagen, die manchmal wahr und manchmal falsch sind, in Abhängigkeit von gewissen äußeren Umständen, z. B.

A = „Es schneit."

B = „Das Unterprogramm `SubProg` (...) liefert die korrekte Antwort."

C = „Die Gleichung $1 + 1 = 0$ stimmt."

Diese Möglichkeit soll in ein logischen System dadurch einbezogen werden, dass man zwei neue Operatoren $\Box$ und $\Diamond$ definiert, die je nachdem, welche Anwendung wir betrachten, verschiedene Bedeutungen haben können.

a) Für philosophische Betrachtungen:

$\Box A$ = „Die Aussage A gilt notwendigerweise."

$\Diamond A$ = „Die Aussage A gilt möglicherweise."

b) Bei zeitlichen Abläufen:

$\Box A$ = „Die Aussage A gilt immer."

$\Diamond A$ = „Die Aussage A gilt irgendwann einmal."

c) In der künstlichen Intelligenz (AI):

$\Box A$ = „Ein Agent/Prozessor weiß A."

$\Diamond A$ = „Ein Agent/Prozessor glaubt, dass A gilt."

Vom syntaktischen Standpunkt aus sind dabei die Operatoren $\Box$ und $\Diamond$ durch die Relationen $\neg(\Box A) = \Diamond(\neg A)$ und $\neg(\Diamond A) = \Box(\neg A)$ verbunden, d. h. sie verhalten sich wie $\forall$ und $\exists$. Vom semantischen Standpunkt aus soll „$\Box F$" so etwas bedeuten wie „ die Formel F gilt an allen relevanten Punkten" und „$\Diamond F$" soll „ die Formel F gilt an mindestens einem relevanten Punkt" bedeuten, wobei wir je nach Situation festlegen müssen, welche Arten von Punkten (Zeitpunkte, Wissensstände, Speicherzustände eines Computers, ...) wir betrachten und was „relevant" bedeuten soll. Dann werden auch die paradoxesten Implikationen wie $(F \Rightarrow G) \vee (G \Rightarrow F)$, also wie z. B. „**Entweder** folgt daraus, dass es heute schneit, auch, dass es morgen schneit, **oder** es folgt daraus, dass es morgen schneit, auch, dass es heute schneit, **oder** beides ist wahr." zu einer logisch erklärbaren Trivialität.

6.A Grundlagen

Obwohl es auch prädikatenlogische Varianten der Modallogik gibt, beschränken wir uns hier auf die aussagenlogische Version. Für viele Anwendungen reicht ihre Allgemeinheit völlig aus. Zudem werden wir für sie ein logisches Kalkül entwickeln. Wir beginnen mit ihrer Syntax.

Definition 6.1: Syntax der Modallogik

a) Jede aussagenlogische Formel ist eine modallogische Formel.

b) Ist F eine modallogische Formel, so ist auch $\neg F$ eine modallogische Formel.

c) Sind F, G modallogische Formeln, so sind auch $F \wedge G$ und $F \vee G$ modallogische Formeln.

d) Ist F eine modallogische Formel, so sind auch $\Box F$ (sprich „notwendig F") und $\Diamond F$ (sprich „möglich F") modallogische Formeln.

Zum Beispiel ist also $\Diamond A \Rightarrow \neg\Box (B \wedge \Diamond\neg C)$ eine modallogische Formel. Die abkürzenden Zeichen $\Rightarrow$ und $\Leftrightarrow$ seien wie in Kapitel 2 definiert.

Beispiel 6.2: Stammtisch-Logik

An einem Fußball-Stammtisch findet folgende Unterhaltung statt.

1) „Wenn Schalke irgendwann Meister wird, fress ich einen Besen."
2) „Irgendwann findet auch ein blindes Huhn ein Korn. Irgendwann wird Deine Voraussage eintreten."
3) „Dass Du Recht hast, ist doch das Gleiche, wie dass Schalke von nun an immer Meister wird."

Zuerst stellen wir modallogische Formeln auf, die genau dann wahr sind, wenn diese Aussagen zutreffen. Sei dazu

$A =$ „Schalke wird Meister" ,

$B =$ „Stammtischbruder (1) frisst einen Besen" .

Dann bedeutet die Aussage 1) gerade $\Diamond A \Rightarrow B$, die Aussage 2) liefert $\Diamond (\Diamond A \Rightarrow B)$ und 3) ergibt schließlich die modallogische Formel

$$F = \Diamond (\Diamond A \Rightarrow B) \Leftrightarrow \Box A.$$

Man beachte dabei, dass die modallogischen Operatoren $\Box$ und $\Diamond$ (ebenso wie die Quantoren $\forall$ und $\exists$ in der Prädikatenlogik) stärker binden als die aussagenlogischen Operatoren.

Um eine Semantik der Modallogik zu definieren, müssen wir die Bedingungen, unter denen eine Formel F gelten soll, spezifizieren. Dazu brauchen wir eine Menge von **Referenzpunkten** oder **möglichen Welten**. An jedem Referenzpunkt gibt es eine Menge von **möglichen Zuständen** oder **erreichbaren Welten**. Von dem zu einem Referenzpunkt herrschenden Zustand hängt dann der Wahrheitswert einer modallogischen Formel ab. Die mathematisch exakte Umsetzung dieser Ideen lautet wie folgt.

Definition 6.3: Semantik der Modallogik

a) Eine **modallogische Struktur** (oder eine **Kripke-Struktur**) α ist ein Tripel $\alpha = (W, R, \xi)$, das aus den folgenden Teilen besteht.
   - a1) Sei W eine nicht-leere Menge. Sie heißt die Menge der **Referenzpunkte** oder der **möglichen Welten**.
   - a2) Sei $R \subseteq W \times W$ eine Relation auf W. Sie heißt die **Erreichbarkeitsrelation** in W. Ein Referenzpunkt $t \in W$ heißt von s aus **erreichbar**, wenn $(s, t) \in R$ gilt.
   - a3) Sei M eine Menge von atomaren Formeln, d. h. von Aussagensymbolen. Dann ist $\xi \colon M \times W \to \{0, 1\}$ eine Abbildung, die jedem Paar (A, s), wobei A ein Aussagensymbol und s ein Referenzpunkt ist, einen Wahrheitswert zuordnet. Die Abbildung ξ heißt eine W-**Belegung** der Aussagensymbole in M.

b) Zu jeder modallogischen Formel F und jedem Referenzpunkt $s \in W$ definieren wir einen Wahrheitswert von F am Referenzpunkt s in der Struktur $\alpha = (W, R, \xi)$ rekursiv wie folgt.

b1) Ist F eine atomare Formel A (d. h. eine Aussage), so sei

$$\alpha(F, s) = \xi(A, s) .$$

b2) Ist F eine Formel, so sei

$$\alpha(\neg F, s) = \begin{cases} 1 & \text{falls } \alpha(F, s) = 0 , \\ 0 & \text{sonst} . \end{cases}$$

b3) Sind F, G Formeln, so sei

$$\alpha(F \wedge G, s) = \begin{cases} 1 & \text{falls } \alpha(F, s) = \alpha(G, s) = 1 , \\ 0 & \text{sonst} . \end{cases}$$

b4) Sind F, G Formeln, so sei

$$\alpha(F \vee G, s) = \begin{cases} 1 & \text{falls } \alpha(F, s) = 1 \text{ oder } \alpha(G, s) = 1 , \\ 0 & \text{sonst} . \end{cases}$$

b5) Ist F eine Formel, so sei

$$\alpha(\Box F, s) = \begin{cases} 1 & \text{falls für alle } t \in W \text{ mit } (s, t) \in R \text{ gilt } \alpha(F, t) = 1 , \\ 0 & \text{sonst} . \end{cases}$$

b6) Ist F eine Formel, so sei

$$\alpha(\Diamond F, s) = \begin{cases} 1 & \text{falls es ein } t \in W \text{ gibt mit } (s, t) \in R \text{ und } \alpha(F, t) = 1 , \\ 0 & \text{sonst} . \end{cases}$$

Dabei setzen wir natürlich voraus, dass die Menge M in a3) die in F vorkommenden Aussagensymbole enthält.

Der Wahrheitswert einer Formel hängt also davon ab, an welchem Referenzpunkt wir sie auswerten. Demzufolge sind auch die Begriffe „Modell“ und „allgemein gültig“ an diese neue, allgemeinere Situation anzupassen.

Definition 6.4

Sei F eine modallogische Formel.

a) Ist $\alpha = (W, R, \xi)$ eine Struktur und $s \in W$ mit $\alpha(F, s) = 1$, so sagen wir, die Formel F gelte in der Struktur α am Referenzpunkt s und schreiben $s \Vdash_\alpha F$. Falls klar ist, welche Struktur α wir betrachten, so schreiben wir auch $s \Vdash F$.

b) Ist $\alpha = (W, R, \xi)$ eine Struktur mit $\alpha(F, s) = 1$ für alle $s \in W$, so sagen wir, die Formel F sei in der Struktur α gültig. In diesem Fall heißt α ein **Modell** für F und wir schreiben $\alpha \models F$.

c) Ist W eine Menge von Referenzpunkten und $R \subseteq W \times W$ eine Erreichbarkeitsrelation, so heißt das Paar $\mathcal{R} = (W, R)$ ein (modallogischer) **Rahmen**.

d) Ist eine modallogische Formel F in allen auf dem Rahmen $\mathcal{R} = (W, R)$ basierenden Strukturen $\alpha = (W, R, \xi)$ gültig, so heißt F **gültig in** $\mathcal{R}$. In diesem Fall schreiben wir $\mathcal{R} \models F$.

Beispiel 6.5: Stammtisch-Logik

Gegeben sei die Formel $F = \Diamond(\Diamond A \Rightarrow B) \Leftrightarrow \Box A$ aus Beispiel 6.2. Wir betrachten den Rahmen $\mathcal{R} = (\mathbb{N}, <)$ und die $\mathbb{N}$-Belegung $\xi : \{A, B\} \times \mathbb{N} \to \{0, 1\}$ mit

$$\xi(A, n) = \begin{cases} 1 & \text{falls } n > 2\,, \\ 0 & \text{sonst} \end{cases} \quad \text{und} \quad \xi(B, n) = \begin{cases} 1 & \text{falls } n \text{ ungerade}\,, \\ 0 & \text{sonst}\,. \end{cases}$$

a) Zuerst soll der Wahrheitswert $\alpha(F, s)$ der Formel F in der Struktur $\alpha = (\mathbb{N}, <, \xi)$ am Punkt $s = 3$ berechnet werden. Es ergeben sich die folgenden Wahrheitswerte.

(1) $\alpha(\Box A, 3) = 1$, denn $\alpha(A, t) = 1$ für alle $3 < t$,

(2) $\alpha(\Diamond(\Diamond A \Rightarrow B), 3) = 1$, denn $\alpha(\Diamond A \Rightarrow B, 5) = 1$ wegen $\alpha(B, 5) = 1$ und $\alpha(\Diamond A, 5) = 1$.

Schließlich ergibt sich $\alpha(F, 3) = 1$, denn beide Seiten von „$\Leftrightarrow$" ergeben den Wahrheitswert 1 am Referenzpunkt $s = 3$.

b) Weiter wollen wir auch $\alpha(F, 0)$ bestimmen. Dazu berechnen wir zunächst die folgenden Wahrheitswerte.

(1) $\alpha(\Box A, 0) = 0$, denn $\alpha(A, 1) = 0$,

(2) $\alpha(\Diamond(\Diamond A \Rightarrow B), 0) = 1$, denn $\alpha(\Diamond A \Rightarrow B, 5) = 1$.

Insgesamt erhalten wir $\alpha(F, 0) = 0$. Dies zeigt, dass α kein Modell für F ist und somit ist F nicht gültig in $\mathcal{R}$.

An dem vorhergehenden Beispiel sehen wir, dass die Berechnung des Wahrheitswertes einer modallogischen Formel an einem Referenzpunk s auch von den Wahrheitswerten ihrer Teilformeln an von s aus erreichbaren Referenzpunkten abhängt. Wie viele andere Referenzpunkte man dazu braucht, kann man auf folgende Weise messen.

Definition 6.6

Sei F eine modallogische Formel.

a) Wir definieren den **modalen Rang** $\mathrm{MR}(F)$ von F rekursiv wie folgt:

a1) Ist F eine Aussage, so sei $\mathrm{MR}(F) = 0$.

a2) Ist $F = \neg G$ oder $F = G \wedge H$ oder $F = G \vee H$, so sei

$$\mathrm{MR}(F) = \max\{\mathrm{MR}(G), \mathrm{MR}(H)\}\ .$$

a3) Ist $F = \Box G$ oder $F = \Diamond G$, so sei $\mathrm{MR}(F) = \mathrm{MR}(G) + 1$.

b) Sei $\mathcal{R} = (W, R)$ ein Rahmen und $s \in W$. Ein Referenzpunkt $t \in W$ heißt **von** s **in** n **Schritten erreichbar**, wenn es $t_0, \ldots, t_n \in W$ gibt mit $s = t_0$, $(t_0, t_1) \in R$, $(t_1, t_2) \in R, \ldots, (t_{n-1}, t_n) \in R$ und $t_n = t$.

c) Ist $\mathcal{R} = (W, R)$ ein Rahmen und $n \geq 0$, so sei

$$R^{(n)} = \{(s, t) \in W \times W \mid t \text{ ist von } s \text{ in } \leq n \text{ Schritten erreichbar}\} .$$

Diese Relation $R^{(n)}$ heißt die ***n*-te Iteration** von R.

Zum Beispiel besitzt die Formel $F = \Diamond(\Diamond A \Rightarrow B) \Leftrightarrow \Box A$ den modalen Rang zwei. Der modale Rang erlaubt es uns nun, die Zahl der für die Berechnung eines modallogischen Wahrheitswerts notwendigen Referenzpunkte wie folgt zu messen.

Satz 6.7: Das Koinzidenzlemma

Sei F eine modallogische Formel. Sei $m = \mathrm{MR}(F)$, sei $\mathcal{R} = (W, R)$ ein Rahmen und sei $s \in W$. Ferner seien $\alpha = (W, R, \xi)$ und $\beta = (W, R, \widetilde{\xi})$ zwei Strukturen mit $\xi(A, t) = \widetilde{\xi}(A, t)$ für alle in F vorkommenden Aussagensymbole A und alle $t \in W$ mit $(s, t) \in R^{(m)}$, d. h. für alle $t \in W$, die von s in $\leq \mathrm{MR}(F)$ Schritten erreichbar sind.

Dann gilt $\alpha \Vdash F$ genau dann, wenn $\beta \Vdash F$ gilt. Mit anderen Worten, für $\alpha(F, s)$ spielen nur die Werte $\xi(A, t)$ eine Rolle, für die A in F vorkommt und t von s in höchstens $\mathrm{MR}(F)$ Schritten erreichbar ist.

Beweis Wir schließen mit vollständiger Induktion über den Formelaufbau von F. Ist $F = A$ ein Aussagensymbol, so gilt $\alpha(F, s) = \xi(A, s) = \widetilde{\xi}(A, s) = \beta(F, s)$. Nun betrachten wir nacheinander die weiteren in Definition 6.3.b vorkommenden Fälle.

Fall 6.3.b2) Ist $F = \neg G$, so gilt $\mathrm{MR}(F) = \mathrm{MR}(G)$ und die Induktionsvoraussetzung liefert $\alpha(F, s) = 1 - \alpha(G, s) = 1 - \beta(G, s) = \beta(F, s)$.

Fall 6.3.b3) Ist $F = G \wedge H$, so gilt $\mathrm{MR}(G) \leq \mathrm{MR}(F)$ und $\mathrm{MR}(H) \leq \mathrm{MR}(F)$. Also ist die Induktionsvoraussetzung auf G und H anwendbar und es gilt $\alpha(F, s) = 1$ genau dann, wenn $\alpha(G, s) = \beta(G, s)$ und $\alpha(H, s) = \beta(H, s)$ beide gleich 1 sind. Dies ist genau dann der Fall, wenn $\beta(F, s) = 1$ gilt.

Fall 6.3.b4) Ist $F = G \vee H$, so schließen wir wie im vorhergehenden Fall.

Fall 6.3.b5) Ist $F = \Box G$, so gilt $\mathrm{MR}(G) = \mathrm{MR}(F) - 1$. Nach Voraussetzung gilt $\xi(A, t) = \widetilde{\xi}(A, t)$ für alle $t \in W$ mit $(s, t) \in R^{(m)}$. Für jedes $u \in W$ mit $(s, u) \in R$ und jedes $v \in W$ mit $(u, v) \in R^{(m-1)}$ gilt $(s, v) \in R^{(m)}$. Die Induktionsvoraussetzung liefert $\alpha(G, u) = \beta(G, u)$ für diese Referenzpunkte u. Somit erhalten wir

$$\begin{aligned} \alpha(F, s) = 1 &\Leftrightarrow \text{für alle } u \in W \text{ mit } (s, u) \in R \text{ gilt } \alpha(G, u) = 1 \\ &\Leftrightarrow \text{für alle } u \in W \text{ mit } (s, u) \in R \text{ gilt } \beta(G, u) = 1 \\ &\Leftrightarrow \beta(F, s) = 1 . \end{aligned}$$

Fall 6.3.b6) Ist $F = \Diamond G$, so schließen wir analog wie im vorhergehenden Fall, außer dass wir „für alle u“ durch „es gibt ein u“ ersetzen. □

Beispiel 6.8: Stammtisch-Logik

Wenn wir zum Beispiel die Berechnung der Wahrheitswerte der Formel $F = \Diamond(\Diamond A \Rightarrow B) \Leftrightarrow \Box A$ in Beispiel 6.5 betrachten, besagt dieser Satz, dass für die Berechnung von $\alpha(F, s)$ im Prinzip alle Werte $\alpha(G, t)$ mit Teilformeln G und Referenzpunkten $t \geq s$ eine Rolle spielen können. In der Tat mussten wir z. B. für die Berechnung von $\alpha(F, 3)$ prüfen, ob es ein $t > 3$ gibt mit $\alpha(\Diamond A \Rightarrow B, t) = 1$. Wie viele Werte $\alpha(G, t)$ tatsächlich bestimmt werden müssen, hängt also wesentlich vom modalen Rang von F und von der Struktur der Iterationen der Erreichbarkeitsrelation ab.

Korollar 6.9

*Sei F eine **aussagenlogische** Formel, sei $\mathcal{R} = (W, R)$ ein Rahmen, sei $s \in W$ und sei $\alpha = (W, R, \xi)$ eine Struktur. Dann hängt $\alpha(F, s)$ nur ab von den Werten $\xi(A, s)$, wobei A ein in F vorkommendes Aussagensymbol ist.*

Beweis Dies folgt sofort aus dem Koinzidenzlemma. □

Für die Gültigkeit einer modallogischen Formel gibt es neben der bereits erwähnten Gültigkeit an einem Referenzpunkt, der Gültigkeit in einer Struktur und der Gültigkeit in einem Rahmen noch eine weitere Möglichkeit. Ebenso gibt es verschiedene Arten der Äquivalenz modallogischer Formeln. Dazu führen wir die folgenden Begriffe ein.

Definition 6.10

Sei F eine modallogische Formel und sei M eine Menge von modallogischen Formeln.

a) Die Formel F heißt **allgemein gültig** oder eine **Tautologie**, wenn F in jedem zu F passenden Rahmen gilt. Mit anderen Worten, die Formel F ist eine Tautologie genau dann, wenn für jede zu F passende Struktur $\alpha = (W, R, \xi)$ und jeden Referenzpunkt $s \in W$ die Gleichheit $\alpha(F, s) = 1$ gilt.

b) Die Formel F heißt eine (semantische) **Folgerung** der Menge M, falls F in jeder zu M und F passenden Struktur $\alpha = (W, R, \xi)$ gilt, in der alle Formeln aus M gültig sind.

c) Die Formel F heißt (semantisch) **äquivalent** zu einer Formel G, wenn eine zu F und G passende Struktur $\alpha = (W, R, \xi)$ genau dann ein Modell für F ist, falls α auch ein Modell für G ist. In diesem Fall schreiben wir $F \equiv G$.

d) Die Formel F heißt eine **Rahmenfolgerung** oder **Rahmenkonsequenz** der Menge M, wenn für jeden Rahmen $\mathcal{R} = (W, R)$ gilt, dass aus $\mathcal{R} \models G$ für alle $G \in M$ schon $\mathcal{R} \models F$ folgt. In diesem Fall schreiben wir auch $M \models F$.

e) Die Formel F heißt **rahmenäquivalent** zu einer modallogischen Formel G, wenn für jeden Rahmen $\mathcal{R} = (W, R)$ genau dann $\mathcal{R} \models F$ gilt, wenn auch $\mathcal{R} \models G$ gilt.

Offensichtlich ist jede aussagenlogische Tautologie auch eine modallogische Tautologie. Zwei modallogische Formeln F, G sind genau dann semantisch äquivalent, wenn $F \Leftrightarrow G$ eine modallogische Tautologie ist. Semantisch äquivalente Formeln sind auch rahmenäquivalent. Die Umkehrung gilt i. A. nicht (vgl. Übungsaufgabe 6.3). Der folgende Satz sammelt einige nützliche Regeln zur Umformung modallogischer Formeln in äquivalente Formeln.

Satz 6.11: Die fundamentalen modallogischen Äquivalenzen

Seien F, G zwei modallogische Formeln. Neben den fundamentalen Äquivalenzen der Aussagenlogik gelten auch die folgenden Äquivalenzen bzw. semantischen Folgerungen:

a) $\neg\Box F \equiv \Diamond\neg F$ *(1. Dualitätsgesetz)*

b) $\neg\Diamond F \equiv \Box\neg F$ *(2. Dualitätsgesetz)*

c) Aus $\Box(F \Rightarrow G)$ *folgt* $\Box F \Rightarrow \Box G$. *(1. Distributionsregel)*

d) $\Diamond(F \Rightarrow G) \equiv \Box F \Rightarrow \Diamond G$ *(2. Distributionsregel)*

e) Aus $\Box(F \Rightarrow G)$ *folgt* $\Diamond F \Rightarrow \Diamond G$. *(3. Distributionsregel)*

f) $\Box(F \wedge G) \equiv \Box F \wedge \Box G$ *(1. Distributivgesetz)*

g) $\Diamond(F \vee G) \equiv \Diamond F \vee \Diamond G$ *(2. Distributivgesetz)*

h) Ist F eine Tautologie, so ist auch $\Box F$ eine Tautologie. *(Necessitationsregel)*

Die Beweise dieser Gesetze erfolgen durch einfaches Nachprüfen mittels der Definitionen und seien dem Leser überlassen (vgl. auch die Übungsaufgaben).

Wie in anderen logischen Systemen stellt sich uns auch hier die folgende Frage: Kann man modallogische Formeln in äquivalente Formeln in einer gewissen möglichst einfachen Normalform transformieren? Und wenn dem nicht so wäre, hätten wir diese rhetorische Frage überhaupt gestellt? Das richtige Normalformenkonzept existiert natürlich und ist wie folgt definiert.

Definition 6.12: Die quasi-disjunktive Normalform

Eine modallogische Formel F heißt in **quasi-disjunktiver Normalform**, wenn sie die Gestalt

$$F = \left(L_{11} \wedge \cdots \wedge L_{1n_1}\right) \vee \cdots \vee \left(L_{r1} \wedge \cdots \wedge L_{rn_r}\right)$$

besitzt mit **Literalen** L_{ij}, die entweder aussagenlogische Literale sind oder Formeln der Form $\Box G$ oder $\Diamond G$, wobei G eine modallogische Formel ist.

Satz 6.13

Jede modallogische Formel ist äquivalent zu einer Formel in quasi-disjunktiver Normalform.

Beweis Es genügt, den folgenden Algorithmus anzuwenden:

1) Mit Hilfe der fundamentalen Äquivalenzen und mit Satz 6.11.a), b) bringe alle Negationen direkt vor einzelne Aussagensymbole.
2) Mit Hilfe von Satz 6.11.f), g) bringe die Operatoren $\Box$ und $\Diamond$ vor so kleine Teilformeln wie möglich.
3) Betrachte neben den aussagenlogischen Literalen auch Formeln der Form $\Box G$ oder $\Diamond G$ als Literale und wende den Algorithmus zur Überführung in die aussagenlogische DNF an. $\Box$

Beispiel 6.14

Die Berechnung der quasi-disjunktiven Normalform der Formel $F = \neg\Box\,(A \wedge B)$ liefert $F \equiv \Diamond\neg\,(A \wedge B) \equiv \Diamond\,(\neg A \vee \neg B) \equiv \Diamond\,(\neg A) \vee \Diamond\,(\neg B)$.

Beispiel 6.15: Stammtisch-Logik

Gegeben sei die Formel $F = \Diamond\,(\Diamond A \Rightarrow B) \Leftrightarrow \Box A$ aus Beipiel 6.2. Wir bringen F in quasi-disjunktive Normalform und erhalten:

$$\begin{aligned}
F &\overset{2.3.b),\,c)}{\equiv} (\Diamond\,(\neg\Diamond A \vee B) \wedge \Box A) \vee (\neg\Diamond\,(\neg\Diamond A \vee B) \wedge \neg\Box A) \\
&\overset{6.11.a),\,b)}{\equiv} (\Diamond\,(\Box\neg A \vee B) \wedge \Box A) \vee (\Box\,(\Diamond A \wedge \neg B) \wedge \Diamond\neg A) \\
&\overset{6.11.f),\,g)}{\equiv} ((\Diamond\Box\neg A \vee \Diamond B) \wedge \Box A) \vee ((\Box\Diamond A \wedge \Box\neg B) \wedge \Diamond\neg A) \\
&\overset{2.15.e)}{\equiv} (\Diamond\Box\neg A \wedge \Box A) \vee (\Diamond B \wedge \Box A) \vee (\Box\Diamond A \wedge \Box\neg B \wedge \Diamond\neg A)\,.
\end{aligned}$$

6.B Das Tableaukalkül der Aussagenlogik

Im Folgenden wollen wir eine Methode entwickeln, mit der man die Erfüllbarkeit bzw. Unerfüllbarkeit modallogischer Formeln entscheiden kann. Wir beginnen damit, dass wir die einem Tableaukalkül zu Grunde liegenden Konzepte am Beispiel der Aussagenlogik einführen. Abstrakt ausgedrückt ist ein Tableau ein binärer Baum. Ein binärer Baum ist dabei wie folgt definiert.

Definition 6.16

Ein **binärer Baum** (K, N) besteht aus einer Menge K von **Knoten** und einer Relation $N \subseteq K \times K$, die für jeden Knoten $k \in K$ bis zu zwei **Nachfolger** $n \in K$ mit $(k, n) \in N$ festlegt. Sind n_1 und n_2 die Nachfolger eines Knotens k, so zeichnen wir

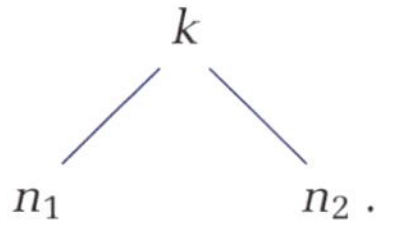

Ferner setzen wir voraus, dass es eine eindeutige **Wurzel** des Baumes gibt, d. h. genau einen Knoten, der nicht Nachfolger eines anderen Knotens ist.

Ist ein Knoten n Nachfolger eines Knotens k, so nennen wir $\begin{array}{c} k \\ | \\ n \end{array}$ einen **Zweig** des Baums. Ein Knoten ohne Nachfolger heißt **Blatt**. Schließlich wird eine Folge von Knoten $(k_1, k_2, \ldots, k_n)$ mit $(k_i, k_{i+1}) \in N$ für $i = 1, \ldots, n-1$ auch als **Pfad** in dem gegebenen binären Baum bezeichnet, wobei wir im Folgenden zusätzlich annehmen, dass k_n ein Blatt ist.

In unserer Situation werden die Knoten der binären Bäume durch logische Formeln repräsentiert. Die Nachfolger-Relation soll ausdrücken, dass eine Formel erfüllbar ist, wenn einer ihrer Nachfolger erfüllbar ist. So wird z. B. die Erfüllbarkeit der Formel $A \Rightarrow B$ beschrieben durch den binären Baum

$$\begin{array}{ccc} & A \Rightarrow B & \\ / & & \backslash \\ \neg A & & B\,. \end{array}$$

Genauer wird zu einer gegebenen Formel F wie folgt ein binärer Baum konstruiert.

Definition 6.17: Aussagenlogischer Tableauvervollständigungsalgorithmus

Sei F eine aussagenlogische Formel. Wir konstruieren einen binären Baum (K, N).

1) Am Anfang sei $K = \{F\}$.
2) Wähle einen noch nicht markierten Knoten G, der weder ein Aussagensymbol noch die Negation eines Aussagensymbols ist. Markiere G (z. B. im Folgenden durch Wechsel zur blauen Farbe) und wende eine der folgenden fünf **Tableauregeln** an. Gibt es keinen solchen Knoten mehr, so heißt das Ergebnis ein **vollständiges Tableau** und wird ausgegeben.
3) Ist G von der Form $G = \neg\neg H$, so hänge am Ende eines jeden bei G beginnenden Pfads den Zweig $\begin{array}{c} \bullet \\ | \\ H \end{array}$ an. Fahre dann mit 2) fort.
4) Ist G von der Form $G = H_1 \vee H_2$, so hänge am Ende eines jeden bei G beginnenden Pfads die beiden Zweige $\begin{array}{ccc} & \bullet & \\ / & & \backslash \\ H_1 & & H_2 \end{array}$ an. Fahre dann mit 2) fort.
5) Ist G von der Form $G = H_1 \wedge H_2$, so hänge am Ende eines jeden bei G beginnenden Pfads die beiden Zweige $\begin{array}{c} \bullet \\ | \\ H_1 \\ | \\ H_2 \end{array}$ an. Fahre dann mit 2) fort.
6) Ist G von der Form $G = \neg(H_1 \wedge H_2)$, so hänge am Ende eines jeden bei G beginnenden Pfads die beiden Zweige $\begin{array}{ccc} & \bullet & \\ / & & \backslash \\ \neg H_1 & & \neg H_2 \end{array}$ an. Fahre dann mit 2) fort.
7) Ist G von der Form $G = \neg(H_1 \vee H_2)$, so hänge am Ende eines jeden bei G beginnenden Pfads die beiden Zweige $\begin{array}{c} \bullet \\ | \\ \neg H_1 \\ | \\ \neg H_2 \end{array}$ an. Fahre dann mit 2) fort.

Es ist klar, dass die durch diese Definition gegebene Prozedur endlich ist, da jeweils nur endlich viele kürzere Formeln als neue Knoten angefügt werden. Wie kann man diesen Algorithmus interpretieren?

Die Konstruktion des Tableaus ist der Versuch, die Unerfüllbarkeit einer Formel durch einen Widerspruchsbeweis nachzuweisen. Wir nehmen an, die Formel F sei erfüllbar und setzen sie an die Wurzel des Baums. Eine Verzweigung

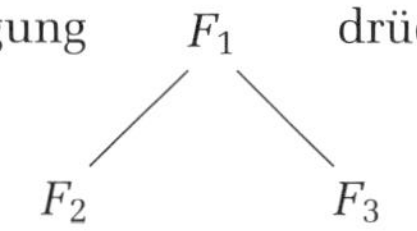

drückt dann alle Arten aus, auf die F_1 wahr sein kann: entweder ist F_2 wahr oder F_3 oder beide. Ein Pfad

bestehend aus noch unmarkierten Formeln $F_1, \ldots, F_n$ drückt aus, dass noch alle Möglichkeiten untersucht werden müssen, wie die Formeln $F_1, F_2, \ldots, F_n$ zugleich erfüllt werden können. Wird dann eine der Formeln F_i **abgearbeitet** (oder **reduziert**), indem man einen der Schritte 3) – 7) ausführt, so werden wieder alle Möglichkeiten erzeugt, wie F_i erfüllt werden kann. Am Ende dieses Algorithmus gibt es für das erzeugte vollständige Tableau mehrere Möglichkeiten.

Definition 6.18

Sei $T = (K, N)$ ein Tableau.

a) Ein Pfad in T heißt **geschlossen**, wenn er sowohl ein Aussagensymbol A als auch seine Negation $\neg A$ als Knoten enthält. In diesem Fall markieren wir das Blatt am Ende des Pfads mit (↯).

b) Das Tableau T heißt **geschlossen** (oder **widersprüchlich**), wenn seine maximalen Pfade alle geschlossen sind. Ein Pfad heißt dabei **maximal**, wenn er mit der Wurzel beginnt und mit einem Blatt endet.

c) Das Tableau T heißt **erfüllbar**, wenn es einen maximalen Pfad in T gibt, so dass für die Formeln an den Knoten des Pfads ein gemeinsames Modell existiert.

d) Ein Pfad in T heißt **vollständig**, wenn alle Formeln an seinen Kanten abgearbeitet sind, d. h. wenn sie markiert sind oder Aussagensymbole oder negierte Aussagensymbole.

e) Das Tableau T heißt **vollständig**, wenn jeder seiner maximalen Pfade vollständig oder geschlossen ist.

Das Tableau, das von dem Algorithmus in Definition 6.17 berechnet wird, ist offenbar vollständig. Wir werden sehen, dass ein geschlossenes Tableau eine unerfüllbare Formel an seiner Wurzel hat. Andererseits liefern die Blätter eines nicht geschlossenen, vollständigen Tableaus eine Belegung, die die Formel an der Wurzel erfüllt. In diesem Sinn erlaubt uns der in Definition 6.17 angegebene Algorithmus zur **Tableauvervollständigung**, die Unerfüllbarkeit der Formel an der Wurzel zu testen. Wir führen dies an einigen Beispielen durch.

Beispiel 6.19

Es ist zu zeigen, dass aus den Formeln $A \Rightarrow B$ und $B \Rightarrow C$ die Formel $A \Rightarrow C$ folgt. Mit anderen Worten, die Unerfüllbarkeit der Formel $F = (A \Rightarrow B) \wedge (B \Rightarrow C) \wedge \neg (A \Rightarrow C)$ ist nachzuweisen. Unter der Verwendung der Definition von „⇒“ erhalten wir folgendes Tableau:

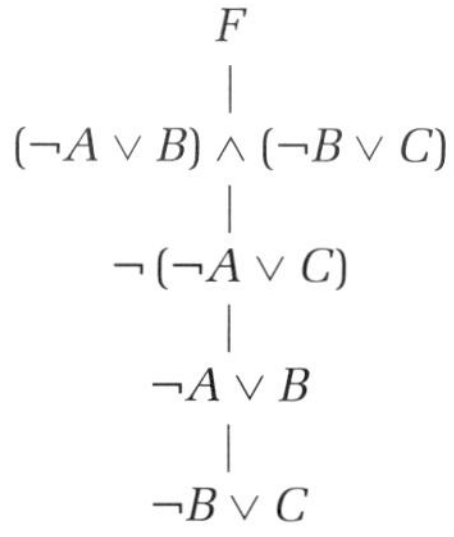

Nun wenden wir die Tableauregeln 6.17.4), 7) an. Es ergibt sich

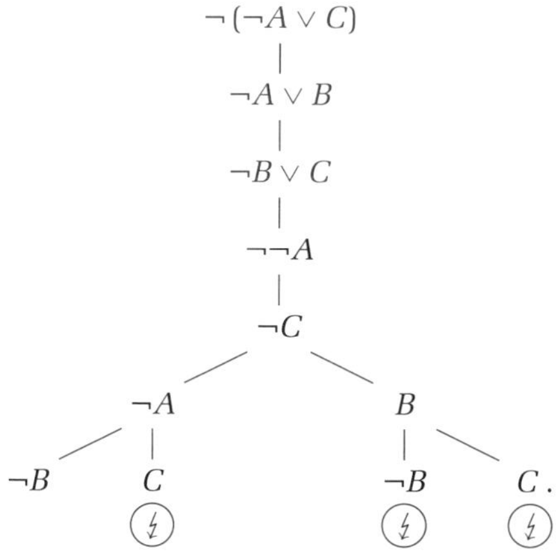

Der letzte verbleibende Pfad wird mit der Regel 6.17.3) erledigt:

Bemerkung 6.20

Man kann aus den Tableauregeln in Definition 6.17 auch leicht weitere Regeln ableiten, z. B.

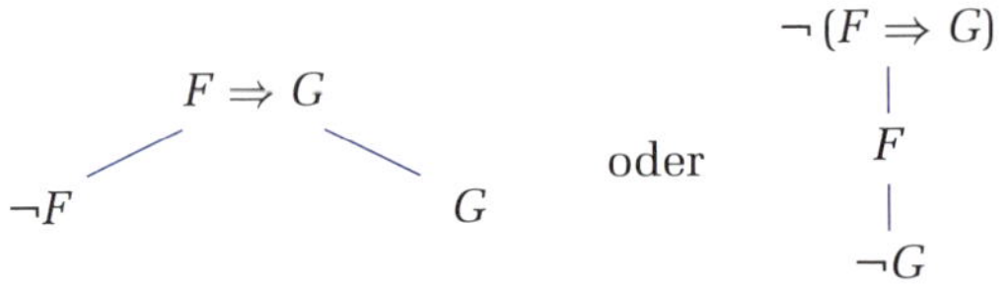

sowie

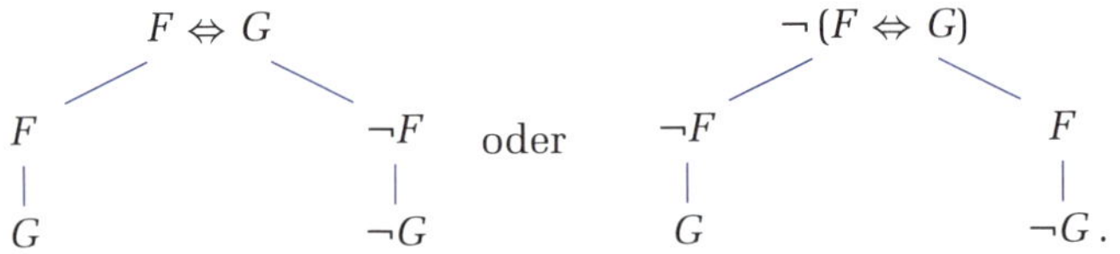

Beispiel 6.21

Die Erfüllbarkeit der Formel

$$F = (A \Rightarrow \neg B) \wedge (\neg A \Rightarrow B) \wedge (B \Rightarrow \neg C) \wedge (\neg C \Rightarrow (A \vee B))$$

soll gezeigt werden. Zuerst arbeiten wir die Konjunktionsglieder von F ab und erhalten

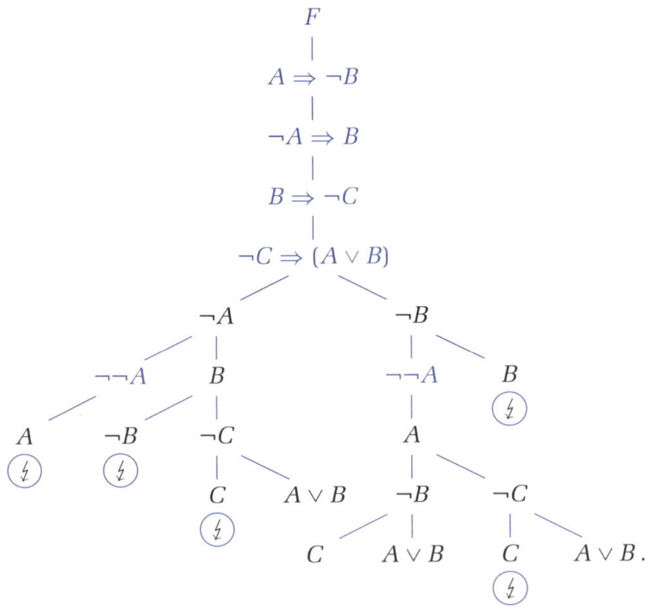

Die verbleibenden Pfade ergeben schließlich

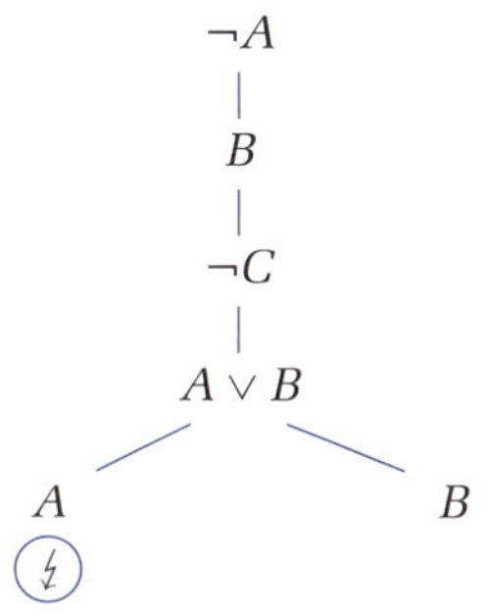

bzw.

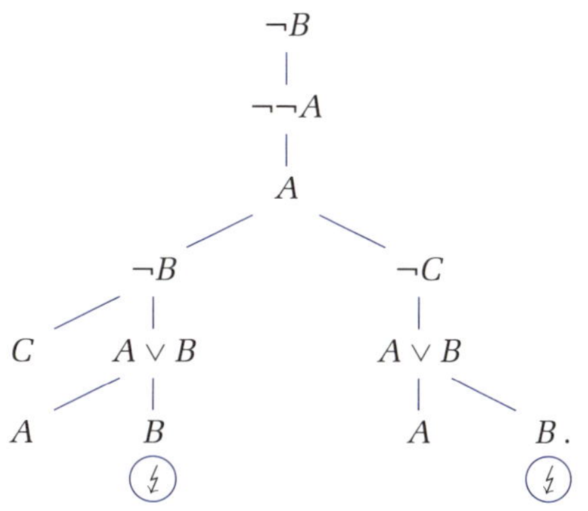

Also gibt es drei erfüllende Belegungen für F, nämlich $\alpha(A) = \alpha(C) = 0$, $\alpha(B) = 1$ und $\widetilde{\alpha}(A) = 1$, $\widetilde{\alpha}(B) = 0$, $\widetilde{\alpha}(C)$ beliebig.

Zum Abschluss dieser Vorüberlegungen zeigen wir die Vollständigkeit und die Korrektheit des Tableaukalküls der Aussagenlogik.

Satz 6.22

Sei T ein Tableau mit Wurzel F.

a) Ist T geschlossen, so ist F unerfüllbar.

b) Die Tableauvervollständigung von F liefert genau dann ein geschlossenes Tableau, wenn F unerfüllbar ist.

Beweis Zuerst beweisen wir a). Es genügt zu zeigen, dass ein erfüllbares Tableau bei jeder Anwendung einer Tableauregel erfüllbar bleibt. Dabei brauchen wir offenbar nur Verlängerungen eines erfüllbaren maximalen Pfads zu betrachten. Da ein geschlossenes Tableau offensichtlich unerfüllbar ist, folgt dann die Behauptung. Die Anwendung der Regel 6.17.3) ist dabei harmlos, da $\neg\neg H$ und H äquivalent sind. Wird eine der Regeln 6.17.4) oder 6.17.6) angewendet, so gibt es eine Belegung, die die Formel G erfüllt. Wegen $G = H_1 \vee H_2$ bzw. $G = \neg(H_1 \wedge H_2) \equiv \neg H_1 \vee \neg H_2$ erfüllt diese Belegung dann eine der Formeln H_1 oder H_2 bzw. $\neg H_1$ oder $\neg H_2$. Wird eine der Regeln 6.17.5) oder 6.17.7) angewendet, so gilt $G = H_1 \wedge H_2$ bzw. $G = \neg(H_1 \vee H_2) \equiv \neg H_1 \wedge \neg H_2$. Jede Belegung, die G erfült, erfüllt dann auch H_1 und H_2 bzw. $\neg H_1$ und $\neg H_2$.

Nun zeigen wir b). Die Endlichkeit der Vervollständigung in Definition 6.17 folgt – wie schon bemerkt wurde – daraus, dass nur kürzere Formeln als die soeben betrachtete als neue Knoten angehängt werden. Wegen a) ist also nur noch zu beweisen, dass ein nicht geschlossenes vollständiges Tableau ein Modell für die Formel an der Wurzel liefert. Sei $M = \{F_0, F_1, \ldots, F_n\}$ die Menge der Knoten eines maximalen, nicht geschlossenen Pfads des Tableaus. Dabei sei $F = F_0$. Ist F_i ein Literal in M, so setzen wir $\alpha(A) = 1$, falls $F_i = A$ positiv ist, und $\alpha(B) = 0$, falls $F_i = \neg B$ negativ ist. Nun zeigen wir mit vollständiger Induktion nach der Entfernung von F_i vom Blatt in M, dass α alle Knoten F_i erfüllt. Wurde auf F_i eine der Regeln 6.17.3), 5), 7) angewendet, so sind auch die Resultate F_j bzw. F_j, F_k in M und erfüllen nach Induktionsvoraussetzung $\alpha(F_j) = \alpha(F_k) = 1$. Also gilt auch $\alpha(F_i) = 1$. Wurde jedoch auf F_i eine der

Regeln 6.17.4), 6) angewendet, so ist mindestens eines der Resultate F_j in M und erfüllt nach Induktionsvoraussetzung $\alpha(F_j) = 1$. Somit ergibt sich wiederum $\alpha(F_i) = 1$. Insgesamt erhalten wir die Behauptung. □

6.C Das modallogische Tableaukalkül

Jetzt ist es an der Zeit, das Tableaukalkül auf die Modallogik auszudehnen. Da der Wahrheitswert einer Formel hier vom Referenzpunkt abhängt, setzen wir an die Knoten des Tableaus Ausdrücke der Form $s \Vdash F$, wobei s ein Referenzpunkt und F eine modallogische Formel ist. Abgesehen von dieser Ergänzung werden die Tableauregeln der Aussagenlogik dann entsprechend übernommen. Wie jedoch sind die Formeln der Form $\Box F$ oder $\Diamond F$ zu behandeln?

Zum Beispiel bedeutet $s \Vdash \Diamond F$, dass es einen Referenzpunkt $t \in W$ gibt mit $(s,t) \in R$ und $t \Vdash F$. Andererseits drückt $s \Vdash \Box F$ die Tatsache aus, dass für jeden Referenzpunkt $t \in W$ mit $(s,t) \in R$ die Beziehung $t \Vdash F$ gilt. Diese Überlegung führt uns zu den folgenden Tableauregeln.

Definition 6.23: Modallogischer Tableauvervollständigungsalgorithmus

Sei F eine modallogische Formel, sei $\mathcal{R} = (W, R)$ ein zu F passender Rahmen, und sei $s \in W$. Wir konstruieren wie folgt einen markierten binären Baum.

1) Die Wurzel sei $s \Vdash F$.
2) Wähle einen noch nicht markierten Knoten der Form $\tilde{s} \Vdash G$, wobei weder G ein aussagenlogisches Literal noch der Knoten von der Form $(\tilde{s}, t) \in R$ ist. Markiere $\tilde{s} \Vdash G$ und wende eine der folgenden Tableauregeln an. Gibt es keinen solchen Knoten mehr, so ist das Tableau fertig abgearbeitet und wird ausgegeben.
3) Ist G von der Form $G = \neg\neg H$ oder $G = H_1 \vee H_2$ oder $G = H_1 \wedge H_2$ oder $G = \neg(H_1 \wedge H_2)$ oder $G = \neg(H_1 \vee H_2)$, so gehe analog wie in Definition 6.17 vor. Fahre dann mit 2) fort.
4) Ist G von der Form $G = \Diamond H$, so hänge am Ende eines jeden bei G beginnenden Pfads die beiden Zweige

$$\begin{array}{c} \bullet \\ | \\ (\tilde{s}, t) \in R \\ | \\ t \Vdash H \end{array}$$

an, wobei $t \in W$ ein neuer Name eines Referenzpunkts ist. Für jeden bereits markierten Knoten der Form $\tilde{s} \Vdash \Box\widetilde{H}$ füge am Ende eines jeden bei ihm beginnenden und durch $\tilde{s} \Vdash G$ laufenden Pfads den Zweig $\begin{array}{c} \bullet \\ | \\ t \Vdash \widetilde{H} \end{array}$ an. Fahre dann mit 2) fort.

5) Ist G von der Form $G = \Box H$, so hänge am Ende eines jeden durch G laufenden Pfads die Zweige

$$\begin{array}{c} \bullet \\ | \\ t_1 \Vdash H \\ | \\ t_2 \Vdash H \\ | \\ \vdots \\ | \\ t_\ell \Vdash H \end{array}$$

an, wobei $t_1, \ldots, t_\ell \in W$ die in diesem Pfad in Knoten der Form $(\tilde{s}, t_i) \in R$ auftretenden Referenzpunktenamen sind. Fahre dann mit 2) fort.

6) Ist G von der Form $G = \neg\Box H$ bzw. $G = \neg\Diamond H$, so hänge am Ende eines jeden bei G beginnenden Pfads den Zweig $\begin{array}{c}\bullet \\ | \\ \Diamond\neg H\end{array}$ bzw. $\begin{array}{c}\bullet \\ | \\ \Box\neg H\end{array}$ an. Fahre dann mit 2) fort.

Offenbar definieren die Instruktionen in Definition 6.23 wieder einen Algorithmus, da jeweils nur endlich viele Knoten an das Tableau angehängt werden und die Formeln H in den neuen Knoten der Form $t \Vdash H$ echt kürzer sind als G. Um die Wirkungsweise dieses Algorithmus besser zu verstehen, wenden wir ihn an einigen Beispielen an.

Beispiel 6.24

Gegeben sei die Formel $F = (A \vee B) \Rightarrow \neg\Box A$. Wir konstruieren ein zugehöriges Tableau und erhalten:

$$\begin{array}{ccc} & s \Vdash F & \\ \swarrow & & \searrow \\ s \Vdash \neg(A \vee B) & & s \Vdash \neg\Box A \\ | & & | \\ s \Vdash \neg A & & s \Vdash \Diamond\neg A \\ | & & | \\ s \Vdash \neg B & & (s, t) \in R \\ & & | \\ & & t \Vdash \neg A \end{array}$$

An dieser Stelle ist man fertig und erkennt, dass F erfüllbar ist. Um ein Modell $\alpha = (W, R, \xi)$ zu konstruieren, ist z. B. nur $\xi(A, s) = \xi(B, s) = 0$ sicherzustellen.

Beispiel 6.25

Für die Formel $\Box(A \Rightarrow B) \Rightarrow (\Box A \Rightarrow \Box B)$ (vgl. Satz 6.11.c)) soll ein Gültigkeitsbeweis erbracht werden. Dazu untersuchen wir $F = \neg(\Box(A \Rightarrow B) \Rightarrow (\Box A \Rightarrow \Box B))$ auf Unerfüllbarkeit. Die Abarbeitung der Implikationen liefert das Tableau

$$\begin{array}{c}
s \Vdash F \\
| \\
s \Vdash \neg\neg\Box(A \Rightarrow B) \\
| \\
s \Vdash \neg(\Box A \Rightarrow \Box B) \\
| \\
s \Vdash \Box(A \Rightarrow B) \\
| \\
s \Vdash \neg\neg\Box A \\
| \\
s \Vdash \neg\Box B \\
| \\
s \Vdash \Box A \\
| \\
s \Vdash \Diamond\neg B\,.
\end{array}$$

Um jetzt weiter zu kommen, müssen wir die Regel 6.23.4) auf $s \Vdash \Diamond\neg B$ anwenden. Es folgt:

$$\begin{array}{c}
s \Vdash \neg(\Box A \Rightarrow \Box B) \\
| \\
s \Vdash \Box(A \Rightarrow B) \\
| \\
s \Vdash \neg\neg\Box A \\
| \\
s \Vdash \Box A \\
| \\
s \Vdash \Diamond\neg B \\
| \\
(s, t) \in R \\
| \\
t \Vdash \neg B \\
| \\
t \Vdash A \\
| \\
t \Vdash A \Rightarrow B \\
\swarrow \qquad \searrow \\
\begin{array}{cc}
t \Vdash \neg A & \quad t \Vdash B \\
\text{↯} & \quad \text{↯}
\end{array}
\end{array}$$

Beide Pfade sind also geschlossen und somit ist F unerfüllbar.

Beispiel 6.26: Stammtisch-Logik

Gegeben sei wieder die Formel $F = \Diamond(\Diamond A \Rightarrow B) \Leftrightarrow \Box A$ aus Beispiel 6.2. Wir wollen mit Hilfe des Tableaukalküls nachprüfen, ob sie unerfüllbar ist. Zur Auflösung des Äquivalenzpfeils verwenden wir Bemerkung 6.20 und erhalten

$$
\begin{array}{ccc}
 & s \Vdash F & \\
 \swarrow & & \searrow \\
s \Vdash \Diamond(\Diamond A \Rightarrow B) & & s \Vdash \neg\Diamond(\Diamond A \Rightarrow B) \\
| & & | \\
s \Vdash \Box A & & s \Vdash \neg\Box A \\
 & & | \\
 & & s \Vdash \Box\neg(\Diamond A \Rightarrow B) \\
 & & | \\
 & & s \Vdash \Diamond\neg A\,.
\end{array}
$$

Nun geht es in den beiden Pfaden wie folgt weiter:

$$
\begin{array}{ccc}
s \Vdash \Diamond(\Diamond A \Rightarrow B) & & s \Vdash \Box\neg(\Diamond A \Rightarrow B) \\
| & \text{sowie} & | \\
s \Vdash \Box A & & s \Vdash \Diamond\neg A \\
| & & | \\
(s,t) \in R & & (s,t) \in R \\
| & & | \\
t \Vdash \Diamond A \Rightarrow B & & t \Vdash \neg A \\
| & & | \\
t \Vdash A & & t \Vdash \neg(\Diamond A \Rightarrow B)\,.
\end{array}
$$

Schließlich markieren wir die beiden Folgepfeile und erhalten

$$
\begin{array}{ccccc}
 & t \Vdash \Diamond A \Rightarrow B & & & t \Vdash \neg A \\
 & | & & & | \\
 & t \Vdash A & & \text{sowie} & t \Vdash \neg(\Diamond A \Rightarrow B) \\
 \swarrow & & \searrow & & | \\
t \Vdash \neg\Diamond A & & t \Vdash B & & t \Vdash \Diamond A \\
| & & & & | \\
t \Vdash \Box\neg A & & & & t \Vdash \neg B \\
 & & & & | \\
 & & & & (t,u) \in R \\
 & & & & | \\
 & & & & u \Vdash A\,.
\end{array}
$$

Insgesamt sehen wir, dass F erfüllbar ist, d. h., dass die drei Stammtischvorhersagen durchaus zutreffen könnten und zwar auf mehrere Arten: wegen $t \Vdash A$ bzw. $u \Vdash A$ müsste Schalke dazu aber irgendwann die Meisterschaft gewinnen!

Den krönenden Abschluss dieses Abschnitts bilden die folgenden beiden Theoreme. Sie zeigen, dass das beschriebene Tableaukalkül für die Modallogik korrekt und vollständig ist. Korrektheit bedeutet dabei, dass als unerfüllbar bezeichnete Formeln auch tatsächlich unerfüllbar sind, und Vollständigkeit bedeutet, dass man für jede unerfüllbare Formel nach endlich vielen Schritten einen Unerfüllbarkeitsbeweis findet.

▸ Theorem 6.27: Korrektheit des modallogischen Tableaukalküls

Sei F eine modallogische Formel und sei T das mittels des modallogischen Tableauvervollständigungsalgorithmus 6.23 konstruierte vollständige Tableau. Ist T geschlossen, so ist F unerfüllbar.

Beweis Sei F erfüllbar. Dann gibt es eine zu F passende Struktur $\alpha = (W, R, \xi)$ und einen Referenzpunkt $s \in W$ mit $s \Vdash_\alpha F$. Wir setzen $s \Vdash F$ an die Wurzel eines Tableaus T und wenden den Tableauvervollständigungsalgorithmus an. Wie im Beweis von Satz 6.22 zeigen wir, dass die Anwendung einer der Tableauregeln 6.23.3) – 6) die Erfüllbarkeit von T erhält. Wir betrachten wiederum nur die Verlängerung K_i eines maximalen erfüllbaren Pfads. Im Falle der Regel 6.23.3) folgt die Behauptung aus der Korrektheit des aussagenlogischen Tableaukalküls (vgl. Satz 6.22.b)). Wurde eine der Regeln 6.23.4) oder 6.23.5) angewendet, so ist K_i auf Grund der Definition der Semantik von $\Diamond$ und $\Box$ erfüllt. Im Falle $\Box$ beachte dabei, dass im weiteren Verlauf des Pfads unter allen Referenzpunkten $t \in W$ mit $(s, t) \in R$ nur die Referenzpunkte $t_1, \ldots, t_\ell$ eine Rolle spielen können, weil nur sie in noch abzuarbeitenden Knoten vorkommen. Im Fall von Regel 6.23.6) schließlich folgt aus den fundamentalen Äquivalenzen 6.12.a), b), dass K_i erfüllt ist. Insgesammt sehen wir, dass alle Knoten eines maximalen Pfads des vollständigen Tableaus in der Struktur α erfüllt sind. Doch da jeder Pfad geschlossen ist, bedeutet dies einen Widerspruch. □

▸ Theorem 6.28: Vollständigkeit des modallogischen Tableaukalküls

Sei F eine unerfüllbare modallogische Formel und sei T das mittels des modallogischen Tableauvervollständigungsalgorithmus 6.23 konstruierte vollständige Tableau. Dann ist T geschlossen.

Beweis Angenommen, es gibt einen nicht geschlossenen maximalen Pfad $(K_0, \ldots, K_n)$ in T. Es genügt, eine Struktur $\alpha = (W, R, \xi)$ so zu definieren, dass die Knoten in diesem Pfad alle erfüllt sind. Dann wäre F im Widerspruch zur Voraussetzung erfüllbar. Wir schließen mit vollständiger Induktion nach der **Pfadtiefe** d des betrachteten Knotens, d. h. nach der Anzahl der entlang des Pfads angewendeten Tableauregeln, die benötigt werden, bis der Knoten völlig zu Formeln der Form $t \Vdash L$ mit einem aussagenlogischen Literal L abgearbeitet worden ist. Wir starten mit $W = \emptyset$ und $R = \emptyset$.

Für $d = 0$, d. h. für Knoten der Form $t \Vdash A$ bzw. $t \Vdash \neg A$ fügen wir t zu W hinzu und setzen $\xi(A) = 1$ bzw. $\xi(A) = 0$. Da der Pfad nicht geschlossen ist, liefert dies eine eindeutige Belegung von A. Für den Induktionsschritt unterscheiden wir die Fälle 6.23.3) – 6).

Fall 6.23.3) Es gibt fünf Unterfälle.

1) Sei K_i von der Form $t \Vdash \neg\neg G$. Da T vollständig ist, gibt es auch den Knoten $t \Vdash G$ entlang des Pfads. Die nach Induktionsvoraussetzung bereits konstruierte Struktur erfüllt auch K_i.

2) Sei K_i von der Form $t \Vdash H_1 \vee H_2$. Dann ist einer der beiden Knoten $t \Vdash H_j$ auf dem Pfad und die nach Induktionsvorraussetzung bereits konstruierte Struktur erfüllt H_j. Eventuell in der anderen Formel H_k auftretende neue Aussagensymbole können wir mit ξ beliebig belegen.

3) Sei K_i von der Form $t \Vdash H_1 \wedge H_2$. Da T vollständig ist, sind beide Knoten $t \Vdash H_1$ und $t \Vdash H_2$ im Pfad enthalten. Nach Induktionsvoraussetzung ist bereits eine Struktur α definiert, in der beide Bedingungen $t \Vdash_\alpha H_1$ und $t \Vdash_\alpha H_2$ erfüllt sind. Also ist auch $t \Vdash_\alpha H_1 \wedge H_2$ erfüllt.

4) Der Unterfall $t \Vdash \neg(H_1 \wedge H_2)$ wird analog zum Unterfall 2) behandelt.

5) Der Unterfall $t \Vdash \neg(H_1 \vee H_2)$ wird analog zum Unterfall 3) behandelt.

Fall 6.23.4) Sei K_i von der Form $t \Vdash \Diamond H$. Da T vollständig ist, gibt es im weiteren Verlauf des Pfads zwei Knoten der Form $(t, u) \in R$ und $u \Vdash H$. Nach Induktionsvoraussetzung gilt $u \Vdash_\alpha H$ in der bereits konstruierten Struktur α. In diesem Fall füge t zu W hinzu und (t, u) zu R. Nach der Definition der Semantik von $\Diamond$ gilt dann auch $t \Vdash_{\alpha'} \Diamond H$ in der erweiterten Struktur α'.

Fall 6.23.5) Sei K_i von der Form $t \Vdash \Box H$. Seien $\{u_1, \dots, u_\ell\}$ die Namen aller Referenzpunkte, die im Verlauf des Pfads in Knoten der Form $(t, u_i) \in R$ auftreten. Da T vollständig ist, treten dann auch die Knoten $u_i \Vdash H$ im Pfad auf. Wir fügen t zu W hinzu und erweitern R um die Paare (t, u_i) mit $i = 1, \dots, \ell$. In der erweiterten Struktur α' gilt dann $t \Vdash_{\alpha'} \Box H$, denn die Referenzpunkte u_i sind die einzigen mit $(t, u_i) \in R$ und an diesen Referenzpunkten gilt $u_i \Vdash_{\alpha'} H$ nach Induktionsvoraussetzung.

Fall 6.23.6) Ist K_i von der Form $t \Vdash \neg\Box H$ bzw. $t \Vdash \neg\Diamond H$, so ist K_i für die bereits konstruierte Struktur α erfüllt, denn wegen der Vollständigkeit von T ist $t \Vdash \Diamond\neg H$ bzw. $t \Vdash \Box\neg H$ im Pfad enthalten und nach Induktionsvoraussetzung in der Struktur α erfüllt. □

Aus dem Beweis dieses Theorems folgt, dass man die Unerfüllbarkeit modallogischer Formeln bereits mit endlichen Welten testen kann. Da das aussagenlogische Tableaukalkül ein Spezialfall des modallogischen ist und wir bereits wissen, dass die Komplexität der aussagenlogischen Resolution exponentiell mit der Anzahl der vorkommenden Aussagensymbole steigt, hat auch das modallogische Tableaukalkül eine mindestens exponentielle Komplexität, d. h. es ist nicht sehr effizient. Für eine praktische Implementierung muss man sich also (wie schon in der Aussagenlogik) Optimierungsstrategien überlegen, auf die wir hier aber nicht weiter eingehen.

Bemerkung 6.29: Weitere modallogische Systeme

Neben der hier behandelten aussagenlogischen Version der **Modallogik** K gibt es noch eine Reihe weiterer Modallogiken, die in der Literatur untersucht werden. Sie unterscheiden sich hauptsächlich dadurch, dass man an die Erreichbarkeitsrelation R gewisse Bedingungen stellt. Bekannte Beispiele sind:

a) Die **Modallogik** K4 ist dadurch charakterisiert, dass die Erreichbarkeitsrelation R **transitiv** ist, d. h., dass aus $(s, t) \in R$ und $(t, u) \in R$ auch $(s, u) \in R$ folgt.

b) In der **Modallogik** T wird R als **reflexiv** vorausgesetzt, d. h. für alle $s \in W$ muss $(s, s) \in R$ gelten.

c) Die **Modallogik** S4 entsteht, indem man verlangt, dass R sowohl reflexiv als auch transitiv ist.

d) Die **Modallogik** S5 schließlich basiert auf einer Erreichbarkeitsrelation R, die eine **Äquivalenzrelation** ist, d. h. R ist reflexiv, transitv und **symmetrisch**. (Letzteres heißt, dass aus $(s, t) \in R$ auch $(t, s) \in R$ folgt.) Sie wird in § 9 ausgiebig untersucht werden.

Eine weitere Variante ist die Zeitlogik, die den Gegenstand der Untersuchungen in Abschnitt 7.A bildet. Für alle diese Modallogiken existieren angepasste Versionen des Tableaukalküls (vgl. [12], IV § 5 oder [10] oder [3]), für manche auch klassische Resolutionskalküle (für S5 vgl. [10], I § 6).

Übungsaufgaben

Lösungstipps finden Sie im Anhang dieses Buchs. Hier erhalten Sie auch die wichtigsten Lösungsrezepte. Ausführliche Lösungswegbeschreibungen stehen auf der buchbegleitenden Companion Website (CWS) unter *www.pearson-studium.de* zur Verfügung.

Aufgabe 6.1: Neues von Schneewittchen

Nachdem einige Wochen ins Land gegangen sind, ist die Stiefmutter ziemlich genervt, jeden Morgen von ihrem Spiegel zu hören, dass es da eine gibt, die viel schöner ist als sie. Nach den diversen Fehlschlägen beim Versuch, Schneewittchen zu ermorden, passen die Zwerge aber sehr gut auf Schneewittchen auf und lassen sie so gut wie nie allein. Deshalb lässt die Stiefmutter die Zwerge beobachten und erfährt von der großen Schwäche von Rübezahl für Chili. Sie überlegt sich Folgendes:

a) Wenn sie Schneewittchen einen vergifteten Apfel gibt, wird Schneewittchen bald darauf sterben und von da an ist sie selbst die Schönste im ganzen Land.

b) Es wird einen Zeitpunkt geben, an dem Rübezahl allein mit Schneewittchen zu Hause ist. Dann wird sie an der Tür klingeln und Rübezahl mit Rizinusöl versetztes Chili schenken. Bald darauf wird Rübezahl das Häuschen mit dem Herzen aufsuchen müssen und sie kann Schneewittchen den vergifteten Apfel geben.

Drücken Sie die Überlegungen der Stiefmutter mit Hilfe von modallogischen Formeln aus. Geben Sie einen dazu passenden Rahmen an.

Aufgabe 6.2

Gegeben sei der Rahmen $\mathcal{R} = (\mathbb{N}, <)$ und die $\mathbb{N}$-Belegung $\xi\colon \{A, B\} \to \{0, 1\}$ mit

$$\xi(A, n) = \begin{cases} 1 & \text{falls } n \text{ ungerade ist} \\ 0 & \text{sonst} \end{cases} \quad \text{und} \quad \xi(B, n) = \begin{cases} 1 & \text{falls } n < 7 \\ 0 & \text{sonst}. \end{cases}$$

Man berechne am Referenzpunkt $s = 4$ die Wahrheitswerte der folgenden modallogischen Formeln.

a) $F = \Diamond\Diamond\Diamond B$

b) $G = \Diamond\Box\neg B$

c) $H = \Diamond(A \wedge \Box\neg B)$

Aufgabe 6.3: Die Konsequenzen halten sich im Rahmen

a) Zeigen Sie, dass $\Box F \Rightarrow \Box\Box F$ Rahmenkonsequenz von $F \Rightarrow \Box F$ ist für jede modallogische Formel F.

b) Zeigen Sie, dass die Formeln $\Box\Box(A \vee B)$ und $\Box\Box(A \wedge B)$ rahmenäquivalent, aber nicht äquivalent sind. Hierbei seien A und B Aussagensymbole.

Aufgabe 6.4

Seien F, G modallogische Formeln.

a) Zeigen Sie, dass aus $\Box(F \Rightarrow G)$ die Formel $\Diamond F \Rightarrow \Diamond G$ folgt.

b) Beweisen Sie, dass die Formeln $\Diamond(F \Rightarrow G)$ und $\Box F \Rightarrow \Diamond G$ äquivalent sind.

Aufgabe 6.5: Der Fußball-Stammtisch – Fortsetzung folgt

Einige Bierchen später sitzen bereits fünf Experten am Stammtisch. Der Stand der Meisterschaft wird kontrovers diskutiert. U. a. werden die folgenden Voraussagen getroffen.

1) „Bremen gewinnt alle restlichen Spiele."
2) „Dortmund gewinnt nicht alle restlichen Spiele."
3) „Wenn irgendwann einmal München nicht gewinnt, dann gewinnt in dieser Runde auch Bremen nicht."
4) „Gewinnt München in einer Runde, so gewinnt in dieser Runde auch Dortmund."
5) „In jeder Runde gewinnt mindestens eine der Mannschaften Bremen, Dortmund und München."

Übersetzen Sie diese Aussagen in modallogische Formeln. Zeigen Sie dann, dass sich mindestens einer der „Experten" irrt.

Aufgabe 6.6

Seien F, G zwei modallogische Formeln.

a) Zeigen Sie, dass F unerfüllbar ist, wenn G aus F folgt und unerfüllbar ist.

b) Beweisen Sie mit Hilfe der fundamentalen modallogischen Äquivalenzen unter Verwendung von Aufgabenteil a), dass die Formel

$$\Box(F \Rightarrow G) \wedge \Diamond F \wedge \Box\neg G$$

unerfüllbar ist.

Aufgabe 6.7: Ein schöner Rahmen schmückt jede Formel!

Sei $\mathcal{F}$ die Menge aller Formeln $\Box F \Rightarrow F$, wobei F eine modallogische Formel ist. Ferner sei $\mathcal{G}$ die Menge aller Formeln $F \Rightarrow \Box\Diamond F$, wobei F eine modallogische

Formel ist. Schließlich sei $\mathcal{H}$ die Menge aller Formeln $\Diamond F \Rightarrow \Box\Diamond F$, wobei F eine modallogische Formel ist.

a) Ein Rahmen $\mathcal{R} = (W, R)$ heißt **reflexiv**, wenn für alle $s \in W$ die Beziehung $(s, s) \in R$ gilt. Beweisen Sie, dass eine modallogische Formel G genau dann in jedem reflexiven Rahmen gilt, wenn G eine Rahmenkonsequenz von $\mathcal{F}$ ist.

b) Ein Rahmen $\mathcal{R} = (W, R)$ heißt **symmetrisch**, wenn für alle $s, t \in W$ aus der Beziehung $(s, t) \in R$ folgt, dass auch $(t, s) \in R$ gilt. Zeigen Sie, dass eine modallogische Formel G genau dann in jedem symmetrischen Rahmen gilt, wenn G eine Rahmenkonsequenz von $\mathcal{G}$ ist.

c) Ein Rahmen $\mathcal{R} = (W, R)$ heißt **Euklidisch**, wenn für alle $s, t, u \in W$ aus den Beziehungen $(s, t) \in R$ und $(s, u) \in R$ die Beziehung $(t, u) \in R$ folgt. Weisen Sie nach, dass eine modallogische Formel G genau dann in jedem Euklidischen Rahmen gilt, wenn sie eine Rahmenkonsequenz von $\mathcal{H}$ ist.

Aufgabe 6.8: Die unendliche Geschichte

In einem Computerprogramm kommen die vier Integer-Variablen w, x, y, z vor. Ab einem gewissen Zeitpunkt im Programm gilt:

1) Wenn $z > 0$ ist, so gilt $y > 0$.
2) Wenn $w \leq 0$ ist, so gilt $x \leq 0$.
3) Wenn $w > 0$ ist, so gilt $y \leq 0$.
4) Es ist immer $z > 0$.

1. Übersetzen Sie diese Aussagen in modallogische Formeln.
2. Das Programm ende genau dann, wenn $x > 0$ ist. Zeigen Sie, dass das Programm nie endet.

Aufgabe 6.9: Ein Programm mit Schleifchen

In einem Computerprogramm kommen zwei Integer-Variablen x und y vor, wobei $y > 0$ ist, wenn $x > 0$ gilt. Nach dem Start durchläuft das Programm eine Schleife S, sobald und solange $x \leq 0$ ist. Es gibt einen Zeitpunkt t, an dem $y \leq 0$ ist und ab dem y immer ≤ 0 bleibt. Das Unterprogramm A und die Schleife S können nicht gleichzeitig abgearbeitet werden.

a) Formulieren Sie obige Situation als modallogische Formel.

b) Zeigen Sie, dass das Unterprogramm A nach dem Zeitpunkt t nicht mehr durchlaufen wird.

Aufgabe 6.10

Zeigen Sie mit Hilfe des Tableaukalküls der Aussagenlogik, dass die Formel

$$F = ((A \wedge B) \Rightarrow C) \wedge (\neg A \Rightarrow \neg B) \wedge \neg (B \Rightarrow (C \vee D))$$

unerfüllbar ist.

Aufgabe 6.11

Sei $\mathcal{R} = (W, R)$ ein Rahmen. Die Erreichbarkeitsrelation $R \subseteq W \times W$ heißt eine **Äquivalenzrelation**, wenn sie reflexiv, symmetrisch und transitiv ist.

a) Zeigen Sie, dass eine reflexive Relation R genau dann eine Äquivalenzrelation ist, wenn sie **Euklidisch** ist, d. h. wenn aus $(u, v) \in R$ und $(u, w) \in R$ folgt, dass $(w, v) \in R$ gilt.

b) Sei nun R eine Äquivalenzrelation. Definieren Sie auf der Menge $\overline{W}$ aller Äquivalenzklassen $\overline{w} = \{v \in W \mid (v, w) \in R\}$ eine **induzierte Relation** $\bar{R}$ und zeigen Sie, dass eine Formel F genau dann im Rahmen $\mathcal{R}$ gültig ist, wenn sie im Rahmen $\left(\overline{W}, \bar{R}\right)$ gültig ist.

Aufgabe 6.12

Gegeben sei die modallogische Formel $F = (\Box G \Rightarrow \Box(\Box G \vee H))$ mit modallogischen Teilformeln G, H.

a) Zeigen Sie mit Hilfe des modallogischen Tableaukalküls, dass F keine Tautologie ist.

b) Beweisen Sie, dass F in der Modallogik $\mathsf{K4}$ gültig ist, d. h. dass F in jedem transitiven Rahmen gilt.

Temporallogik

7

ÜBERBLICK

Logik ist ...,
was dem Logiker gefällt.

Was ist Zeit?

Will man zeitliche Abläufe mit der Modallogik oder einer geeigneten Verallgemeinerung der Modallogik beschreiben, so stellt sich die Frage nach dem Wesen der Zeit. Für ältere Menschen scheint die Zeit viel schneller zu vergehen als für jüngere. Gilt dies auch für ältere Computer? In der Physik modelliert man die Zeit häufig durch die Menge der reellen Zahlen. Aber selbst physikalisch betrachtet ist dies ein höchst fragwürdiges Modell:

- Gab es nun einen „Big Bang" oder nicht? Falls ja, wäre die Menge der nichtnegativen Zahlen zu verwenden.
- Ist die Zeit nun gequantelt oder nicht? Gibt es eine Elementarzeit? Falls ja, so wären die natürlichen oder ganzen Zahlen die korrekte Basismenge für die Menge aller Zeitpunkte.

Obwohl auch temporale Logiken mit Zeitpunktmengen $\mathbb{R}, \mathbb{Z}, \mathbb{R}_{\geq 0}$ oder sogar beliebigen Abelschen Gruppen definiert und studiert worden sind, erscheint es für mögliche Informatik-Anwendungen am aussichtsreichsten zu sein, eine diskrete Zeit zu betrachten, die einen festen Anfangspunkt besitzt. So können wir z. B. Programmschritte, Datenbankzugriffe, Hauptspeicherveränderungen oder Informationsübertragungen in Netzwerken zeitlich fixieren. Aber was passiert im Falle einer *if*-Abfrage während eines Programmablaufs? Verzweigt sich dann die Zeit?

In den meisten temporallogischen Systemen nehmen wir an, dass die möglichen Zeitpunkte nicht nur diskret, sondern linear und transitiv geordnet sind. Zu jedem Zeitpunkt gibt es also einen eindeutigen „nächsten" Zeitpunkt. Ferner scheint es sinnvoll, die „später"-Relation als *antisymmetrisch* vorauszusetzen, d. h. „jetzt" ist nicht „später" als „jetzt". Doch wie wir sehen werden, ist es mit einer einfachen Einschränkung der Modallogik auf solche Rahmen nicht getan. Es gibt zeitliche Zusammenhänge, die man durch $\Box F =$ „Die Formel F gilt zu jedem zukünftigen Zeitpunkt" und $\Diamond F =$ „Die Formel F gilt zu mindestens einem zukünftigen Zeitpunkt" nicht ausdrücken kann. Darum brauchen wir die eigentliche Temporallogik und sie ist der eigentliche Inhalt dieses Abschnitts.

In der eigentlichen Temporallogik definieren wir auch einen Operator $F \sqcup G$ (sprich „F until G"), der bedeuten soll, dass die Formel F solange gilt bis G gilt, und dass letzterer Fall irgendwann eintritt. Mit Hilfe des *until*-Operators kann man viele weitere zeitliche Zusammenhänge logisch ausdrücken, was dem Logiker natürlich sehr gefällt.

Es gibt Sachen, die man
mit Worten nicht ausdrücken kann.
Zum Beispiel eine Zitrone.
(Fredl Fesl)

7.A Zeitlogik

Für die Informatik besonders wichtig ist der Fall, dass ein Rahmen $\mathcal{R} = (W, R)$ in der Modallogik einen zeitlichen Ablauf ausdrückt. In solchen speziellen **zeitlogischen Rahmen** interpretieren wir $\Box F$ als „F gilt zu allen Zeitpunkten nach dem Referenzpunkt" und $\Diamond F$ als „Es gibt einen Zeitpunkt nach dem Referenzpunkt, zu dem F gilt". Beschränkt man die Modallogik auf derartige Rahmen, so erhalten wir die **Zeitlogik**.

Definition 7.1: Syntax und Semantik der Zeitlogik

a) Ein Rahmen $\mathcal{R} = (W, R)$ heißt ein **zeitlogischer Rahmen**, wenn er die folgenden Bedingungen erfüllt.

   a1) Für alle $s \in W$ gilt $(s, s) \notin R$. (Irreflexivität)

   a2) Für $s, t, u \in W$ mit $(s, t) \in R$ und $(t, u) \in R$ gilt $(s, u) \in R$. (Transitivität)

   In diesem Fall heißt R eine **strikte partielle Ordnung**.

b) Die Syntax der **Zeitlogik** stimmt mit der Syntax der Modallogik überein. Die Semantik der Zeitlogik entspricht der Semantik der Modallogik, außer dass man nur zeitlogische Rahmen $\mathcal{R} = (W, R)$ zulässt.

Beispiel 7.2: Archäo-Logik

Der griechische Philosoph Diodorus Cronus aus Megara (4. Jhd. vor Christus) definierte folgende temporale Modalitäten:

„Das Mögliche ist das, was ist oder irgendwann sein wird. Das Notwendige ist das, was immer ist."

Mit anderen Worten, er gab eine temporallogische Interpretation unserer Operatoren $\Diamond$ und $\Box$. Darauf aufbauend definierte er ebenfalls eine *strikte Folgerung* auf folgende Weise:

„Eine strikte Folgerung gilt notwendigerweise. Ist G eine strikte Folgerung von F, so kann es nie passieren, dass F gilt, aber G nicht."

a) Wie kann man eine strikte Folgerung modallogisch audrücken? Für alle zukünftigen Zeitpunkte muss $s \Vdash F \Rightarrow G$ gelten. Also wird eine strikte Folgerung durch die Formel $\Box\,(F \Rightarrow G)$ ausgedrückt.

b) Das folgende Zwiegespräch zwischen Diodorus Cronus und seinem Schüler Philo von Megara wurde abgehört:

   Diodorus: „Herrscht Krieg, so folgt strikt, dass auch eine Seeschlacht stattfindet."

   Philo: „Krieg herrscht notwendigerweise. Daraus folgt strikt, dass notwendigerweise eine Seeschlacht stattfindet."

   Diodorus: „Was Du da sagst, folgt doch strikt aus dem, was ich schon gesagt habe."

   Hat der Meister Recht? Wie können wir das Zwiegespräch zeitlogisch ausdrücken? Die Aussage A bedeute „Es herrscht Krieg" und B stehe für „Es findet eine Seeschlacht statt".

Dann ist die erste Aussage von Diodorus also $\Box(A \Rightarrow B)$. Die Antwort von Philo ist $\Box(\Box A \Rightarrow \Box B)$. Insgesamt müssen wir die Allgemeingültigkeit der Formel

$$F = \Box(\Box(A \Rightarrow B) \Rightarrow \Box(\Box A \Rightarrow \Box B))$$

untersuchen. Mit Hilfe des Tableaukalküls der Modallogik kann man zeigen, dass die Formel modallogisch nicht allgemein gültig ist (vgl. Übungsaufgabe 7.1). Aber ist sie vielleicht eine zeitlogische Tautologie?

Da wir in der Zeitlogik nur spezielle Rahmen verwenden, können wir die Ergebnisse der Modallogik nicht unmittelbar anwenden. Dennoch würden wir gerne die Allgemeingültigkeit von Formeln in der Zeitlogik entscheiden. Kann man diese Frage auf ein Entscheidungsproblem der Modallogik zurückführen? Die Transitivität eines Rahmens lässt sich wie folgt charakterisieren.

Satz 7.3

Sei $\mathcal{R} = (W, R)$ ein Rahmen und sei $\mathcal{M}$ die Menge modallogischer Formeln $\mathcal{M} = \{\Box F \Rightarrow \Box\Box F \mid F \text{ modallogische Formel}\}$.

a) Genau dann ist R transitiv, wenn $\mathcal{R} \models \mathcal{M}$ gilt.

b) Genau dann gilt eine modallogische Formel G in allen transitiven Rahmen, wenn $\mathcal{M} \models G$ gilt.

Beweis Zuerst beweisen wir a). Sei $\mathcal{R} = (W, R)$ ein transitiver Rahmen. Wir zeigen, dass für jede modallogische Formel F die Formel $\Box F \Rightarrow \Box\Box F$ im Rahmen $\mathcal{R}$ gilt. Dazu sei $s \in W$. Angenommen $s \Vdash \Box F$, d. h. für alle $t \in W$ mit $(s, t) \in R$ gilt $t \Vdash F$. Für alle $t \in W$ mit $(s, t) \in R$ müssen wir $t \Vdash \Box F$ beweisen. Also müssen wir für alle $u \in W$ mit $(t, u) \in R$ zeigen, dass $u \Vdash F$ gilt. Da R transitiv ist, gilt $(s, u) \in R$. Nach Voraussetzung ist damit $u \Vdash F$ erfüllt.

Nun gelte umgekehrt $\mathcal{R} \models \mathcal{M}$ für einen Rahmen $\mathcal{R} = (W, R)$. Angenommen, die Erreichbarkeitsrelation R ist dabei nicht transitiv. Seien also $s, t, u \in W$ mit $(s, t) \in R$ und $(t, u) \in R$ und $(s, u) \notin R$. Wir betrachten ein Aussagensymbol A und die Formel $\Box A \Rightarrow \Box\Box A$. Zu dieser Formel konstruieren wir eine passende Struktur $\alpha = (W, R, \xi)$, indem wir ξ so festlegen, dass

$$\xi(A, v) = \begin{cases} 1 & \text{falls } (s, v) \in R \\ 0 & \text{sonst} \end{cases}$$

erfüllt ist. Dann gilt $\alpha(\Box A, s) = 1$ und $\alpha(\Box\Box A, s) = 0$, denn $\alpha(A, u) = 0$ impliziert $\alpha(\Box A, t) = 0$. Insgesamt erhalten wir $\alpha(G, s) = 0$ im Widerspruch zur Voraussetzung $\mathcal{R} \models G$.

Jetzt bleibt noch b) zu beweisen. Angenommen, G gilt in jedem transitiven Rahmen. Sei $\mathcal{R}$ ein Rahmen mit $\mathcal{R} \models \mathcal{M}$. Nach a) ist $\mathcal{R}$ dann transitiv. Nach Voraussetzung gilt somit $\mathcal{R} \models G$. Daher folgt aus $\mathcal{R} \models \mathcal{M}$, dass $\mathcal{R} \models G$ gilt, was zu zeigen war. Umgekehrt sei ein transitiver Rahmen $\mathcal{R}$ gegeben. Nach a) folgt $\mathcal{R} \models \mathcal{M}$. Die Voraussetzung liefert nun $\mathcal{R} \models G$. Infolgedessen gilt G in jedem transitiven Rahmen. □

Auf Grund dieses Satzes bietet sich folgende Vermutung an: Eine modallogische Formel F gilt genau dann in jedem transitiven Rahmen, wenn sie in jedem zeitlogischen

Rahmen gilt. Offensichtlich gilt F in jedem zeitlogischen Rahmen, wenn F in allen transitiven Rahmen gilt. Um die umgekehrte Richtung zu beweisen, brauchen wir das folgende Konzept.

Definition 7.4: p-Morphismus

Seien $\mathcal{R} = (W, R)$ und $\mathcal{R}' = (W', R')$ zwei Rahmen, seien $\alpha = (W, R, \xi)$ und $\alpha' = (W', R', \xi')$ zwei darauf basierende Strukturen und sei $f : W \to W'$ eine Abbildung mit den folgenden Eigenschaften:

a) Für alle $s, t \in W$ mit $(s, t) \in R$ gilt $(f(s), f(t)) \in R'$.

b) Ist $s \in W$ und $t' \in W'$ mit $(f(s), t') \in R'$, so gibt es ein $u \in W$ mit $f(u) = t'$ und $(s, u) \in R$.

c) Für alle Aussagensymbole A im (gemeinsamen) Definitionsbereich von ξ und ξ' und für alle $s \in W$ gilt $\xi(A, s) = \xi'(A, f(s))$.

Dann heißt f ein **p-Morphismus** von α nach α'. Erfüllt f die Bedingungen a) und b) und ist f zusätzlich surjektiv, so heißt $\mathcal{R}'$ auch ein **p-morphes Bild** von $\mathcal{R}$.

Mit Hilfe solcher p-Morphismen wollen wir jetzt zu einem transitiven Rahmen, in dem eine Formel F gilt, einen geeigneten zeitlogischen Rahmen konstruieren, in dem sie auch gilt. Auf diese Weise können wir dann die Erfüllbarkeit bzw. Allgemeingültigkeit von Formeln in der Zeitlogik zurückführen auf die modale Logik K4, in der nur die Transitivität der Rahmen verlangt ist.

Satz 7.5

Seien $\alpha = (W, R, \xi)$ und $\alpha' = (W', R', \xi')$ zwei Strukturen und sei $f : W \to W'$ ein p-Morphismus von α nach α'.

a) Für jede modallogische Formel F und jeden Referenzpunkt $s \in W$ gilt $s \Vdash_\alpha F$ genau dann, wenn $f(s) \Vdash_{\alpha'} F$ gilt.

b) Ist $\mathcal{R}'$ ein p-morphes Bild von $\mathcal{R}$, so folgt aus $\mathcal{R} \models F$, dass auch $\mathcal{R}' \models F$ gilt.

Beweis Zuerst zeigen wir die Behauptung a) induktiv bzgl. der Definition 6.3.b) der Semantik der Modallogik.

Fall 6.3.b1) Ist $F = A$ ein Aussagensymbol, so gilt

$$\alpha(F, s) = \xi(A, s) = \xi'(A, f(s)) = \alpha'(F, f(s)).$$

Fall 6.3.b2) Sei $F = \neg G$ mit einer modallogischen Formel G. Nach Induktionsvoraussetzung gilt $\alpha(G, s) = \alpha'(G, f(s))$. Also folgt

$$\alpha(F, s) = 1 - \alpha(G, s) = 1 - \alpha'(G, f(s)) = \alpha'(F, f(s)).$$

Fall 6.3.b3) Sei $F = G \wedge H$ mit modallogischen Formeln G, H. Dann gilt

$$\alpha(F,s) = \begin{cases} 1 & \text{falls } \alpha(G,s) = \alpha(H,s) = 1 \\ 0 & \text{sonst} \end{cases}$$
$$= \begin{cases} 1 & \text{falls } \alpha'\left(G, f(s)\right) = \alpha'\left(H, f(s)\right) = 1 \\ 0 & \text{sonst} \end{cases}$$
$$= \alpha'\left(F, f(s)\right).$$

Fall 6.3.b4) Der Beweis verläuft analog zum vorhergehenden Fall.

Fall 6.3.b5) Sei $F = \Box G$ mit einer modallogischen Formel G. Dann gilt $\alpha(F,s) = 1$ genau dann, wenn sich für alle $t \in W$ mit $(s,t) \in R$ der Wahrheitswert $\alpha(G,t) = 1$ ergibt. Nach der Induktionsvoraussetzung bedeutet dies gerade $\alpha'\left(G, f(t)\right) = 1$ für alle diese Referenzpunkte t. Nun entsprechen diese Punkte $t \in W$ wegen Definition 7.4.a), b) gerade den Punkten $t' \in W'$ mit $\left(f(s), t'\right) \in R'$. Also ist $\alpha(F,s) = 1$ äquivalent mit $\alpha'\left(G,t'\right) = 1$ für alle $t' \in W'$ mit $\left(f(s), t'\right) \in R'$, d. h. mit $\alpha\left(F, f(s)\right) = 1$.

Fall 6.3.b6) Der Beweis verläuft wiederum völlig analog zum vorhergehenden Fall und sei dem Leser überlassen.

Nun beweisen wir die Behauptung b). Sei $\mathcal{R}' = \left(W', R'\right)$ ein p-morphes Bild von $\mathcal{R} = (W,R)$ bzgl. $f : W \to W'$. Angenommen, die Formel F ist im Rahmen $\mathcal{R}'$ nicht gültig. Dann gibt es eine Struktur $\alpha' = \left(W', R', \xi'\right)$ und einen Referenzpunkt $s' \in W'$ mit $\alpha'\left(F, s'\right) = 0$. Wir definieren eine auf $\mathcal{R}$ basierende Struktur $\alpha = (W, R, \xi)$ durch $\xi(A,t) = \xi'\left(A, f(t)\right)$ für alle vorkommenden Aussagensymbole A und alle $t \in W$. Dann ist $f : W \to W'$ ein p-Morphismus von α nach α'. Sei s ein Urbild von s' unter f. Nach Teil a) gilt $\alpha(F,s) = 0$, d. h. die Formel F ist im Rahmen $\mathcal{R}$ nicht gültig. □

Satz 7.6: Modallogische Charakterisierung der zeitlogischen Allgemeingültigkeit

a) Ist $\mathcal{R} = (W,R)$ ein Rahmen und ist R transitiv, so ist $\mathcal{R}$ ein p-morphes Bild eines zeitlogischen Rahmens $\widetilde{\mathcal{R}} = (\widetilde{W}, \widetilde{R})$.

b) Sei $\mathcal{M}$ die Menge modallogischer Formeln

$$\mathcal{M} = \left\{\Box F \Rightarrow \Box\Box F \mid F \text{modallogische Formel}\right\}.$$

Genau dann ist eine zeitlogische Formel G allgemein gültig, wenn in der Modallogik $\mathcal{M} \models G$ gilt.

Beweis Um die Behauptung a) zu beweisen, konstruieren wir den Rahmen $\widetilde{\mathcal{R}} = (\widetilde{W}, \widetilde{R})$ wie folgt. Es sei $\widetilde{W} = W \times \mathbb{N}$ und es gelte $((s,i),(t,j)) \in \widetilde{R}$ genau dann, wenn $(s,t) \in R$ und $i < j$ erfüllt ist. Dies liefert einen zeitlogischen Rahmen $\widetilde{\mathcal{R}}$, denn die Irreflexivität folgt daraus, dass $i < i$ nicht erfüllt ist, und die Transitivität von $\widetilde{R}$ folgt aus der von R und der der Relation $<$.

Jetzt definieren wir eine surjektive Abbildung $f : \widetilde{W} \to W$ durch $f(s,i) = s$. Die Abbildung f erfüllt offenbar die Bedingung 7.4.a). Auch die Bedingung 7.4.b) gilt für f, denn sind $t \in W$ und $(s,i) \in \widetilde{W}$ mit $\left(f(s,i), t\right) = (s,t) \in R$, so braucht man nur ein $j > i$ zu wählen, um $((s,i),(t,j)) \in \widetilde{R}$ und $f(t,j) = t$ zu erhalten. Also ist $\widetilde{\mathcal{R}}$ ein p-morphes Bild von $\mathcal{R}$.

Nun zeigen wir b). Sei G eine allgemein gültige zeitlogische Formel, d. h. für jeden zeitlogischen Rahmen $\widetilde{\mathcal{R}}$ gelte $\widetilde{\mathcal{R}} \models G$. Sei $\mathcal{R} = (W, R)$ ein transitiver Rahmen. Mittels a) erhalten wir eine Abbildung $f : \widetilde{W} \to W$ und einen zeitlogischen Rahmen $\widetilde{\mathcal{R}} = (\widetilde{W}, \widetilde{R})$, so dass $\mathcal{R}$ ein p-morphes Bild von $\widetilde{\mathcal{R}}$ ist. Wegen Satz 7.5.b) folgt aus $\widetilde{\mathcal{R}} \models G$ nun $\mathcal{R} \models G$. Da $\mathcal{R}$ ein beliebiger transitiver Rahmen war, ergibt sich aus Satz 7.3.b) alsdann die Behauptung $\mathcal{M} \models G$.

Umgekehrt folgt aus $\mathcal{M} \models G$ und Satz 7.3.b), dass G in jedem transitiven Rahmen gilt. Insbesondere gilt G also in jedem zeitlogischen Rahmen. □

Angesichts dieses Satzes ist es klar, dass für die Konstruktion eines Kalküls zur Untersuchung der Erfüllbarkeit bzw. Unerfüllbarkeit zeitlogischer Formeln nur die Transitivität der Erreichbarkeitsrelation eine Rolle spielen kann. In der Tat kann man die Irreflexivität eines Rahmens auch überhaupt nicht durch eine Formelmenge wie in Satz 7.3 ausdrücken, wie unsere nächste Bemerkung zeigt.

Bemerkung 7.7

Angenommen, es gibt eine Menge modallogischer Formeln $\mathcal{M}$, so dass ein Rahmen $\mathcal{R} = (W, R)$ genau dann irreflexiv ist, wenn $\mathcal{R} \models \mathcal{M}$ erfüllt ist. Betrachte die Rahmen $\mathcal{R} = (\mathbb{N}, <)$ und $\mathcal{R}' = (\{0\}, \{(0,0)\})$. Dann ist $\mathcal{R}'$ ein p-morphes Bild von $\mathcal{R}$ bzgl. der Abbildung $f : \mathbb{N} \to \{0\}$ mit $f(i) = 0$ für alle $i \in \mathbb{N}$. Da $\mathcal{R}$ irreflexiv ist, gilt $\mathcal{R} \models \mathcal{M}$. Nach Satz 7.5.b) folgt dann $\mathcal{R}' \models \mathcal{M}$. Also müsste $\mathcal{R}'$ irreflexiv sein, was aber nicht zutrifft. Somit kann man irreflexive Rahmen nicht analog zu Satz 7.3.a) charakterisieren.

Um die Unerfüllbarkeit zeitlogischer Formeln zu testen, wenden wir eine Modifikation des Tableaukalküls der Modallogik an. Da wir die Endlichkeit des konstruierten Tableaus jedoch nicht mehr in allen Fällen gewährleisten können, erhalten wir nur eine Prozedur.

Definition 7.8: Zeitlogische Tableauvervollständigungsprozedur

Sei F eine modallogische Formel, sei $\mathcal{R} = (W, R)$ ein transitiver zu F passender Rahmen und sei $s \in W$. Wir wenden den Algorithmus aus Definition 6.23 zur Konstruktion eines vollständigen Tableaus für F an, wobei wir die folgende zusätzliche Tableauregel einführen.

7) Jedes Mal wenn ein neuer Referenzpunkt t betrachtet und ein Knoten $(s, t) \in R$ eingefügt wird, so hänge am Ende eines jeden bei $(s, t) \in R$ beginnenden Pfads die Knoten

$$\begin{array}{c} \bullet \\ | \\ (r_1, t) \in R \\ | \\ \vdots \\ | \\ (r_\ell, t) \in R \end{array}$$

an, wobei $r_1, \dots, r_\ell \in W$ die Referenzpunkte sind, für die $(r_i, s) \in R$ auf einem durch den Knoten $(s, t) \in R$ verlaufenden Pfad liegen. Für jeden bereits markierten Knoten der Form

$s \Vdash \Box\widetilde{H}$ oder $r_i \Vdash \Box\widetilde{H}$ füge am Ende jedes bei ihm beginnenden Pfads den Zweig $t \Vdash \widetilde{H}$ an. Fahre dann mit 2) fort.

Die resultierende Prozedur nennen wir die **zeitlogische Tableauvervollständigungsprozedur**.

Ein einfaches Beispiel für die Anwendung dieser Prozedur ist der Nachweis der Formel $\Box F \Rightarrow \Box\Box F$, von der wir ja wegen Satz 7.3 bereits wissen, dass sie in transitiven Rahmen gilt.

Beispiel 7.9

Sei F eine modallogische Formel. Wir wollen die Unerfüllbarkeit von $\neg(\Box F \Rightarrow \Box\Box F)$ mit der zeitlogischen Tableauvervollständigungsprozedur nachweisen. Die Konstruktion beginnt wie folgt.

$$\begin{array}{c} s \Vdash \neg(\Box F \Rightarrow \Box\Box F) \\ | \\ s \Vdash \neg(\neg\Box F \vee \Box\Box F) \\ | \\ s \Vdash \Box F \\ | \\ s \Vdash \neg\Box\Box F \\ | \\ s \Vdash \Diamond\neg\Box F \\ | \\ (s,t) \in R \\ | \\ t \Vdash \neg\Box F \end{array}$$

Wenn wir nun den Knoten $t \Vdash \neg\Box F$ abarbeiten, müssen wir die neue Tableauregel 7.8.7) anwenden. Wir erhalten

$$\begin{array}{c} s \Vdash \Box F \\ | \\ (s,t) \in R \\ | \\ t \Vdash \neg\Box F \\ | \\ t \Vdash F \\ | \\ t \Vdash \Diamond\neg F \\ | \\ (t,u) \in R \\ | \\ u \Vdash \neg F \\ | \\ (s,u) \in R \\ | \\ u \Vdash F \\ ⚡ \end{array}$$

und somit ist die Behauptung gezeigt.

Auch in unserem fortlaufenden Beispiel 7.2 können wir die Allgemeingültigkeit der Formel $F = \Box(\Box(A \Rightarrow B) \Rightarrow \Box(\Box A \Rightarrow \Box B))$ mit Hilfe des zeitlogischen Tableaukalküls beweisen.

Beispiel 7.10: Archäo-Logik

Gegeben sei die Formel $F = \Box(\Box(A \Rightarrow B) \Rightarrow \Box(\Box A \Rightarrow \Box B))$ aus Beispiel 7.2.b). Wir wollen die Unerfüllbarkeit ihrer Negation $\neg F$ nachweisen. Wir beginnen mit den modallogischen Abarbeitungsschritten:

$$s \Vdash \neg\Box(\Box(A \Rightarrow B) \Rightarrow \Box(\Box A \Rightarrow \Box B))$$
$$|$$
$$s \Vdash \Diamond\neg(\neg\Box(A \Rightarrow B) \vee \Box(\neg\Box A \vee \Box B))$$
$$|$$
$$(s,t) \in R$$
$$|$$
$$t \Vdash \Box(A \Rightarrow B)$$
$$|$$
$$t \Vdash \neg\Box(\Diamond\neg A \vee \Box B)$$
$$|$$
$$t \Vdash \Diamond\neg(\Diamond\neg A \vee \Box B)$$
$$|$$
$$(t,u) \in R$$
$$|$$
$$u \Vdash \neg\Diamond\neg A$$
$$|$$
$$u \Vdash \neg\Box B$$
$$|$$
$$u \Vdash \Box A$$
$$|$$
$$u \Vdash \Diamond\neg B$$
$$|$$
$$(u,v) \in R$$
$$|$$
$$v \Vdash \neg B$$

Nun streuen wir die Tableauregel 7.8.7) ein und erhalten folgende Fortsetzung des Pfads:

$$|$$
$$(s,u) \in R$$
$$|$$
$$(t,v) \in R$$
$$|$$
$$(s,v) \in R$$
$$|$$
$$u \Vdash A \Rightarrow B$$
$$|$$

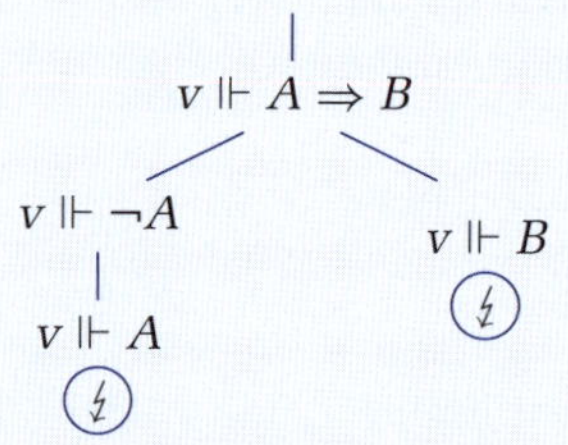

Zeitlogisch betrachtet hat der Meister also doch Recht!

Der Hauptsatz dieses Unterabschnitts fehlt aber noch und wird nun nachgeliefert.

Satz 7.11: Korrektheit und Vollständigkeit des zeitlogischen Tableaukalküls

Sei F eine zeitlogische Formel und sei T das mittels der zeitlogischen Tableauvervollständigungsprozedur 7.8 gewonnene vollständige Tableau.

a) (Korrektheit) *Ist T geschlossen, so ist F unerfüllbar.*

b) (Vollständigkeit) *Ist F unerfüllbar, so ist T geschlossen.*

Beweis Wir schließen wie im modallogischen Fall, d. h. wie in den Beweisen der Theoreme 6.27 und 6.28. Zum Nachweis der Korrektheit ist dabei nur zu zeigen, dass die neue Tableauregel 7.8.7) die Erfüllbarkeit einer Formel erhält. Dies ist wegen der vorausgesetzten Transitivität der Erreichbarkeitsrelation klar.

Nun beweisen wir b), also die Vollständigkeit. Wir beschränken uns auf den Fall, dass die Prozedur stoppt und ein endliches Tableau T ausgibt. Für den unendlichen Fall verweisen wir auf [12], IV.5. Dazu nehmen wir wieder an, es gebe einen nicht geschlossenen maximalen Pfad $(K_0, \dots, K_n)$ in T und argumentieren dann mit vollständiger Induktion nach der Pfadtiefe der Knoten in diesem Pfad. Bei zwei der fünf Unterfälle müssen wir ein wenig aufpassen.

Fall 6.23.4) Sei K_i von der Form $t \Vdash \Diamond H$. Da T vollständig ist, gibt es im weiteren Verlauf des Pfads zwei Knoten der Form $(t, u) \in R$ und $u \Vdash H$. Ferner sind für alle Referenzpunkte $v_1, \dots, v_k \in W$, für die $(u, v_i) \in R$ im Pfad vorkommt, auch die Knoten $(t, v_i) \in R$ im weiteren Verlauf des Pfads enthalten. Fügen wir also t zu W und $\{(t, u), (t, v_1), \dots, (t, v_k)\}$ zu R hinzu, so ist der neue Rahmen weiterhin transitiv und $t \Vdash_{\alpha'} \Diamond H$ gilt in der erweiterten Struktur α'.

Fall 6.23.5) Sei K_i von der Form $t \Vdash \Box H$. Seien $u_1, \dots, u_\ell$ die Namen der Referenzpunkte, die im weiteren Verlauf des Pfads in Knoten der Form $(t, u_i) \in R$ auftreten. Wegen den Tableauregeln 6.23.4) und 7.8.7) sind dann auch die Knoten $u_i \Vdash H$ im Pfad enthalten. Wir fügen t zu W hinzu und erweitern R um $\{(t, u_1), \dots, (t, u_\ell)\}$. Da T vollständig ist, zeigt Regel 7.8.7), dass auch die erweiterte Relation R transitiv bleibt. In der erweiterten Struktur α' gilt dann wieder $t \Vdash_{\alpha'} \Box H$, denn für $i = 1, \dots, \ell$ folgt $u_i \Vdash_\alpha H$ nach Induktionsvoraussetzung.

□

7.B Der *until*-Operator

Bei der Untersuchung von Programmen (z. B. Ein- und Ausgabeverhalten, Definition von Schnittstellen) treten oft Situationen auf, die den Rahmen der Modallogik sprengen. Einerseits hat man spezielle Mengen von Referenzpunkten, nämlich die verschiedenen Zeitpunkte (Systemtakt, Programmschritte) beim Programmablauf. Andererseits kann man mit Hilfe der Zeitlogik nur einfache temporale Zusammenhänge ausdrücken, z. B.

$\Box F$ bedeutet „die Formel F gilt immer" und

$\Diamond F$ bedeutet „die Formel F gilt irgendwann".

Jedoch werden wir sehen, dass man nicht jeden temporalen Zusammenhang zeitlogisch ausdrücken kann, z. B. „Die Formel F gilt bis zum ersten Zeitpunkt $s \in W$ an dem eine Formel G gilt" (*until*-Operator) oder „Die Formel F galt in der Vergangenheit" (*past*-Operator). Um dies zu beheben, müssen wir die Modallogik in die Prädikatenlogik einbetten und die gewünschten Operatoren dort definieren. Auf diese Weise erhalten wir die eigentliche **Temporallogik**.

Definition 7.12: Prädikatenlogische Übersetzung der Modallogik

Sei F eine modallogische Formel und $Q : M \to \{Q_1, Q_2, \ldots\}$ eine Abbildung, die jedem in F vorkommenden Aussagensymbol A ein einstelliges Prädikat $Q_i = Q(A)$ zuordnet.

a) Die **prädikatenlogische Übersetzung** F^* einer modallogischen Formel F ist definiert durch die folgenden rekursiv anzuwendenden Regeln:

   a1) Sei x ein fester Variablenname.
   a2) $A^* = Q_i(x)$ für $Q_i = Q(A)$
   a3) $(\neg F)^* = \neg(F^*)$
   a4) $(F \wedge G)^* = F^* \wedge G^*$
   a5) $(F \vee G)^* = F^* \vee G^*$
   a6) $(\Box F)^* = \forall y : (P(x,y) \Rightarrow F^*|_{x \mapsto y})$
   a7) $(\Diamond F)^* = \exists y : (P(x,y) \wedge F^*|_{x \mapsto y})$

   Hierbei sei y in a6) und a7) jeweils ein neuer Variablenname und $P(x,y)$ sei ein festes zweistelliges Prädikat.

b) Die semantische Interpretation von F^* erhält man folgendermaßen. Sei $\alpha = (W, R, \xi)$ eine modallogische Struktur. Definiere eine prädikatenlogische Struktur $\alpha^* = (U, \varphi, \psi, \xi^*)$ rekursiv wie folgt:

   b1) $U = W$,
   b2) φ beliebig, da in F^* keine Funktionssymbole vorkommen,
   b3) $\psi(P) = R \subseteq W \times W$,
   b4) $\psi(Q_i) = \{s \in W \mid \xi(A,s) = 1\}$ für $Q_i = Q(A)$,
   b5) ξ^* beliebig, also z. B. $\xi^*(x) = s \in W$, $\xi^*(y) = t \in W$ etc.

   Die Struktur α^* heißt eine **prädikatenlogische Übersetzung** von α.

Beispiel 7.13

Die prädikatenlogische Übersetzung der Formel $\Box(\Box A)$ ist

$$\begin{aligned}(\Box(\Box A))^* &= \forall y : \left(P(x,y) \Rightarrow (\Box A)^*\big|_{x\mapsto y}\right)\\ &= \forall y : \left(P(x,y) \Rightarrow \forall z : \left(P(y,z) \Rightarrow A^*\big|_{x\mapsto y, y\mapsto z}\right)\right)\\ &= \forall y : \left(P(x,y) \Rightarrow \forall z : \left(P(y,z) \Rightarrow Q_i(x)|_{x\mapsto z}\right)\right)\\ &= \forall y : \left(P(x,y) \Rightarrow \forall z : \left(P(y,z) \Rightarrow Q_i(z)\right)\right).\end{aligned}$$

Beispiel 7.14: Archäo-Logik

Die prädikatenlogische Übersetzung einer strikten Folgerung $F = \Box(G \Rightarrow H)$ ist die Formel

$$F^* = \forall y : \left(P(x,y) \Rightarrow \left(G^*\big|_{x\mapsto y} \Rightarrow H^*\big|_{x\mapsto y}\right)\right).$$

Satz 7.15

Sei F eine modallogische Formel und $\alpha = (W, R, \xi)$ eine zu F passende Struktur.

a) Für alle $s \in W$ gilt $s \Vdash_\alpha F$ genau dann, wenn $\alpha^* \models F^*$ gilt, wobei $\xi^*(x) = s$ sei.

b) Es gilt $\alpha \models F$ genau dann, wenn $\alpha^* \models F^*$ für jede prädikatenlogische Übersetzung α^* von α gilt (d. h. für jede Belegung von ξ^*).

Beweis Zuerst beweisen wir a). Sei $s \in W$ mit $s \Vdash_\alpha F$, d. h. mit $\alpha(F,s) = 1$. Wir schließen rekursiv über den Aufbau der Formel F.

Ist $F = A$ ein Aussagensymbol und $Q_i = Q(A)$, so gilt $F^* = Q_i(x)$, also

$$\alpha(F,s) = \xi(A,s) \qquad \text{und} \qquad \alpha^*(F^*) = \begin{cases} 1 & \text{falls } s \in \{t \in W \mid \xi(A,t) = 1\} \\ 0 & \text{sonst}. \end{cases}$$

Dies zeigt $\alpha(F,s) = \alpha^*(F^*)$. Für die aussagenlogischen Operationen $\neg$, $\wedge$ und $\vee$ ist die Berechnung des Wahrheitswerts in der Modallogik und der Prädikatenlogik jeweils gleich definiert.

Sei nun F von der Form $F = \Box G$ mit einer modallogischen Formel G. Dann gilt $F^* = \forall y : \left(P(x,y) \Rightarrow G^*|_{x\mapsto y}\right)$. Wir erhalten $\alpha^*(F^*) = 1$ genau dann, wenn für alle $t \in W$ gilt, dass aus $(s,t) \in \psi(P) = R$ die Gleichheit $\alpha^*\left(G^*|_{x\mapsto y}\right) = 1$ folgt. Nach Induktionsvoraussetzung ist $\alpha^*\left(G^*|_{x\mapsto y}\right) = \alpha(G,t)$ bereits bewiesen. Also gilt $\alpha^*(F^*) = 1$ genau dann, wenn $\alpha(\Box G, s) = 1$ erfüllt ist.

Den Fall $F = \Diamond G$ mit einer modallogischen Formel G behandelt man völlig analog. Teil b) folgt sofort aus a). □

Der Vorteil dieser prädikatenlogischen Übersetzung ist, dass wir mit ihrer Hilfe weitere Operatoren definieren können, die temporale Zusammenhänge ausdrücken. Wir beginnen mit zwei der bekanntesten Beispiele.

Definition 7.16

Seien x, y Variablen und seien F, G modallogische Formeln.

a) Die prädikatenlogische Formel

$$\sqcap F^* = \exists y : \left(P\left(y, x\right) \wedge F^*|_{x \mapsto y}\right)$$

(sprich „past F“) heißt der (prädikatenlogische) ***past*-Operator** von F.

b) Die prädikatenlogische Formel

$$F^* \sqcup G^* = \exists y : \left(P\left(x, y\right) \wedge G^*|_{x \mapsto y} \wedge \forall z : \left[\left(P\left(x, z\right) \wedge P\left(z, y\right)\right) \Rightarrow F^*|_{x \mapsto z}\right]\right)$$

(sprich „F until G“) heißt der (prädikatenlogische) ***until*-Operator** von F und G.

Bemerkung 7.17

Sei $\mathcal{R} = (W, R)$ ein Rahmen, den wir als das zeitliche Hintereinander einer Menge von Zeitpunkten interpretieren.

a) Die Interpretation von $\sqcap F^*$ ist: „Es gibt einen Zeitpunkt y vor x, zu dem die Formel F galt.“

b) Die Interpretation von $F^* \sqcup G^*$ ist: „Es gibt einen Zeitpunkt y nach x, zu dem die Formel G gilt. Für alle Zeitpunkte z zwischen x und y gilt die Formel F.“

   Mit anderen Worten, irgendwann gilt die Formel G und die Formel F gilt so lange, bis G gilt.

Als Nächstes wollen wir zeigen, dass der *past*-Operator und der *until*-Operator in der Modallogik nicht ausdrückbar sind, d. h. dass es keine modallogische Formel H gibt, so dass H^* und $\sqcap F^*$ bzw. $F^* \sqcup G^*$ äquivalent sind.

Satz 7.18

Der past-*Operator und der* until-*Operator sind nicht modallogisch ausdrückbar. Genauer gilt:*

a) Es gibt eine modallogische Formel G, so dass es keine modallogische Formel F gibt, so dass für jede Struktur $\alpha = (\mathbb{N}, <, \xi)$ und jede prädikatenlogische Übersetzung $\alpha^* = (\mathbb{N}, \varphi, \psi, \xi^*)$ mit $\xi^*(x) = s$ die Gleichheit $\alpha(F, s) = \alpha^*(\sqcap G^*)$ erfüllt ist.

b) Es gibt modallogische Formeln G, H, so dass es keine modallogische Formel F gibt, so dass für jede Struktur $\alpha = (\mathbb{N}, <, \xi)$ und jede jede prädikatenlogische Übersetzung $\alpha^* = (\mathbb{N}, \varphi, \psi, \xi^*)$ mit $\xi^*(x) = s$ die Gleichheit $\alpha(F, s) = \alpha^*(G^* \sqcup H^*)$ erfüllt ist.

Beweis Zuerst beweisen wir a). Betrachte $G = \sqcap A_1$. Angenommen, eine solche Formel F existiert. Seien $A_1, \ldots, A_k$ die in F vorkommenden Aussagensymbole. Wir definieren zwei Belegungen ξ_1 und ξ_2 durch

$$\xi_1(A_i, s) = \begin{cases} 1 & \text{falls } i = 1 \text{ oder } s \geq 1\,, \\ 0 & \text{sonst}\,, \end{cases} \qquad \text{sowie} \quad \xi_2(A_i, s) = \begin{cases} 1 & \text{falls } s \geq 1\,, \\ 0 & \text{sonst}\,. \end{cases}$$

Die zugehörigen Strukturen seien $\alpha_1 = (\mathbb{N}, <, \xi_1)$ und $\alpha_2 = (\mathbb{N}, <, \xi_2)$. Dann gilt $\alpha_1^* (\sqcap A_1^*) = 1$ und $\alpha_2^* (\sqcap A_1^*) = 0$ für $\xi^* (x) = 1$, denn am Referenzpunkt $t = 0$ erhalten wir $\xi_2 (A_1, t) = 0$. Jedoch gilt $\alpha_1 (A_i, s) = \alpha_2 (A_i, s) = 1$ für $i = 1, \ldots, k$ und alle $s \geq 1$ und somit $\alpha_1 (F, 1) = \alpha_2 (F, 1)$. Nun liefert

$$\alpha_1 (F, 1) = \alpha_1^* (\sqcap A_1^*) \neq \alpha_2^* (\sqcap A_1^*) = \alpha_2 (F, 1)$$

einen Widerspruch.

Es bleibt noch b) zu beweisen. Betrachte $G = A_1$ und $H = A_2$. Wir nehmen wieder an, dass eine solche Formel F existiert und bezeichnen die darin vorkommenden Aussagensymbole mit $A_1, \ldots, A_k$. Wir definieren eine Belegung ξ durch

$$\xi (A_1, s) = \begin{cases} 1 & \text{falls } s \text{ keine Zweierpotenz ist ,} \\ 0 & \text{sonst ,} \end{cases}$$

$$\xi (A_2, s) = \begin{cases} 1 & \text{falls } s = 2^p \text{ mit einer Primzahl } p \text{ ist ,} \\ 0 & \text{sonst ,} \end{cases}$$

$$\xi (A_i, s) = 0 \qquad \text{falls } i \geq 3 \text{ gilt .}$$

Sei α die Struktur $\alpha = (\mathbb{N}, <, \xi)$. Offenbar erhalten wir für eine prädikatenlogische Übersetzung $\alpha^* = (\mathbb{N}, \varphi, \psi, \xi^*)$ von α mit $\xi^* (x) = s$ genau dann $\alpha^* (A_1^* \sqcup A_2^*) = 1$ wenn die auf s folgende nächsthöhere Zweierpotenz die Gestalt 2^p mit einer Primzahl p besitzt. Dies ist unendlich oft der Fall und insbesondere für $s = 2$. Nach Satz 6.13 können wir o. E. annehmen, dass die Formel F in quasi-disjunktiver Normalform ist, d. h. dass sie die Form

$$F = (L_{11} \wedge \cdots \wedge L_{1n_1}) \vee \cdots \vee (L_{r1} \wedge \cdots \wedge L_{rn_r}) \qquad (*)$$

mit modallogischen Literalen L_{ij} hat. Nach Annahme gilt $\alpha (F, s) = 1$ für unendlich viele Referenzpunkte $s \in \mathbb{N}$. Daher muss eines der Disjunktionsglieder in $(*)$ für unendlich viele s gelten. O. E. sei also $\alpha (L_{11} \wedge \cdots \wedge L_{1n_1}, s) = 1$ für unendlich viele s. Für die Literale L_{1j} gibt es drei Möglichkeiten.

1) Ist $L_{1j} = \Diamond\widetilde{G}$ mit einer modallogischen Formel $\widetilde{G}$, so gilt $\alpha (\Diamond\widetilde{G}, t) = 1$ für alle $t \geq 2$, da es zu jedem $t \geq 2$ ein $u \geq t$ gibt mit $\alpha^* (A_1^* \sqcup A_2^*) = 1$ für $\xi^* (x) = u$.
2) Ist $L_{1j} = \Box\widetilde{G}$ mit einer modallogischen Formel $\widetilde{G}$, so folgt aus $\alpha^* (A_1^* \sqcup A_2^*) = 1$ für $\xi^* (x) = 2$, dass $\alpha (\Box\widetilde{G}, t) = 1$ für alle $t \geq 2$ erfüllt ist.
3) Schließlich bleibt der Fall $L_{1j} = A_\ell$ bzw. $L_{1j} = \neg A_\ell$ zu betrachten. Wegen $\xi (A_i, s) = 0$ für $i \geq 3$ wird nun nur $\ell = 1$ oder $\ell = 2$ betrachtet. Für jedes $t \geq 2$ mit $\xi (A_1, t) = \xi (A_1, 2)$ und $\xi (A_2, t) = \xi (A_2, 2)$ ergibt sich $\alpha (L_{1j}, t) = \alpha (L_{1j}, 2) = \alpha (F, 2) = 1$.

Nun wählen wir ein $t > 2$ mit $\xi (A_1, t) = \xi (A_1, 2) = 0$ und $\xi (A_2, t) = \xi (A_2, 2) = 0$, zum Beispiel $t = 2^8$. Wegen 1), 2), 3) erhalten wir $\alpha (F, 2^8) = 1$ und folglich $\alpha^* (A_1^* \sqcup A_2^*) = 1$ für die prädikatenlogische Übersetzung α^* von α mit $\xi^* (x) = 2^8$. Es müsste also ein $u > 2^8$ geben, das von der Form $u = 2^p$ mit einer Primzahl p ist, so dass keine Zahl v mit $2^8 < v < u$ eine Zweierpotenz ist. Da dies offensichtlich nicht stimmt, erhalten wir den gewünschten Widerspruch. □

Bei den Anwendungen in der Informatik spielt die Vergangenheit – und damit der *past*-Operator – keine wesentliche Rolle. Erweitert man die Modallogik um den *until*-Operator, so erhält man die **Temporallogik**. Ihre Syntax ist wie folgt definiert.

Definition 7.19: Die Syntax der Temporallogik

a) Jede modallogische Formel ist eine temporallogische Formel.

b) Ist F eine temporallogische Formel, so sind auch $\Box F$ und $\Diamond F$ temporallogische Formeln.

c) Sind F und G zwei temporallogische Formeln, so sind auch $\neg F$, $F \vee G$ und $F \wedge G$ temporallogische Formeln.

d) Sind F und G zwei temporallogische Formeln, so ist auch $F \sqcup G$ (sprich „F until G“) eine temporallogische Formel.

In der Einleitung dieses Abschnitts haben wir schon verschiedene Interpretationen zeitlicher Abläufe diskutiert. Um die Semantik der Temporallogik festzulegen, beschränken wir uns auf einen besonders einfachen Fall, der in der Informatik in natürlicher Weise auftritt: Der Rahmen $\mathcal{R} = (\mathbb{N}, <)$ spiegelt eine Reihe diskreter, aufeinander folgender Zeitpunkte wider, wie sie z. B. beim Ablauf eines Programms durch die Prozessortakte oder die Schrittzahlen einer Berechnung gegeben sind.

Definition 7.20: Die Semantik der Temporallogik

Um die Semantik der Temporallogik einzuführen, verwenden wir die Semantik der Modallogik mit den folgenden Ergänzungen.

a) Als Rahmen lassen wir nur $\mathcal{R} = (\mathbb{N}, <)$ zu. Eine Struktur α ist also stets von der Form $\alpha = (\mathbb{N}, <, \xi)$.

b) Für zwei temporallogische Formeln F, G, eine Struktur $\alpha = (\mathbb{N}, <, \xi)$ und einen Referenzpunkt $s \in \mathbb{N}$ setzen wir $\alpha(F \sqcup G, s) = 1$ genau dann, wenn die folgenden beiden Bedingungen erfüllt sind.

   b1) Es gibt ein $t \in \mathbb{N}$ mit $t > s$ und $\alpha(G, t) = 1$.

   b2) Für alle $u \in \mathbb{N}$ mit $s < u$ und $u < t$ gilt $\alpha(F, u) = 1$.

   In diesem Fall schreiben wir $s \Vdash F \sqcup G$ und sagen, die Formel $F \sqcup G$ gelte in der Struktur α zum **Zeitpunkt** s.

Zur Definition der Temporallogik wird häufig auch der *next*-Operator verwendet, den wir nun einführen.

Definition 7.21

Sei A ein Aussagensymbol und sei F eine modallogische Formel. Dann heißt

$$\bigcirc F = (A \wedge \neg A) \sqcup F$$

(sprich „next F“) der ***next*-Operator** (oder ***nexttime*-Operator)** von F.

Die Interpretation von $s \Vdash \bigcirc F$ ist offenbar „die Formel F gilt zum nächsten auf s folgenden Zeitpunkt“. Wir zeigen nun, dass man für die Definition der Syntax der Temporallogik auch mit dem Operator $\sqcup$ alleine (also ohne $\Box$ und $\Diamond$) auskommen könnte.

Satz 7.22

Sei A ein Aussagensymbol und seien F, G zwei temporallogische Formeln. Dann sind die folgenden temporallogischen Formeln allgemein gültig.

a) $\Diamond F \Leftrightarrow (A \vee \neg A) \sqcup F$

b) $\Box F \Leftrightarrow \neg\left((A \vee \neg A) \sqcup \neg F\right)$

Beweis Da die Behauptung b) sofort aus a) und der Äquivalenz $\Box F \equiv \neg\Diamond\neg F$ (vgl. Satz 6.11) folgt, genügt es, a) zu beweisen. Sei dazu $\alpha = (\mathbb{N}, <, \xi)$ eine zu F passende Struktur und sei $s \in \mathbb{N}$. Dann gilt $\alpha(\Diamond F, s) = 1$ genau dann, wenn es einen Zeitpunkt $t > s$ mit $\alpha(F, t) = 1$ gibt. Da $\alpha(A \vee \neg A, u) = 1$ für alle $u > s$ gilt, ist $\alpha(\Diamond F, s) = 1$ damit äquivalent, dass es ein $t > s$ mit $\alpha(F, t) = 1$ und $\alpha(A \vee \neg A, u) = 1$ für $s < u < t$ gibt, also mit $\alpha((A \vee \neg A) \sqcup F, s) = 1$. □

Man kann zeigen, dass der *until*-Operator nicht mit Hilfe der Operatoren $\neg, \wedge, \vee, \Box, \Diamond$ und $\bigcirc$ ausdrückbar ist. Andererseits ist eine Reihe weiterer temporallogischer Operatoren mit Hilfe des Operators $\sqcup$ darstellbar. Wir verwenden zu ihrer Definition die folgende prädikatenlogische Übersetzung der Temporallogik.

Definition 7.23

Sei F eine temporallogische Formel und $Q : M \to \{Q_1, Q_2, \ldots\}$ eine Abbildung, die jedem in F vorkommenden Aussagensymbol A ein einstelliges Prädikat $Q_i(A)$ zuordnet. Dann ist die prädikatenlogische Übersetzung F^* von F rekursiv wie folgt definiert.

a) Ist F eine modallogische Formel, so ist F^* die prädikatenlogische Übersetzung von F gemäß Defintion 7.12.a).

b) Ist $F = G \sqcup H$ mit temporallogischen Formeln G und H, so sei $F^* = G^* \sqcup^* F^*$, wobei $\sqcup^*$ den prädikatenlogischen *until*-Operator bezeichne.

Ein tief gehender Satz der Temporallogik besagt, dass alle auf das Zukünftige bezogenen temporalen Eigenschaften, die prädikatenlogisch beschrieben werden können, bereits temporallogisch ausdrückbar sind. Wir begnügen uns hier mit einigen einfachen Beispielen für dieses Phänomen.

Bemerkung 7.24

Seien F, G temporallogische Formeln.

a) Die prädikatenlogisch übersetzte Formel

$$(F \textbf{ unless } G)^* = \\ \left(\exists y : \left(P(x,y) \wedge G^*|_{x \mapsto y} \wedge \forall z : \left[\left(P(x,z) \wedge P(z,y)\right) \Rightarrow F^*|_{x \mapsto z}\right]\right)\right) \\ \vee \forall y : \left(P(x,y) \Rightarrow F^*|_{x \mapsto y}\right)$$

ist temporallogisch ausdrückbar und zwar durch

$$F \textbf{ unless } G \equiv \Box F \vee (F \sqcup G)\ .$$

Die Interpretation von F **unless** G ist: „Es gilt von x an stets F oder es gibt einen Zeitpunkt y nach x, zu dem G gilt, so dass F zu allen Zeitpunkten z zwischen x und y gilt.“

b) Die prädikatenlogisch übersetzte Formel

$$(F \textbf{ while } G)^* =$$
$$\exists y : (P(x,y) \wedge \neg G^*|_{x\mapsto y} \wedge \forall z : [(P(x,z) \wedge P(z,y)) \Rightarrow (F \wedge G)^*|_{x\mapsto z}])$$
$$\vee \forall y : (P(x,y) \Rightarrow F^*|_{x\mapsto y})$$

ist temporallogisch ausdrückbar und zwar durch

$$F \textbf{ while } G \equiv \Box F \vee ((F \wedge G) \sqcup \neg G)\ .$$

Die Interpretation von F **while** G ist: „Es gilt von x an stets F oder es gibt einen Zeitpunkt y nach x, zu dem G nicht gilt, so dass F und G zu allen Zeitpunkten z zwischen x und y gelten.“

c) Die prädikatenlogisch übersetzte Formel

$$(F \textbf{ before } G)^* = \forall y : ((P(x,y) \wedge G^*|_{x\mapsto y}) \Rightarrow \exists z : (P(x,z) \wedge P(z,y) \wedge F^*|_{x\mapsto z}))$$

ist temporallogisch ausdrückbar und zwar durch

$$F \textbf{ before } G = \Box\neg G \vee (\neg G \sqcup (F \wedge \neg G)) \equiv \neg(\neg F \sqcup G)\ .$$

Die Interpretation von F **before** G ist: „Zu jedem Zeitpunkt y nach x, an dem G gilt, gibt es einen Zeitpunkt z zwischen x und y, an dem F gilt.“

d) Die prädikatenlogisch übersetzte Formel

$$(F \textbf{ atnext } G)^* =$$
$$\forall y : ((P(x,y) \wedge G^*|_{x\mapsto y} \wedge \forall z : ((P(x,z) \wedge P(z,y)) \Rightarrow \neg G^*|_{x\mapsto z})) \Rightarrow F^*|_{x\mapsto y})$$

ist temporallogisch ausdrückbar und zwar durch

$$F \textbf{ atnext } G = \neg G \sqcup (F \wedge G) \vee \Box\neg G\,.$$

Die Interpretation von F **atnext** G ist: „Die Formel F gilt zum nächsten Zeitpunkt y nach x, an dem G gilt.“

Beispiel 7.25: Archäo-Logik

Eines Tages stellte Diodorus Cronus eine Reihe von philosophischen Thesen auf, deren Allgemeingültigkeit er zu untersuchen beabsichtigte.

a) Diodorus begann mit zwei Definitionen:

(D_1) „Das Notwendige ist das, was jetzt wahr ist und was auch in Zukunft immer wahr sein wird.“

(D_2) „Das Mögliche ist das, was jetzt wahr ist oder irgendwann wahr sein wird.“

Als Erstes wollen wir diesen Definitionen passende temporallogische Operatoren zuordnen. Der Operator $\boxdot$ bezeichne das „Diodorus-Notwendige". Es gilt $t \Vdash \boxdot F$ genau dann, wenn $t \Vdash F$ und $t' \Vdash F$ für alle $t' > t$ erfüllt ist. Also folgt

(D_1) $\boxdot F \Leftrightarrow (F \wedge \Box F)$.

Ferner sei $\diamonddot$ der Operator für das „Diodorus-Mögliche". Es gilt $t \Vdash \diamonddot F$ genau dann, wenn $t \Vdash F$ gilt oder es ein $t' > t$ gibt mit $t' \Vdash F$. Daher folgt

(D_2) $\diamonddot F \Leftrightarrow (F \vee \Diamond F)$.

b) Dann ließ Diodorus seine berühmten drei Thesen vom Stapel. Sie lauten:

(T_1) „Alles was jetzt wahr ist, ist notwendigerweise auch in Zukunft wahr."

(T_2) „Das Unmögliche folgt nicht dem Möglichen."

(Der Meister spricht manchmal etwas kryptisch. Wir meinen, er wollte Folgendes ausdrücken: „Wenn etwas möglich ist, bleibt es für immer möglich.")

(T_3) „Etwas, das weder ist noch jemals sein wird, ist trotzdem möglich."

Wie können wir diese Thesen temporallogisch formulieren? Wir schlagen die folgenden Interpretationen vor (vgl. Übungsaufgabe 7.6):

(T_1) „Ist F eine Tautologie, so ist auch $\boxdot F$ eine Tautologie."

(T_2) „Die Formel $\diamonddot F \Rightarrow \boxdot\diamonddot F$ ist allgemein gültig."

(T_3) „Die Formel $\boxdot\neg F \Rightarrow \diamonddot F$ ist allgemein gültig."

Nun stellt sich heraus, dass (T_1) in jeder Modallogik und erst recht in der Temporallogik gilt, während (T_2) nur in transitiven Rahmen (also z. B. in der Zeitlogik und in der Temporallogik) erfüllt ist. Hingegen ist (T_3) nicht allgemein gültig (vgl. Übungsaufgabe 7.6).

c) Als Diodorus die Widersprüchlichkeit seiner Thesen erkannte, beschloss er, die These (T_3) durch folgende Weisheiten zu ersetzen:

(T_4) „Nichts ist möglich, das weder jetzt oder in Zukunft irgendwann wahr ist."

(T_5) „Das Unmögliche ist das, was weder wahr ist noch jemals wahr sein wird."

Um herauszufinden, ob (T_4) oder (T_5) die korrekte Antithese zu (T_3) ist, übersetzen wir sie wieder in die Temporallogik und erhalten:

(T_4) $\boxdot\neg F \Rightarrow \neg\diamonddot F$

(T_5) $\neg\diamonddot F \Leftrightarrow \boxdot\neg F$

Hat der Meister jetzt eine tiefere Wahrheit entdeckt? Welche der Thesen (T_4) oder (T_5) ist die korrekte Antithese zu (T_3)? (Vgl. Übungsaufgabe 7.6)

Auch die Unerfüllbarkeit bzw. Allgemeingültigkeit temporallogischer Formeln ist algorithmisch entscheidbar. Allerdings ist der Beweis schwieriger als im modallogischen bzw. zeitlogischen Fall. Im Rahmen dieser Einführung machen wir hierzu nur den ersten Schritt: Wir bringen temporallogische Formeln in eine Semi-KNF. Zusätzlich beschränken wir uns dazu auf Formeln, die nur die Operatoren $\neg, \vee, \wedge, \Box, \Diamond$ und $\bigcirc$ enthalten. Zwei temporallogische Formeln heißen wie üblich (semantisch) **äquivalent**, wenn für alle temporallogischen Strukturen $\alpha = (\mathbb{N}, <, \xi)$ und alle $s \in \mathbb{N}$ die Gleichheit $\alpha(F, s) = \alpha(G, s)$ gilt. In diesem Fall schreiben wir $F \equiv G$.

Satz 7.26: Die fundamentalen temporallogischen Äquivalenzen

Seien F und G zwei temporallogische Formeln. Dann gelten neben den fundamentalen modallogischen Äquivalenzen (vgl. Satz 6.11) auch die folgenden Behauptungen.

a) $\neg\bigcirc F \equiv \bigcirc\neg F$

b) $\bigcirc\Diamond F \equiv \Diamond\bigcirc F$

c) $\bigcirc\Box F \equiv \Box\bigcirc F$

d) $\Box\Box F \equiv \bigcirc\Box F$

e) $\Diamond\Diamond F \equiv \bigcirc\Diamond F$

f) $\Diamond\Box\Diamond F \equiv \bigcirc\Box\Diamond F \equiv \Box\Diamond F$

g) $\Box\Diamond\Box F \equiv \bigcirc\Diamond\Box F \equiv \Diamond\Box F$

h) Aus $\Diamond\Box F$ *folgt* $\Box\Diamond F$.

i) $\bigcirc(F \wedge G) \equiv \bigcirc F \wedge \bigcirc G$

j) $\bigcirc(F \vee G) \equiv \bigcirc F \vee \bigcirc G$

k) $\Box(\Box F \vee \Box G) \equiv \bigcirc\Box F \vee \bigcirc\Box G$

l) $\Diamond(\Diamond F \wedge \Diamond G) \equiv \bigcirc\Diamond F \wedge \bigcirc\Diamond G$

m) Aus $\bigcirc F$ *folgt* $\Diamond F$.

n) Aus $\Box F$ *folgt* $\bigcirc F$.

Beweis Wir rechnen nur einen Fall nach und verweisen für den Rest auf Übungsaufgabe 7.8.

In der zweiten Formel in f) gilt für eine zu F passende Struktur $\alpha = (\mathbb{N}, <, \xi)$ und ein $s \in \mathbb{N}$ genau dann $\alpha(\bigcirc\Box\Diamond F, s) = 1$, wenn für jedes $t > s + 1$ ein $u > t$ existiert mit $\alpha(F, u) = 1$. Dies ist genau dann der Fall, wenn für jedes $t > s$ ein $u > t$ existiert mit $\alpha(F, u) = 1$, also genau dann, wenn $\alpha(\Box\Diamond F, s) = 1$ gilt. □

Auch in der Temporallogik gilt ein Ersetzungssatz. Sein Beweis verläuft wie üblich per Induktion über den Formelaufbau und wird daher weggelassen.

Satz 7.27: Ersetzungssatz der Temporallogik

Ersetzt man in einer temporallogischen Formel eine Teilformel durch eine äquivalente Formel, so ist das Ergebnis äquivalent zur Ausgangsformel.

Jetzt haben wir alle Vorbereitungen getroffen, um eine gewisse Normalform für temporallogische Formeln zu konstruieren.

Definition 7.28: Temporallogische Literale und Semiliterale

Sei L ein aussagenlogisches Literal und seien F, G temporallogische Formeln.

a) Ein **temporallogisches Literal** hat eine der folgenden fünf Formen:

$$\bigcirc^j L\,,\quad \bigcirc^j \Box L\,,\quad \bigcirc^j \Diamond L\,,\quad \bigcirc^j \Box\Diamond L\,,\quad \bigcirc^j \Diamond\Box L\,.$$

Hierbei sei $\bigcirc^j = \underbrace{\bigcirc\bigcirc\cdots\bigcirc}_{i \text{ mal}}$ und $\bigcirc^0 L = L$.

b) Ein **temporallogisches Semiliteral** ist entweder ein temporallogisches Literal oder es hat eine der folgenden vier Formen:

$$\bigcirc^j \Box (F \vee G)\,,\quad \bigcirc^j \Diamond (F \wedge G)\,,\quad \bigcirc^j \Box\Diamond (F \wedge G) \quad \text{oder} \quad \bigcirc^j \Diamond\Box (F \vee G)\,.$$

Satz 7.29: Die Semi-KNF einer temporallogischen Formel

Zu jeder temporallogischen Formel F gibt es eine äquivalente Formel in ***Semi-KNF****, d. h. es gilt*

$$F \equiv (S_{11} \vee \cdots \vee S_{1m_1}) \wedge \cdots \wedge (S_{k1} \vee \cdots \vee S_{km_k}) \wedge \Box\left(S'_{11} \vee \cdots \vee S'_{1n_1}\right) \wedge \cdots \wedge \Box\left(S'_{\ell 1} \vee \cdots \vee S'_{\ell n_\ell}\right)$$

mit temporalen Semiliteralen S_{ij} und S'_{ij} und mit $n_i \geq 2$ für $i = 1, \ldots, \ell$.

Beweis Wir schließen mit vollständiger Induktion über den Formelaufbau von F. Ist $F = A$ ein Aussagensymbol, so ist F offensichtlich bereits in Semi-KNF. Nun unterscheiden wir vier Fälle.

1. Fall: Ist F von der Form $F = \neg G$ und ist G nach Induktionsvoraussetzung in Semi-KNF

$$G \equiv (S_{11} \vee \cdots \vee S_{1m_1}) \wedge \cdots \wedge (S_{k1} \vee \cdots \vee S_{km_k}) \wedge \Box\left(S'_{11} \vee \cdots \vee S'_{1n_1}\right) \wedge \cdots \wedge \Box\left(S'_{\ell 1} \vee \cdots \vee S'_{\ell n_\ell}\right),$$

so folgt

$$F \equiv (\neg S_{11} \wedge \cdots \wedge \neg S_{1m_1}) \vee \cdots \vee (\neg S_{k1} \wedge \cdots \wedge \neg S_{km_k}) \vee \Diamond\left(\neg S'_{11} \wedge \cdots \wedge \neg S'_{1n_1}\right) \vee \cdots \vee \Diamond\left(\neg S'_{\ell 1} \wedge \cdots \wedge \neg S'_{\ell n_\ell}\right).$$

Jeder Ausdruck der Form $\Diamond\left(\neg S'_{i1} \wedge \cdots \wedge \neg S_{in_i}\right)$ ist ein temporales Semiliteral. Also kann man F mit Hilfe des aussagenlogischen Algorithmus 2.19 in eine Semi-KNF überführen.

2. Fall: Ist F von der Form $F = G \vee H$, so können wir nach der Induktionsvoraussetzung annehmen, dass G und H in Semi-KNF sind. Wir erhalten

$$F \equiv (G_1 \wedge \cdots \wedge G_k \wedge \Box G'_1 \wedge \cdots \wedge \Box G'_\ell) \vee (H_1 \wedge \cdots \wedge H_\kappa \wedge \Box H'_1 \wedge \cdots \wedge \Box H'_\lambda)\,,$$

wobei G_i, G'_j, H_k, H'_l Disjunktionen von Semiliteralen sind. Wiederum genügt es, den Algorithmus aus Satz 2.19 anzuwenden, um F in eine Semi-KNF zu bringen.

3. Fall: Sei F von der Form $F = \bigcirc G$, wobei wir wieder annehmen können, dass sich G in Semi-KNF befindet, also dass

$$G \equiv (S_{11} \vee \cdots \vee S_{1m_1}) \wedge \cdots \wedge (S_{k1} \vee \cdots \vee S_{km_k}) \\ \wedge \Box \left(S'_{11} \vee \cdots \vee S'_{1n_1}\right) \wedge \cdots \wedge \Box \left(S'_{\ell 1} \vee \cdots \vee S'_{\ell n_\ell}\right)$$

gilt. Dann folgt mit Satz 7.26, dass

$$F \equiv (\bigcirc S_{11} \vee \cdots \vee \bigcirc S_{1m_1}) \wedge \cdots \wedge (\bigcirc S_{k1} \vee \cdots \vee \bigcirc S_{km_k}) \\ \wedge \Box \left(\bigcirc S'_{11} \vee \cdots \vee \bigcirc S'_{1n_1}\right) \wedge \cdots \wedge \Box \left(\bigcirc S'_{\ell 1} \vee \cdots \vee \bigcirc S'_{\ell n_\ell}\right)$$

gilt. Hierbei sind die $\bigcirc S_{ij}, \bigcirc S_{k\ell}, \bigcirc S'_{ij}$ und $\bigcirc S'_{k\ell}$ alle wieder temporale Semiliterale, d. h. die angegebene Formel ist in Semi-KNF.

4. Fall: Sei F von der Form $F = \Box G$, wobei wir nach Induktionsvoraussetzung annehmen können, dass G die Gestalt

$$G \equiv G_1 \wedge \cdots \wedge G_k \wedge \Box G'_1 \wedge \cdots \wedge \Box G'_\ell$$

besitzt mit Disjunktionen von Semiliteralen G_i, G'_j. Nach Satz 7.26 können wir $\Box G$ dann umformen zu

$$F \equiv \Box G \equiv \Box G_1 \wedge \cdots \wedge \Box G_k \wedge \Box\Box G'_1 \wedge \cdots \wedge \Box\Box G'_\ell \\ \equiv \Box G_1 \wedge \cdots \wedge \Box G_k \wedge \bigcirc\Box G'_1 \wedge \cdots \wedge \bigcirc\Box G'_\ell \,.$$

Hierbei ist $\Box G_i$ offenbar ein Semiliteral, falls die Disjunktion mindestens zwei Semiliterale enthält. Andernfalls ist $\Box G_i$ wegen Satz 7.26 ein temporales Semiliteral.

Insgesamt ist F also äquivalent zu einer Formel in Semi-KNF. □

Aus dem Beweis diese Satzes ergibt sich ein Algorithmus für die Überführung einer temporallogischen Formel in eine Semi-KNF, den wir jetzt an einem Beispiel anwenden (vgl. auch Übungsaufgabe 7.7).

Beispiel 7.30

Gegeben sei die Formel

$$F = \Box \left(\bigcirc\Diamond A_1 \wedge \left(\bigcirc^2 \Box A_v \vee \bigcirc\Box A_3\right)\right) \wedge \Box (A_1 \Leftrightarrow (A_4 \wedge A_5)) \\ \wedge \Box (A_2 \Leftrightarrow (A_3 \vee A_6)) \,.$$

Im ersten Teil dieser Formel wenden wir den 3. und 4. Fall des obigen Beweises an und im zweiten und dritten Glied die Definition von $\Leftrightarrow$. Das Ergebnis ist

$$\begin{aligned} F &\equiv \bigcirc\Box\Diamond A_1 \wedge \Box \left(\bigcirc^2 \Box A_v \vee \bigcirc\Box A_3\right) \\ &\quad \wedge \Box (\neg A_1 \vee (A_4 \wedge A_5)) \wedge \Box (A_1 \vee \neg A_4 \vee \neg A_5) \\ &\quad \wedge \Box (\neg A_2 \vee A_3 \vee A_6) \wedge \Box (A_2 \vee (\neg A_3 \wedge \neg A_6)) \\ &\equiv \bigcirc\Box\Diamond A_1 \wedge \Box \left(\bigcirc^2 \Box A_v \vee \bigcirc\Box A_3\right) \\ &\quad \wedge \Box (\neg A_1 \vee A_4) \wedge \Box (\neg A_1 \vee A_5) \wedge \Box (A_1 \vee \neg A_4 \vee \neg A_5) \\ &\quad \wedge \Box (\neg A_2 \vee A_3 \vee A_6) \wedge \Box (A_2 \vee \neg A_3) \wedge \Box (A_2 \vee \neg A_6) \end{aligned}$$

und diese Formel ist in Semi-KNF. Ihr erstes Konjunktionsglied ist ein temporallogisches Literal. Die weiteren Konjunktionsglieder sind temporallogische Semiliterale.

Aufbauend auf die Semi-KNF einer temporallogischen Formel kann man weitere Vereinfachungsschritte durchführen, wenn man nur Erfüllbarkeitsäquivalenz verlangt. Dadurch erhält man die so genannte **kanonische KNF**, die wiederum als Ausgangspunkt für ein temporallogisches Resolutionskalkül dienen kann (vgl. [8]). Wir beenden unseren Ausflug in die Temporallogik jedoch an dieser Stelle und verweisen auf die weiterführende Literatur (z. B. [4], [11] und [1]). Stattdessen wenden wir uns im nächsten Abschnitt noch einigen weiteren Verallgemeinerungen der Modallogik zu.

Übungsaufgaben

Lösungstipps finden Sie im Anhang dieses Buchs. Hier erhalten Sie auch die wichtigsten Lösungsrezepte. Ausführliche Lösungswegbeschreibungen stehen auf der buchbegleitenden Companion Website (CWS) unter *www.pearson-studium.de* zur Verfügung.

Aufgabe 7.1: Da irrt der Meister

Zeigen Sie, dass die zweite dem Diodorus Cronus angedichtete Aussage in Beispiel 7.2.b) nicht stimmt, wenn man beliebige modallogische Strukturen zulässt.

Aufgabe 7.2: Der nicht ganz so wirre Programmierer

In einem Programm kommen drei Variablen x_1, x_2, x_3 vor, welche alle beim Start des Programms den Wert 0 haben. Im Programmablauf gilt $x_1 < 4$, solange $x_2 < 4$ erfüllt ist. Ferner bleibt $x_3 = 0$, solange bis $x_1 \geq 4$ gilt; allerdings muss dieser Fall nicht auftreten.

a) Man drücke die Zusammenhänge zwischen den Variablen durch eine temporallogische Formel aus.

b) Man finde für diese Formel eine Struktur, in der sie gilt, und eine, in der sie nicht gilt.

Aufgabe 7.3

Gegeben seien die pädikatenlogischen Übersetzungen der Operatoren **unless**, **while**, **before** und **atnext** in Bemerkung 7.24. Beweisen Sie jeweils die Korrektheit der angegebenen temporallogischen Darstellungen und begründen Sie die sprachlichen Interpretationen.

Aufgabe 7.4

Seien A und B zwei Aussagensymbole. Zeigen Sie, dass

$$(\Box A \wedge (\neg A \;\textbf{before}\; B)) \Rightarrow \neg\Diamond\Diamond B$$

eine Tautologie ist.

Aufgabe 7.5

Gegeben sei die temporallogische Formel

$$H = (F \sqcup G) \wedge \Box\Box G \wedge \Diamond\neg G \wedge \Box\neg F\,,$$

wobei F und G zwei beliebige temporallogische Formeln seien.

a) Geben Sie die prädikatenlogische Übersetzung von H an.

b) Zeigen Sie, dass H temporallogisch unerfüllbar ist.

Aufgabe 7.6

Gegeben seien die Thesen (T_1) – (T_5) von Diodorus Cronus aus Beispiel 7.25.

a) Beweisen Sie, dass die These (T_1) der folgenden Necessitionsregel entspricht: Ist F eine Tautologie, so auch $\boxdot F$.

b) Zeigen Sie, dass die Thesen (T_2) und (T_3) den Formeln

$$T_2 = (\Diamond\!\!\!\cdot\; F \Rightarrow \boxdot \Diamond\!\!\!\cdot\; F)$$
$$T_3 = (\boxdot\neg F \Rightarrow \Diamond\!\!\!\cdot\; F)$$

entsprechen.

c) Beweisen Sie, dass die Necessitationsregel T_1 in jeder Modallogik gilt, während T_2 nur in transitiven Rahmen gültig und T_3 nicht allgemein gültig ist.

d) Zeigen Sie, dass die Thesen (T_4) und (T_5) den Formeln

$$T_4 = (\boxdot\neg F \Rightarrow \neg \Diamond\!\!\!\cdot\; F)$$
$$T_5 = (\neg \Diamond\!\!\!\cdot\; F \Leftrightarrow \boxdot\neg F)$$

entsprechen. Sind diese Thesen temporallogisch allgemein gültig? Wie lautet die korrekte Antithese von (T_3)?

Aufgabe 7.7

Formulieren Sie den Beweis von Satz 7.29 um in einen Algorithmus zur Berechnung der Simi-KNF einer temporallogischen Formel. Wenden Sie diesen Algorithmus dann auf die folgenden Beispiele an.

a) $F = \Box\,(\Diamond \bigcirc (A \wedge B) \wedge (\bigcirc\Box\,(\bigcirc C \vee \bigcirc D) \vee \Box \bigcirc C))$

b) $G = (\Diamond A \Rightarrow \neg\Box \bigcirc B) \wedge (\Diamond\,(A \wedge \neg C) \Rightarrow (D \vee \bigcirc D))$

Aufgabe 7.8

Beweisen Sie die restlichen Äquivalenzen und Folgerungen in Satz 7.26.

Weitere logische Systeme

8

ÜBERBLICK

Logik ist …
dynamisch, praktisch, gut.

Es gibt neben der Temporallogik noch weitere Verallgemeinerungen der Modallogik, die in der Informatik von Bedeutung sind. Wir beschreiben in diesem Kapitel die Grundideen von drei solchen logischen Systemen.

Eine wichtige Anwendung der Logik in der Informatik betrifft das systematische Studium von Programmen und ihrem Verhalten. Für diesen Zweck geeignete logische Systeme nennt man auch **Programmlogiken**. Wie in den vorhergehenden Kapiteln auch beschränken wir uns hier auf Systeme, die auf der Aussagenlogik aufsetzen und vernachlässigen „Logiken erster Stufe", also z. B. Variablen, Terme und Quantoren.

Die erste Frage, die sich bei Programmen stellt, ist die nach ihrem Ein- und Ausgabeverhalten. Liefert ein regulärer Programmablauf das korrekte Ergebnis? Für welche Eingaben ist das Programm durchführbar? Um diese Fragen zu untersuchen, müssen wir zuerst Programme geeignet logisch beschreiben. In der **dynamischen Logik** verallgemeinern wir die Modallogik dahingehend, dass wir für jedes so genannte **atomare Programm** p Operatoren $\Box_p$ und $\Diamond_p$ mit den üblichen Eigenschaften einführen und dann kompliziertere Programme aus atomaren Programmen zusammensetzen.

Jedoch gibt es Programmabläufe, die in diesem logischen System nicht ausdrückbar sind, z. B. Unendlich-Schleifen oder abbrechende Programmverläufe. (Letztere sind besonders beliebt, wenn sie sich zu Systemabstürzen entwickeln.) Zur Analyse dieser Phänomene ist es günstiger, eine **verlaufsbezogene** Semantik zu verwenden, statt einzelne Programmschritte (also z. B. atomare Programme) in den Vordergrund zu stellen. Genau dies geschieht in der **Prozesslogik**.

Eine noch extremere Situation entsteht, wenn wir nicht nur Programme untersuchen, sondern Programme **konstruieren** wollen. Sie haben recht gelesen: Wir beschreiben eine Berechnungsaufgabe (z. B. eine zu berechnende Funktion) mit Hilfe einer logischen Formel und wollen, dass der Computer einen passenden Algorithmus samt Implementation eigenständig findet. Diese utopisch anmutende Forderung ist bemerkenswerterweise mit einem logischen System erfüllbar, das aus einem alten philosophischen Disput unter den Mathematikern entstanden ist, nämlich der **intuitionistischen Logik**. Die Intuitionisten lehnen indirekte Beweise ab. Sie verlangen, dass man für einen Existenzbeweis das behauptete Objekt auch wirklich vorweisen muss und dass man die Allgemeingültigkeit einer Formel $F_1 \vee F_2$ nur behaupten kann, wenn man explizit angibt, welche der Formeln F_1 oder F_2 denn nun gelten soll. Um diese Anforderungen in einem logischen System zu erfüllen, erweitern wir die Semantik so, dass eine Zunahme der als wahr bekannten Formeln nur unter gleichzeitiger Erfüllung der intuitionistischen Wunschvorstellungen vonstatten geht. Beweisen wir dann die Allgemeingültigkeit einer Formel, die eine zu berechnende Funktion beschreibt, so ist der intuitionistische Beweis konstruktiv, d. h. er kommt auch gleich mit einem **Zeugen** in Form eines konkreten Algorithmus zur Durchführung der gewünschten Berechnung.

Ist das alles nur ein futuristischer Traum? Vielleicht wird uns die Entwicklung weiterer logischer Systeme in der Zukunft noch ganz andere, völlig unerwartete Anwendungen bescheren.

Was ist das Gegenteil einer Zitrone?
Eine Drück-Biene.
(Fredl Fesl)

8.A Dynamische Logik

Die dynamische Logik dient dazu, das Verhalten und die Korrektheit sequenzieller Programme logisch auszudrücken und zu untersuchen. Dazu verwenden wir wieder den Ansatz der Modallogik, wobei ein Referenzpunkt s einen Zustand („state") einer Maschine repräsentieren soll, die ein Programm p ausführt. Allerdings brauchen wir jetzt für jedes Programm p ein eigenes Paar von Operatoren $\Box_p$ und $\Diamond_p$. Drückt man eine Eigenschaft des Zustands s durch eine logische Formel F aus, so haben diese Operatoren die Interpretationen:

$\Box_p F =$ „Die Formel F gilt stets, nachdem das Programm p ausgeführt wurde."

$\Diamond_p F =$ „Die Formel F gilt manchmal, nachdem das Programm p ausgeführt wurde."
$=$ „Es gibt einen Programmablauf von p, so dass die Formel F gilt."

Dabei wird aus der Interpretation von $\Diamond_p$ bereits klar, dass auch nicht-deterministische Programme betrachtet werden.

Um die *Zustandsänderungen* einer Maschine zu beschreiben, führen wir anstelle der Erreichbarkeitsrelation eine Menge von Relationen ein, nämlich die *Übergangsrelationen*. Als atomaren (d. h. nicht weiter zerlegbaren) Übergang verwenden wir z. B. die Hintereinanderausführung zweier Programme. Die Übergangsrelationen komplizierter Programme setzen sich aus denen so genannter atomarer Programme zusammen. Die dynamische Logik ist damit ein einfacher Typ einer *Programmlogik* und wir können versuchen, grundlegende Programmierkonzepte wie *while*-Schleifen oder *if*-Abfragen in der dynamischen Logik zu realisieren. Nachfolgend stellen wir beispielhaft die Logik PDL („**p**ropositional **d**ynamic **l**ogic") vor.

Definition 8.1: Syntax der Logik PDL

Gegeben sei eine Menge von Aussagensymbolen $\{A_1, A_2, \ldots\}$ und eine Menge **atomarer Programme** $\{p_1, p_2, \ldots\}$.

a) Eine **Formel** der Logik PDL entsteht rekursiv durch Anwendung der folgenden Regeln:

   a1) Jede aussagenlogische Formel ist eine Formel der Logik PDL.

   a2) Sind F, G Formeln der Logik PDL so auch $\neg F$, $F \wedge G$ und $F \vee G$.

   a3) Ist F eine Formel der Logik PDL und p ein Programm, so sind auch $\Box_p F$ und $\Diamond_p F$ Formeln der Logik PDL.

b) Ein **Programm** der Logik PDL entsteht rekursiv durch Anwendung der folgenden Regeln:

b1) Jedes atomare Programm ist ein Programm.

b2) Sind p und q zwei Programme, so ist auch $p; q$ ein Programm. Es wird als die **Hintereinanderausführung** von p und q bezeichnet. („Führe erst p und dann q aus.")

b3) Ist p ein Programm, so ist auch p^* ein Programm. Es wird als die **Iteration** von p bezeichnet. („Wähle eine Zahl $n \geq 0$ und führe p dann n-mal aus.")

b4) Sind p und q Programme, so ist auch $p \cup q$ ein Programm. Es wird als die **nicht-deterministische Wahl** von p und q bezeichnet. („Führe p oder q aus.")

b5) Ist F eine Formel, so ist $F?$ ein Programm. Es wird als der **Test aus der Formel** F bezeichnet. („Teste, ob die Formel F gilt.")

Ist F eine Formel der Logik PDL und sind p, q Programme, so beschreiben also z. B. die Ausdrücke $(F?; p)^* ; \neg F?$ und $(F?; p) \cup (\neg F?; q)$ zwei Programme der Logik PDL. Die Semantik dieser Logik ist wie folgt definiert.

Definition 8.2: Semantik der Logik PDL

Sei F eine Formel der Logik PDL.

a) Eine zu F passende **Struktur** ist ein Tripel $\alpha = (W, \varrho, \xi)$ mit den folgenden Komponenten:

a1) Die Menge W ist nicht leer. Ihre Elemente heißen **Zustände** oder **mögliche Welten** oder **Referenzpunkte**.

a2) Die Abbildung $\varrho\colon P \to \mathcal{Pot}\,(W \times W)$ ordnet jedem atomaren Programm $p \in P$ eine Teilmenge $R_p \subseteq W \times W$ zu. Hierbei ist P eine Menge atomarer Programme, die alle in F vorkommenden atomaren Programme enthält, und $\mathcal{Pot}\,(W \times W)$ die Potenzmenge von $W \times W$ (d. h. die Menge aller Teilmengen von $W \times W$). Wir interpretieren R_p als Relation auf W.

a3) Die Abbildung $\xi\colon M \times W \to \{0, 1\}$ ordnet jedem Aussagensymbol $A \in M$ und jedem Zustand $s \in W$ einen Wahrheitswert $\xi\,(A, s) \in \{0, 1\}$ zu. Hierbei ist M eine Menge von Aussagensymbolen, die alle in F vorkommenden Aussagensymbole enthält.

b) Sei $\alpha = (W, \varrho, \xi)$ eine zu F passende Struktur. Wir definieren den **Wahrheitswert** von F im Zustand s in der Struktur α rekursiv wie folgt.

b1) Ist $F = A$ ein Aussagensymbol, so sei $\alpha\,(F, s) = \xi\,(F, s)$.

b2) Ist F von der Form $F = \neg G$ mit einer Formel G, so sei

$$\alpha\,(F, s) = 1 - \alpha\,(G, s)\ .$$

b3) Ist F von der Form $F = G \vee H$ mit Formeln G, H, so sei

$$\alpha\,(F, s) = \begin{cases} 1 & \text{falls } \alpha\,(G, s) = 1 \text{ oder } \alpha\,(H, s) = 1\,, \\ 0 & \text{sonst}\,. \end{cases}$$

b4) Ist F von der Form $F = G \wedge H$ mit Formeln G, H, so sei

$$\alpha(F,s) = \begin{cases} 1 & \text{falls } \alpha(G,s) = \alpha(H,s) = 1\,, \\ 0 & \text{sonst}\,. \end{cases}$$

b5) Ist F von der Form $F = \Box_p G$ mit einer Formel G und einem Programm p, so sei genau dann $\alpha(F,s) = 1$, wenn für alle $t \in W$ mit $(s,t) \in R_p$ die Gleichheit $\alpha(G,t) = 1$ gilt.

b6) Ist F von der Form $F = \Diamond_p G$ mit einer Formel G und einem Programm p, so sei genau dann $\alpha(F,s) = 1$, wenn es ein $t \in W$ gibt mit $(s,t) \in R_p$, so dass $\alpha(G,t) = 1$ gilt.

c) Hierbei ist die Erreichbarkeitsrelation R_p eines Programms p rekursiv wie folgt definiert.

c1) Ist p ein atomares Programm, so sei $R_p = \varrho(p)$.

c2) Ist p von der Form $p = q_1; q_2$ mit Programmen q_1, q_2, so sei

$$R_p = \big\{ (s,t) \in W \times W \mid \text{ es gibt ein } u \in W \text{ mit } (s,u) \in R_{q_1} \text{ und } (u,t) \in R_{q_2} \big\}\,.$$

c3) Ist p von der Form $p = q^*$ mit einem Programm q, so sei

$$R_p = \big\{ (s,t) \in W \times W \mid \text{ es gibt ein } n \geq 0 \text{ und } s_0, \ldots, s_n \in W \text{ mit } s = s_0, t = s_n \text{ und } (s_i, s_{i+1}) \in R_q \text{ für } i = 0, \ldots, n-1 \big\}\,.$$

c4) Ist p von der Form $p = q_1 \cup q_2$ mit Programmen q_1, q_2, so sei

$$R_p = R_{q_1} \cup R_{q_2}\,.$$

c5) Ist p von der Form $p = F?$ mit einer Formel F, so sei

$$R_p = \big\{ (s,s) \in W \times W \mid \alpha(F,s) = 1 \big\}\,.$$

Gilt hierbei $\alpha(F,s) = 1$, so schreiben wir $s \Vdash_\alpha F$ bzw. einfach $s \Vdash F$. Die Interpretation eines Tests $F?$ ergibt sich nun wie folgt.

Beispiel 8.3

Seien F, G Formeln der Logik PDL und sei $\alpha = (W, \varrho, \xi)$ eine zu F passende Struktur. Für einen Zustand $s \in W$ gilt $s \Vdash \Box_{F?} G$ genau dann, wenn für alle $t \in W$ mit $(s,t) \in R_{F?}$ die Beziehung $t \Vdash G$ gilt. Hierbei ist $R_{F?}$ die Menge aller Paare (u,u) mit $u \models F$. Also gilt $s \Vdash \Box_{F?} G$ genau dann, wenn F im Zustand s nicht gilt oder die Formeln F und G beide im Zustand s gelten.

Auch den oben erwähnten Programmen $(F?;p)^*; \neg F?$ und $(F?;p) \cup (\neg F?;q)$ können wir nun Interpretationen zuordnen.

Beispiel 8.4

Seien F, G Formeln der Logik PDL, sei p ein Programm und sei q das Programm $q = (F?; p)^* ; \neg F?$. Wie man leicht nachprüft, gilt $s \Vdash \Box_q G$ genau dann, wenn $t \Vdash G$ für alle Zustände $t \in W$ erfüllt ist, für die es eine Folge von Zuständen $t_0, \ldots, t_n \in W$ gibt mit $t_0 = s, t_n = t$ und $t_i \Vdash F$ sowie $(t_i, t_{i+1}) \in R_p$ für $i = 0, \ldots, n-1$ und so dass $t \models \neg F$ erfüllt ist. Das Programm q wird manchmal mit

while F do p endwhile

bezeichnet. Der Wahrheitswert $s \Vdash \Box_q G$ drückt also aus, ob die Formel G nach jeder Abarbeitung der *while*-Schleife q gilt, wenn wir mit dem Zustand s starten.

Beispiel 8.5

Seien F, G Formeln der Logik PDL, seien p_1, p_2 Programme und sei q das Programm

$$q = (F?; p_1) \cup (\neg F?; p_2) .$$

Sei $\alpha = (W, \varrho, \xi)$ eine zu F und G passende Struktur. Für einen Zustand $s \in W$ gilt $s \Vdash \Box_q G$ genau dann, wenn für jedes $t \in W$ mit $(s, t) \in R_q$ gilt, dass $t \Vdash G$ erfüllt ist. Hierbei gilt $(s, t) \in R_q$ genau dann, wenn entweder $s \Vdash F$ und $(s, t) \in R_{p_1}$ erfüllt ist, oder wenn $s \Vdash \neg F$ und $(s, t) \in R_{p_2}$ erfüllt ist. Das Programm q entspricht also der *if*-Abfrage

if F then p_1 else p_2 endif

und die Beziehung $s \Vdash \Box_q G$ drückt aus, dass die Formel G nach jeder Abarbeitung dieser *if*-Abfrage gilt, wenn wir mit dem Zustand s starten.

Die Logik PDL ist also ausdrucksstark genug, um einfache Programme logisch darzustellen und ihre Eigenschaften zu analysieren. Das folgende fiktive Gespräch zwischen Diodorus Cronus und seinem Schüler Philo dückt auf mehrerlei Arten aus, dass eine Formel F und ihr Gegenteil $\neg F$ abwechselnd gelten, wenn man ein Programm p immer wieder abarbeitet.

Beispiel 8.6: Archäo-Logik

Diodorus und Philo diskutierten über Tag und Nacht.

Diodorus: „Jedes Mal, wenn von jetzt an gerechnet eine Anzahl ganzer Tage (d. h. jeweils 24 Stunden) vergangen ist, scheint die Sonne. Wartet man jedoch einen halben Tag (d. h. 12 Stunden) und eine gewisse Anzahl ganzer Tage, so scheint sie nicht.“

Philo: „Jetzt scheint die Sonne. Nach einer gewissen Anzahl halber Tage gilt: scheint dann die Sonne, so scheint sie einen halben Tag später nicht; scheint sie jedoch nicht, so ist sie einen halben Tag später wieder am Leuchten.“

Diodorus: „Unsere beiden Beschreibungen sind äquivalent.“

Philo: „Meister, könnt Ihr das beweisen?“

Mit Hilfe der Logik PDL sind wir tatsächlich in der Lage, den geforderten Beweis zu erbringen. Sei A ein Aussagensymbol mit der Interpretation „Die Sonne scheint" und p ein Programm mit der Interpretation „warte 12 Stunden". Dann lautet Diodorus Cronus erste Behauptung:

$$F = \Box_{(p;p)^*} A \wedge \Box_{(p;(p;p)^*)} \neg A \,.$$

Die Aussage von Philo wird in PDL zu

$$G = A \wedge \Box_{p^*} \left((A \Rightarrow \Box_p \neg A) \wedge (\neg A \Rightarrow \Box_p A) \right) \,.$$

In der Tat kann man nun nachrechnen, dass $F \Leftrightarrow G$ eine Tautologie ist (vgl. Übungsaufgabe 8.2.c).

Die dynamische Logik hat in der Informatik eine Reihe von Anwendungen, zum Beispiel:

1) Diskussion des Ein- und Ausgabeverhaltens von Programmen.

2) Untersuchung von Invarianten von Programmen.

3) Korrektheitsbeweise für Programme („Programmverifikation"): Egal, in welchem (legalen) Zustand s der Maschine das Programm p startet, die Eigenschaft F gilt immer, wenn das Programm p endet, d. h. die Formel $\Box_p F$ ist allgemein gültig.

Für die Logik PDL und verwandte Abarten der dynamischen Logik sind Resolutionskalküle entwickelt worden (vgl. [5]). Auch eine Beschreibung durch Axiome und Schlussregeln ist bekannt (vgl. Übungsaufgabe 9.7). Ferner ist gezeigt worden, dass jede erfüllbare PDL-Formel bereits ein endliches Modell besitzt (vgl. [5]). Obwohl die Programmkonzepte einer *while*-Schleife und einer *if*-Abfrage in der Logik PDL simuliert werden können (vgl. die Beispiele 8.4 und 8.5), ist sie auf Grund der nichtdeterministischen Programmkonzepte $*$ und $\cup$ als Logik zur Simulation deterministischer Programme nur bedingt tauglich. Deshalb sind in den letzten Jahrzehnten viele Abwandlungen dieser Logik beschrieben und untersucht worden.

8.B Prozesslogik

Die dynamische Logik besitzt noch einen Nachteil: sie erlaubt es nur sehr eingeschränkt, den Verlauf von Programmen zu berücksichtigen. Wie soll man zum Beispiel ausdrücken, dass ein Programm in eine unendlich lange Schleife geraten ist? Zu diesem Zweck ist die Prozesslogik entwickelt worden. Hier werden Zustandsänderungen nicht durch Übergangsrelationen, sondern als Menge von regulären, abbrechenden oder unendlich langen Programmverläufen beschrieben. Während in der dynamischen Logik vornehmlich Aussagen über die Anfangs- und Endzustände eines Programms getroffen werden, stehen in der Prozesslogik Aussagen über die Verläufe eines Programms im Vordergrund.

Um die Beschreibung von Programmverläufen in der Logik PDL zu ermöglichen, wandeln wir zuerst die Definition 8.2 ihrer Semantik in folgende *Verlaufssemantik* ab.

Definition 8.7: Die Verlaufssemantik der Logik PDL

Sei F eine Formel in der Logik PDL.

a) Eine zu F passende **Verlaufsstruktur** ist ein Tripel $\alpha = (W, \nu, \xi)$ mit den folgenden Komponenten.

   a1) Die Menge W ist nicht leer.

   a2) Die Abbildung $\nu \colon P \Rightarrow W^{(\mathbb{N})}$ ordnet jedem atomaren Programm p eine **Verlaufsmenge** $V_p \subseteq W \times W$ zu.

   a3) Die Abbildung $\xi \colon M \times W \to \{0, 1\}$ ordnet jedem Aussagensymbol A und jedem Zustand $s \in W$ einen Wahrheitswert $\xi(A, s)$ zu.

b) Der Wahrheitswert von F in einer zu F passenden Verlaufsstruktur $\alpha = (W, \nu, \xi)$ in einem Zustand $s \in W$ ist wie in Definition 8.2 festgelegt, außer dass wir die folgenden beiden Punkte ersetzen:

   b5) Ist F von der Form $F = \Box_p G$ mit einer Formel G und einem Programm p, so sei genau dann $\alpha(F, s) = 1$, wenn für jedes $(s_0, \ldots, s_k) \in V_p$ mit $s_0 = s$ die Beziehung $\alpha(G, s_k) = 1$ gilt.

   b6) Ist F von der Form $F = \Diamond_p G$ mit einer Formel G und einem Programm p, so sei genau dann $\alpha(F, s) = 1$, wenn es ein $(s_0, \ldots, s_k) \in V_p$ gibt mit $s_0 = s$ und $\alpha(G, s_k) = 1$.

c) Hierbei sei die Verlaufsmenge V_p eines Programms p rekursiv wie folgt definiert.

   c1) Ist p ein atomares Programm, so sei $V_p = \nu(p)$.

   c2) Ist p von der Form $p = q_1; q_2$ mit Programmen q_1, q_2, so sei

$$V_p = \big\{ (s_0, \ldots, s_k) \mid \text{es gibt ein } 0 < j < k \text{ mit } \big(s_0, \ldots, s_j\big) \in V_{q_1} \text{ und } \big(s_j, \ldots, s_k\big) \in V_{q_2} \big\}.$$

   c3) Ist p von der Form q^* mit einem Programm q, so sei

$$V_p = \big\{ (s_0, \ldots, s_k) \mid \text{es gibt } 0 = j_0 \leq \ldots \leq j_\ell = k \text{ mit } \big(s_{j_i}, \ldots, s_{j_{i+1}}\big) \in V_q \text{ für } i = 0, \ldots, \ell - 1 \big\}.$$

   c4) Ist p von der Form $p = q_1 \cup q_2$ mit Programmen q_1, q_2, so sei

$$V_p = V_{q_1} \cup V_{q_2}$$

   (betrachtet in $W^{(\mathbb{N})}$).

   c5) Ist p von der Form $p = F?$ mit einer Formel F, so sei

$$V_p = \{(s, s) \in W \times W \mid s \Vdash F\}.$$

Es ist leicht zu sehen, dass beide Definitionen der Semantik von PDL äquivalent sind. Bei gegebenen Übergangsrelationen R_p für atomare Programme p braucht man dazu nur $V_p = \big\{(s, t) \mid (s, t) \in R_p\big\}$ zu setzen. Anders ausgedrückt, der Verlauf atomarer Programme ist völlig beschrieben durch eine Menge von Paaren von Zuständen. Zu einem Verlauf eines Programms gehört auch der Anfangszustand. Alle darauf folgenden Zustände bis einschließlich zum Endzustand werden über eine Folge atomarer Programme und durch Wahrheitswertzuweisungen erreicht. Nun können wir die Syntax der PDL wie folgt zur Syntax der Prozesslogik erweitern.

Definition 8.8: Die Syntax der Prozesslogik

Gegeben sei eine Menge von Aussagensymbolen $\{A_1, A_2, \ldots\}$ und eine Menge atomarer Programme $\{p_1, p_2, \ldots\}$. Dann sind prozesslogische Formeln rekursiv wie folgt definiert.

a) Jede Formel der Logik PDL ist eine prozesslogische Formel.

b) Sind F, G prozesslogische Formeln und ist p ein Programm, so sind auch $\neg F$, $F \wedge G$, $F \vee G$, $\Box_p F$ und $\Diamond_p F$ prozesslogische Formeln.

c) Ist F eine prozesslogische Formel und p ein Programm, so sind auch $\perp_p F$ (sprich „F during p"), $\sqcup\!\sqcup_p F$ (sprich „F throughout p") und $\lrcorner\!\ulcorner_p F$ (sprich „p preserve F") prozesslogische Formeln.

Hierbei sind die Programme rekursiv wie in der Logik PDL definiert.

Die Bedeutung der prozesslogischen Konzepte ist hierbei folgendermaßen beabsichtigt:

- Die Formel $\perp_p F$ bedeutet, dass während aller Verläufe von p in mindestens einem der durchlaufenen Zustände die Formel F gilt.
- Die Formel $\sqcup\!\sqcup_p F$ bedeutet, dass während aller Verläufe von p in jedem der durchlaufenen Zustände die Formel F gilt.
- Die Formel $\lrcorner\!\ulcorner_p F$ bedeutet, dass während aller Verläufe von p gilt, dass F in allen Folgezuständen von Zuständen gilt, in denen F gilt. Mit anderen Worten, gilt F während eines Verlaufs von p einmal, so gilt es von da an stets.

Um diese Interpretationen formal exakt zu fassen, ergänzen wir die Verlaufssemantik 8.7 der Logik PDL auf geeignete Weise.

Definition 8.9: Die Verlaufssemantik der Prozesslogik

Sei F eine prozesslogische Formel.

a) Eine zu F passende Verlaufsstruktur ist ein Tripel $\alpha = (W, \nu, \xi)$ wie in Definition 8.7.a).

b) Der Wahrheitswert von F in einer zu F passenden Verlaufsstruktur $\alpha = (W, \nu, \xi)$ in einem Zustand $s \in W$ ist rekursiv wie folgt festgelegt:

   b1) Ist F eine Formel der Logik PDL, so sei $\alpha(F, s)$ wie in der Definition 8.7.b) bestimmt.

   b2) Ist F von der Form $F = \perp_p G$ mit einer prozesslogischen Formel G und einem Programm p, so sei $\alpha(F, s) = 1$ genau dann, wenn es für jeden Verlauf $(s_0, \ldots, s_k) \in V_p$ mit $s_0 = s$ ein $j \in \{0, \ldots, k\}$ gibt mit $\alpha(G, s_j) = 1$.

   b3) Ist F von der Form $F = \sqcup\!\sqcup_p G$ mit einer prozesslogischen Formel G und einem Programm p, so sei $\alpha(F, s) = 1$ genau dann, wenn für jeden Verlauf $(s_0, \ldots, s_k) \in V_p$ mit $s = s_0$ und für jedes $j \in \{0, \ldots, k\}$ die Gleichheit $\alpha(G, s_j) = 1$ gilt.

   b4) Ist F von der Form $F = \lrcorner\!\ulcorner_p G$ mit einer prozesslogischen Formel G und einem Programm p, so sei $\alpha(F, s) = 1$ genau dann, wenn für jeden Verlauf $(s_0, \ldots, s_k) \in V_p$ mit $s = s_0$ und für jedes $j \in \{0, \ldots, k\}$ mit $\alpha(G, s_j) = 1$ die Beziehung $\alpha(G, s_{j+1}) = 1$ gilt.

Hierbei ist die Verlaufsmenge V_p eines Programms p wie in Definition 8.7.c) festgelegt.

Für reguläre (d. h. endliche) Programmabläufe ist die durch die Definitionen 8.8 und 8.9 gegebene Prozesslogik nicht ausdrucksstärker als die Logik PDL, wie der folgende Satz zeigt.

Satz 8.10

Sei F eine Formel der Logik PDL und sei p ein Programm. Dann lassen sich die folgenden Verlaufsaussagen in der Logik PDL ausdrücken:

a) $\perp_p F$

b) $\sqcup\!\sqcup_p F$

c) $\lrcorner\!\ulcorner_p F$

Beweis Zuerst beweisen wir a). Dazu konstruieren wir ein Programm $q = \neg F?;\widetilde{p}$, wobei $\widetilde{p}$ rekursiv über den Aufbau von p definiert sei:

1) Ist p ein atomares Programm, so setze $\widetilde{p} = p;\neg F?$.
2) Ist $p = p_1;p_2$, so setze $\widetilde{p} = \widetilde{p}_1;\widetilde{p}_2$.
3) Ist $p = p_1^*$, so setze $\widetilde{p} = (\widetilde{p}_1)^*$.
4) Ist $p = p_1 \cup p_2$, so setze $\widetilde{p} = \widetilde{p}_1 \cup \widetilde{p}_2$.
5) Ist $p = G?$, so setze $\widetilde{p} = p$.

Nun gilt $\perp_p F \equiv \Box_q (A \wedge \neg A)$, denn in allen Zuständen, die während des Programms p durchlaufen werden, muss die Formel $\neg F$ gelten, damit das Programm q zum Endzustand von p führen kann. Somit gilt $\perp_p F$ genau dann, wenn die Verlaufsmenge von q leer ist, d. h. wenn $\Box_q (A \wedge \neg A)$ erfüllt ist.

Jetzt zeigen wir b) rekursiv über den Aufbau des Programms p. Dabei verwenden wir Übungsaufgabe 8.4.

1) Ist p ein atomares Programm, so gilt $\sqcup\!\sqcup_p F \equiv F \wedge \Box_p F$.
2) Ist $p = p_1;p_2$, so gilt $\sqcup\!\sqcup_p F \equiv \sqcup\!\sqcup_{p_1} F \wedge \Box_{p_1} \sqcup\!\sqcup_{p_2} F$.
3) Ist $p = p_1^*$, so gilt $\sqcup\!\sqcup_p F \equiv \Box_{p_1^*} \sqcup\!\sqcup_{p_1} F$.
4) Ist $p = p_1 \cup p_2$, so gilt $\sqcup\!\sqcup_p F \equiv \sqcup\!\sqcup_{p_1} F \wedge \sqcup\!\sqcup_{p_2} F$.
5) Ist $p = G?$ mit einer Formel G, so gilt $\sqcup\!\sqcup_p F \equiv F \wedge G$.

Schließlich beweisen wir auch c) rekursiv über den Aufbau des Programms p, wobei wir wiederum Übungsaufgabe 8.4 verwenden.

1) Ist p ein atomares Programm, so gilt $\lrcorner\!\ulcorner_p F \equiv (F \Rightarrow \Box_p F)$.
2) Ist $p = p_1;p_2$, so gilt $\lrcorner\!\ulcorner_p F \equiv \lrcorner\!\ulcorner_{p_1} F \wedge \Box_{p_1} \lrcorner\!\ulcorner_{p_2} F$.
3) Ist $p = p_1^*$, so gilt $\lrcorner\!\ulcorner_p F \equiv \Box_{p_1^*} \lrcorner\!\ulcorner_{p_1} F$.
4) Ist $p = p_1 \cup p_2$, so gilt $\lrcorner\!\ulcorner_p F \equiv \lrcorner\!\ulcorner_{p_1} F \wedge \lrcorner\!\ulcorner_{p_2} F$.
5) Ist $p = G?$ mit einer Formel G, so gilt $\lrcorner\!\ulcorner_p F \equiv (A \vee \neg A)$. □

Auch weitere prozesslogische Konzepte lassen sich mit Hilfe der Logik PDL ausdrücken, jedoch nicht alle.

Bemerkung 8.11

Seien F, G prozesslogische Formeln und sei p ein Programm.

a) Der prozesslogische ***until*-Operator** $F\,\mathbf{until}_p\,G$ ist dadurch definiert, dass man genau dann $\alpha\left(F\,\mathbf{until}_p\,G, s\right) = 1$ setzt, wenn es für jeden Verlauf $(s_0, \ldots, s_k) \in V_p$ mit $s_0 = s$ ein $j \in \{1, \ldots, k\}$ gibt mit $\alpha\left(G, s_j\right) = 1$ und $\alpha\left(F, s_i\right) = 1$ für $i \in \{1, \ldots, j-1\}$. Man kann zeigen, dass $F\,\mathbf{until}_p\,G$ in der Logik PDL ausdrückbar ist (vgl. [15], Beispiel 8.8).

b) Der prozesslogische ***more*-Operator** $F\,\mathbf{more}_p\,G$ sei dadurch definiert, dass in jedem Verlauf von p Zustände, in denen F gilt, häufiger durchlaufen werden als Zustände, in denen G gilt. Man kann zeigen, dass $F\,\mathbf{more}_p\,G$ nicht in der Logik PDL ausdrückbar ist (vgl. [15], Satz 8.9).

Um nun eine Prozesslogik zu erhalten, die wirklich ausdrucksstärker ist als die Logik PDL und die es uns erlaubt, unendliche Programmverläufe zu erfassen, müssen wir die Verlaufssemantik der Prozesslogik 8.9 noch einmal erweitern und zwar um unendliche Verlaufsmengen.

1) $V^{\infty}_{p_1;p_2} = V^{\infty}_{p_1} \cup \{\, (s_0, s_1, \ldots) \in W^{\mathbb{N}} \mid \text{es gibt ein } j \geq 1 \text{ mit } \left(s_0, \ldots, s_j\right) \in V_{p_1} \text{ und } \left(s_j, s_{j+1}, \ldots\right) \in V^{\infty}_{p_2} \}$

2) $V^{\infty}_{p^*} = \{\, (s_0, s_1, \ldots) \in W^{\mathbb{N}} \mid \text{es gibt } 0 \leq j_0 \leq j_1 \leq \ldots \leq j_\ell \text{ mit } \left(s_{j_i}, \ldots, s_{j_{i+1}}\right) \in V_p \text{ für } i = 0, \ldots, \ell - 1 \text{ und } \left(s_{j_\ell}, s_{j_\ell+1}, \ldots\right) \in V^{\infty}_p \}$

3) $V^{\infty}_{p_1 \cup p_2} = V^{\infty}_{p_1} \cup V^{\infty}_{p_2}$

Wir überlassen es dem Leser, die notwendigen Modifikationen der Definitionen vollständig auszuführen. Für die so definierte Prozesslogik kann man u. a. zeigen, dass Verlaufsaussagen der Form $\perp_p F$ bei unendlichen Verläufen i. A. nicht in der Logik PDL ausdrückbar sind (vgl. [9] und [15], Satz 10.6).

Auch für die hier vorgestellte Version der Prozesslogik sind logische Kalküle entwickelt worden. Ihre Anwendbarkeit in der Informatik, z. B. in der Programmverifikation, ist unmittelbar einleuchtend. Für die Untersuchung der Korrektheit andauernd laufender Programme ist sie offensichtlich bestens geeignet.

8.C Intuitionistische Logik

In der Mathematik verwendet man häufig nicht-konstruktive Beweise, z. B. Widerspruchsbeweise oder Beweise, die auf dem Wohlordnungsaxiom beruhen. Aus logischer Sicht ist die Grundidee dieser nicht-konstruktiven Methoden, dass die Formel $F \vee \neg F$ stets gilt. Also kann man eine Formel F beweisen, indem man zeigt, dass $\neg F$ nicht gilt. Man braucht dazu kein einziges Modell für F anzugeben. Aber ist es wirklich legitim zu behaupten, man habe die Existenz einer Zahl bewiesen, ohne sie angeben zu können? Ist es in Ordnung, die Existenz einer Funktion zu behaupten, ohne dass man in der Lage ist, einen Weg anzugeben, wie man ihre Funktionswerte berechnet?

Der konstruktivistische Ansatz in der Mathematik beantwortet diese Frage mit einem klaren Nein. Seine Anhänger verlangen, dass man eine Formel $F \vee G$ nur dadurch beweist, dass man F beweist oder G beweist, nicht aber dadurch, dass man $\neg(\neg F \wedge \neg G)$ zeigt, ohne zu wissen, ob F oder G wahr ist. Ebenso vertreten sie die Ansicht, man könne eine Formel $\exists x\colon P(x)$ nur beweisen, indem man ein Element a vorweist, für das $P(a)$ gilt, aber nicht indem man $\forall x\colon \neg P(x)$ zu einem Widerspruch führt.

Wie können wir einen solchen Ansatz in ein logisches System fassen? Das Ziel der intuitionistischen Logik ist, nur konstruktive Beweise zuzulassen. Für die Informatik ist dies sehr nützlich: hat man die Existenz einer Funktion konstruktiv bewiesen, so liefert der Beweis auch gleich den Algorithmus für ihre Berechnung. Die Idee zur Realisierung einer solchen Logik ist die Kombination der Prädikatenlogik mit der Interpretation der möglichen Welten der Modallogik als „Kenntnisstände" und der Erreichbarkeitsrelation als „Kenntniszunahme" durch konstruktive Beweise. Somit ist die intuitionistische Logik folgendermaßen definiert.

Definition 8.12: Syntax und Semantik der intuitionistischen Logik

a) Die **Syntax** der intuitionistischen Logik ist die der Prädikatenlogik, wobei wir den Folgepfeil $\Rightarrow$ ebenfalls als Junktor zulassen.

b) Eine **Struktur** in der intuitionistischen Logik ist ein Tripel $\alpha = (R, \leq, \{\beta_p\}_{p \in R})$ mit folgenden Komponenten.

   b1) Die Menge R ist nicht leer und durch $\leq$ teilweise geordnet. Sie heißt die Menge der möglichen **Kenntnisstände**. Für $p, q \in R$ mit $p \leq q$ sagen wir „Der Kenntnisstand q liegt in der Zukunft von p" oder „Der Kenntnisstand q umfasst p".

   b2) Für jedes $p \in R$ ist $\beta_p = (U_p, \varphi_p, \psi_p, \xi_p)$ eine prädikatenlogische Struktur. Für $p, q \in R$ mit $p \leq q$ gilt dabei $U_p \subseteq U_q$ und die Abbildungen φ_p, ξ_p sind Einschränkungen der Abbildungen φ_q, ξ_q. Ferner ist $\psi_p(P)$ für jedes Prädikatsymbol P eine Teilmenge von $\psi_q(P)$.

c) Für eine Formel F und eine zu F passende Struktur $\alpha = (R, \leq, \{\beta_p\}_{p \in R})$ definieren wir den **Wahrheitswert** $\alpha(F, p)$ von F beim Kenntnisstand $p \in R$ rekursiv wie folgt.

   c1) Für eine atomare Formel F sei $\alpha(F, p) = \beta_p(F)$.

   c2) Ist F von der Form $F = \neg G$ mit einer Formel G, so setzen wir genau dann $\alpha(F, p) = 1$, wenn für alle $q \geq p$ die Gleichheit $\alpha(G, q) = 0$ gilt.

   c3) Ist F von der Form $F = G \wedge H$ mit Formeln G, H, so setzen wir

$$\alpha(F, p) = \begin{cases} 1 & \text{falls } \alpha(G, p) = \alpha(H, p) = 1\,, \\ 0 & \text{sonst}\,. \end{cases}$$

   c4) Ist F von der Form $F = G \vee H$ mit Formeln G, H, so setzen wir

$$\alpha(F, p) = \begin{cases} 1 & \text{falls } \alpha(G, p) = 1 \text{ oder } \alpha(H, p) = 1\,, \\ 0 & \text{sonst}\,. \end{cases}$$

   c5) Ist F von der Form $F = (G \Rightarrow H)$ mit Formeln G, H, so setzen wir genau dann $\alpha(F, p) = 1$, wenn für alle $q \geq p$ aus $\alpha(G, q) = 1$ folgt, dass auch $\alpha(H, q) = 1$ gilt. (Der Folgepfeil $\Rightarrow$ ist also *nicht* als Abkürzung definiert, sondern ein eigenständiger Operator.)

c6) Ist F von der Form $F = \forall x\colon G$ mit einer Formel G, so setzen wir genau dann $\alpha(F,p) = 1$, wenn für jedes $q \geq p$ und für jede Konstante a mit $\varphi_q(a) \in U_q$ gilt, dass $\alpha\left(G|_{x\mapsto a}, q\right) = 1$ erfüllt ist.

c7) Ist F von der Form $F = \exists x\colon G$ mit einer Formel G, so setzen wir genau dann $\alpha(F,p) = 1$, wenn es eine Konstante a gibt mit $\varphi_p(a) \in U_p$, so dass $\alpha\left(G|_{x\mapsto a}, p\right) = 1$ erfüllt ist.

Weitere Begriffe und Definitionen übernehmen wir aus der Modallogik bzw. der Prädikatenlogik. Eine Formel F heißt **gültig** beim Kenntnisstand $p \in R$, wenn $\alpha(F,p) = 1$ ist, und in diesem Fall schreiben wir auch $p \Vdash_\alpha F$ bzw. einfach $p \Vdash F$. Eine Struktur $\alpha = \left(R, \leq, \{\beta_p\}_{p\in R}\right)$ heißt ein **Modell** für F, wenn für alle $p \in R$ die Beziehung $p \Vdash_\alpha F$ gilt. In diesem Fall schreiben wir $\alpha \models F$. Zwei Formeln F, G heißen **äquivalent**, wenn sie dieselben Modelle besitzen. In diesem Fall schreiben wir $F \equiv G$.

Die erste nützliche Bemerkung ist, dass intuitionistisch gültige Formeln auch in der klassischen Prädikatenlogik Tautologien sind.

Satz 8.13

Ist eine Formel F in der intuitionistischen Logik allgemein gültig, so ist sie auch in der klassischen Prädikatenlogik allgemein gültig.

Beweis Sei $\alpha(U,\varphi,\psi,\xi)$ eine klassische, zu F passende prädikatenlogische Struktur. Wir setzen $\widetilde{\alpha} = \left(R, \leq, \{\beta_p\}_{p\in R}\right)$ mit $R = \{1\}$ und $\beta_1 = \alpha$. Zu $p = 1 \in R$ besteht die Menge aller $q \in R$ mit $q \geq p$ nur aus $q = p$. Also stimmt Definition 8.12.c) in der Struktur $\widetilde{\alpha}$ mit der Semantik der klassischen Prädikatenlogik überein und aus $\widetilde{\alpha} \models F$ folgt $\alpha \models F$. □

Eine weitere Beobachtung ist, dass die Bedingung 8.12.c5) eine Art „Permanenz des Wissens" repräsentiert. Genauer gilt der folgende Satz.

Satz 8.14: Monotonie der Gültigkeit

Sei F eine intuitionistische Formel und $\alpha = \left(R, \leq, \{\beta_p\}_{p\in R}\right)$ eine zu F passende Struktur. Sind $p, q \in R$ Kenntnisstände mit $q \geq p$ und gilt $p \Vdash F$, so gilt auch $q \Vdash F$.

Beweis Der Beweis erfolgt induktiv über den Aufbau der Formel F.

1) Ist F eine atomare Formel, so folgt aus $\alpha(F,p) = \beta_p(F) = 1$, dass auch $\alpha(F,q) = \beta_q(F) = 1$ gilt, denn die bei der Berechnung von $\beta_p(F)$ verwendeten Abbildungen φ_p, ξ_p sind die Einschränkungen der Abbildungen φ_q, ξ_q, die bei der Berechnung von $\beta_q(F)$ eingesetzt werden, und für Prädikatsymbole P gilt $\psi_p(P) \subseteq \psi_q(P)$.
2) Ist $F = \neg G$ und $r \geq q \geq p$, so folgt aus $p \Vdash \neg G$, dass $\alpha(G,r) = 0$ gilt. Da $r \geq q$ beliebig war, zeigt dies $\alpha(\neg G, q) = 1$, also $q \Vdash F$.
3) Ist $F = G \wedge H$, so liefert $p \Vdash F$, dass $p \Vdash G$ und $p \Vdash H$ gilt. Nach Induktionsvoraussetzung folgt $q \Vdash G$ und $q \Vdash H$, also $q \Vdash F$.
4) Der Fall $F = G \vee H$ ergibt sich wie der vorhergehende Fall.
5) Ist $F = (G \Rightarrow H)$ und $r \geq q \geq p$, so folgt aus $\alpha(G \Rightarrow H, p) = 1$ und $\alpha(G,r) = 1$, dass $\alpha(H,r) = 1$ gilt. Dies zeigt $\alpha(G \Rightarrow H, q) = 1$.

6) Ist $F = \forall x\colon G$ und $r \geq q \geq p$, so folgt für jede Konstante a mit $\varphi_r(a) \in U_r$, dass $\alpha(G|_{x \mapsto a}, r) = 1$ erfüllt ist. Dies zeigt $\alpha(\forall x\colon G, q) = 1$.

7) Ist $F = \exists x\colon G$ und a eine Konstante mit $\varphi_p(a) \in U_p$ und $\alpha(G|_{x \mapsto a}, p) = 1$, so zeigt die Induktionsvoraussetzung, dass für $q \geq p$ auch $\alpha(G|_{x \mapsto a}, q) = 1$ gilt. Hierbei gilt $\varphi_q(a) \in U_p \subseteq U_q$, da φ_p die Einschränkung von φ_q ist. Also erhalten wir wiederum $q \Vdash F$. □

Wie wir am Anfang unserer Diskussion der intuitionistischen Logik schon vermutet haben, sind klassische Beweisprinzipien wie das „Gesetz vom ausgeschlossenen Dritten" oder der „indirekte Beweis" nicht mehr korrekt. Die folgenden Beispiele zeigen, dass sich dies aus unserer Definition auch tatsächlich ergibt.

Optimist: „*Wenn sich die wirtschaftliche Lage so weiterentwickelt, stehen wir bald auf der Straße und betteln.*"
Pessimist: „*Von wem?*"

Beispiel 8.15: Pessimistische Logik

Ein Pessimist und ein intuitionistischer Logiker treffen sich auf der Straße.

Pessimist: „Wenn es morgen regnet, werde ich nass und hole mir eine Erkältung. Regnet es aber nicht, hole ich mir einen Sonnenstich. Auf jeden Fall bin ich morgen abend krank."

Intuitionist: „Das stimmt nicht. Wenn du nämlich noch länger mitten auf der Straße stehen bleibst, überfährt dich ein Laster und du erfährst nie, welches Wetter morgen sein wird."

In der Tat, ist F eine atomare Formel, so ist die Formel $F \vee \neg F$ in der intuitionistischen Logik nicht allgemein gültig, wie folgendes Beispiel zeigt.

Sei $\alpha = (R, \leq, \{\beta_p\}_{p \in R})$ die Struktur mit $R = \{1, 2\}$ und $1 \leq 2$, wobei in $\beta_1 = (U, \varphi_1, \psi_1, \xi_1)$ die Abbildung ψ_1 jedem Prädikat die leere Menge zuordne. Die Abbildung ψ_2 in $\beta_2 = (U, \varphi_2, \psi_2, \xi_2)$ ordne jedem in F vorkommenden k-stelligen Prädikat die Menge U^k zu. Also gilt $\alpha(F, 1) = 0$ und $\alpha(F, 2) = 1$. Letzteres bedeutet $\alpha(\neg F, 2) = 0$ und nach der Monotonie der Gültigkeit 8.14 folgt $\alpha(\neg F, 1) = 0$ und somit $\alpha(F \vee \neg F, 1) = 0$.

An diesem Beispiel sehen wir auch, dass wir eine Folgerung $F \Rightarrow G$ in der intuitionistischen Logik nicht einfach durch $\neg F \vee G$ ersetzen dürfen.

Beispiel 8.16: Pessimistische Logik

Die Unterhaltung unserer beiden Passanten entwickelt sich folgendermaßen weiter.

Pessimist: „Das Leben ist eine schreckliche Plackerei. Wenn ich nicht arbeite, verdiene ich kein Geld. Daraus folgt, dass ich, wenn ich Geld verdienen will, in die Arbeit gehen und mich abrackern muss."

Intuitionist: „Das stimmt schon wieder nicht. Manche Menschen verdienen sich eine goldene Nase dadurch, dass sie ihre Arbeit *nicht* tun."

Hat der Intuitionistiker schon wieder Recht? Kann man in der intuitionistischen Logik durch Nichtstun reich werden? Seien F und G zwei atomare Formeln. Wir wollen zeigen, dass die Aussage des Pessimisten, also die Formel

$$(\neg F \Rightarrow \neg G) \Rightarrow (G \Rightarrow F)$$

in der intuitionistischen Logik nicht allgemein gültig ist.

Dazu sei $\alpha = \left(R, \leq, \{\beta_p\}_{p\in R}\right)$ eine Struktur mit $R = \{1, 2\}$ und $\beta_1(F) = 0$, $\beta_1(G) = 1$ sowie $\beta_2(F) = \beta_2(G) = 1$. Nun bestimmen wir die folgenden Wahrheitswerte.

- Wegen $\alpha(G, 1) = 1$ und $\alpha(F, 1) = 0$ gilt $\alpha(G \Rightarrow F, 1) = 0$.
- Wegen $\alpha(F, 2) = 1$ gilt $\alpha(\neg F, 2) = 0$. Dies liefert auch $\alpha(\neg F, 1) = 0$, und daher $\alpha(\neg F \Rightarrow \neg G, 1) = 1$.
- Insgesamt folgt $\alpha((\neg F \Rightarrow \neg G) \Rightarrow (G \Rightarrow F), 1) = 0$, d. h. die betrachtete Formel ist nicht allgemein gültig.

In der folgenden Bemerkung sammeln wir einige Regeln, die die Bestimmung von Wahrheitswerten in der intuitionistischen Logik erleichtern.

Bemerkung 8.17

Sei F eine intuitionistische Formel, sei $\alpha = \left(R, \leq, \{\beta_p\}_{p\in R}\right)$ eine zu F passende Struktur und sei $p \in R$.

a) Genau dann gilt $p \Vdash \neg\neg F$, wenn es zu jedem $q \geq p$ ein $r \geq q$ gibt mit $r \Vdash F$.

b) Genau dann gilt $p \Vdash (\exists x\colon \neg F)$, wenn es zu jedem $q \geq p$ und zu jeder Konstante a mit $\varphi_p(a) \in U_p$ ein $r \geq q$ gibt, so dass $r \Vdash F|_{x\mapsto a}$ gilt.

c) Genau dann gilt $p \Vdash \neg(\forall x\colon \neg F)$, wenn es zu jedem $q \geq p$ ein $r \geq q$ und eine Konstante a mit $\varphi_r(a) \in U_r$ gibt, so dass $r \Vdash F|_{x\mapsto a}$ gilt.

Die Beweise dieser Regeln ergeben sich leicht aus Definition 8.12.c).

Unsere beiden Protagonisten üben sich gerade in Eintracht und Harmonie.

Beispiel 8.18: Pessimistische Logik

Pessimist: „Aber wenn ich arbeiten gehe, dann folgt auf jeden Fall, dass es nicht stimmt, dass ich nicht arbeite, oder?"

Intuitionist: „Stimmt!"

Pessimist: „Und es ist auch nicht richtig, dass es morgen zugleich regnen und nicht regnen kann."

Intuitionist: „Genau!"

Pessimist: „Und wenn es irgendwann einen Tag gibt, an dem es nicht regnet, dann folgt daraus, dass es nicht an jedem Tag regnet."

Intuitionist: „Du hast's kapiert!"

Pessimist: „Und wenn es keinen Tag mehr gibt, an dem es regnet, muss an jedem einzelnen Tag trockenes Wetter herrschen."

Intuitionist: „Jawohl! Alles, was du eben gesagt hast, ist wahr und ich kann es sogar konstruktiv beweisen. Aber findest du es nicht ein wenig optimistisch zu glauben, dass es nie mehr regnen wird?"

Auch wir wollen die Aussagen des Pessimisten konstruktiv beweisen. Sei F eine intuitionistische Formel.

a) Um die Allgemeingültigkeit von $F \Rightarrow \neg\neg F$ nachzuweisen, wählen wir einen Kenntnisstand $p \in R$ und ein $q \geq p$ mit $q \Vdash F$. Nach Satz 8.14 gibt es zu jedem $r \geq q$ ein $s \geq r$ mit $s \Vdash F$. Also zeigt Bemerkung 8.17.a), dass $q \Vdash \neg\neg F$ gilt. Insgesamt erhalten wir $p \Vdash (F \Rightarrow \neg\neg F)$.

b) Jetzt wollen wir die Allgemeingültigkeit von $\neg(F \wedge \neg F)$ verifizieren. Sei $p \in R$ und $q \geq p$. Dann gilt nicht zugleich $q \Vdash F$ und $q \Vdash \neg F$, denn letzteres würde für jedes $r \geq q$ (also insbesondere für $q \geq q$) implizieren, dass $\alpha(F, r) = 0$ gilt im Widerspruch zu $\alpha(F, q) = 1$. Infolgedessen gilt $\alpha(F \wedge \neg F, q) = 0$ und somit $p \Vdash \neg(F \wedge \neg F)$, da $q \geq p$ beliebig war.

c) Auch die Formel $(\exists x\colon \neg F) \Rightarrow \neg(\forall x\colon F)$ ist intuitionistisch allgemein gültig. Um dies nachzuweisen, wählen wir ein $p \in R$ und $q \geq p$ mit $q \Vdash (\exists x\colon \neg F)$. Also gibt es eine Konstante a mit $q \Vdash \neg F|_{x \mapsto a}$. Nach Satz 8.14 folgt dann $r \Vdash \neg F|_{x \mapsto a}$ für jedes $r \geq q$, d. h. für alle $r \geq q$ gilt $\alpha(\forall x\colon F, r) = 0$. Dies beweist $q \Vdash \neg(\forall x\colon F)$ und somit gilt $p \Vdash (\exists x\colon \neg F) \Rightarrow \neg(\forall x\colon F)$. Man beachte, dass die umgekehrte Implikation $\neg(\forall x\colon F) \Rightarrow (\exists x\colon \neg F)$ zwar klassisch, aber nicht intuitionistisch gültig ist (vgl. Übungsaufgabe 8.5.b).

d) Schließlich wollen wir noch die intuitionistische Allgemeingültigkeit der Formel $\neg(\exists x\colon F) \Rightarrow (\forall x\colon \neg F)$ zeigen. Sei $p \in R$ und $q \geq p$ mit $q \Vdash \neg(\exists x\colon F)$. Dann gilt für jedes $r \geq q$ und jede Konstante a mit $\varphi_r(a) \in U_r$ die Gleichheit $\alpha(F|_{x \mapsto a}, r) = 0$. Für jedes $s \geq r \geq q$ und jede Konstante a wie eben gilt daher $\alpha(F|_{x \mapsto a}, s) = 0$. Dies bedeutet $q \Vdash (\forall x\colon \neg F)$ und deswegen ist $p \Vdash \neg(\exists x\colon F) \Rightarrow (\forall x\colon \neg F)$ bewiesen.

Unsere beiden nächsten Theoreme belegen, dass man in der intuitionistischen Logik die eingangs beschriebenen konstruktiven Beweismethoden auch tatsächlich zur Verfügung hat.

► Theorem 8.19: Die Disjunktionseigenschaft der intuitionistischen Logik

Seien F_1 und F_2 zwei intuitionistische Formeln. Ist $F_1 \vee F_2$ allgemein gültig, so ist F_1 oder F_2 allgemein gültig.

Beweis Da wir keine Intuitionisten sind, dürfen wir uns der Methode des indirekten Beweises bedienen. Angenommen, weder F_1 noch F_2 sind allgemein gültig. Dann gibt es eine zu F_1 passende Struktur $\alpha_1 = \left(R_1, \leq, \{\beta_p\}_{p \in R_1}\right)$ und ein $p_1 \in R_1$ mit

$\alpha_1(F_1, p_1) = 0$ sowie eine zu F_2 passende Struktur $\alpha_2 = \left(R_2, \leq, \{\beta'_p\}_{p \in R_2}\right)$ und ein $p_2 \in R_2$ mit $\alpha_2(F_2, p_2) = 0$.

O. E. können wir annehmen, dass p_1 in R_1 und p_2 in R_2 bzgl. $\leq$ minimal sind. Ferner können wir durch Umbenennungen erreichen, dass R_1 und R_2 disjunkte Mengen sind und dass für jede Konstante a die Werte $\varphi_1(a) \in U_1$ und $\varphi_2(a) \in U_2$ gleich bezeichnet sind.

Jetzt definieren wir $R = R_1 \cup R_2 \cup \{p_0\}$ und ordnen R durch $p_0 \leq p_1$ sowie $p_0 \leq p_2$. Für $p \in R_i \subseteq R$ sei β_p die zugehörige Struktur aus α_i und für $p_0 \in R$ sei $\beta_{p_0} = (U_0, \varphi_0, \psi_0, \xi_0)$ wie folgt definiert. Die Menge U_0 bestehe aus den Werten $\varphi_1(a) = \varphi_2(a)$ der Konstanten. Die Abbildung φ_0 erfülle natürlich $\varphi_0(a) = \varphi_i(a)$. Die Abbildung ψ_0 bilde alle Prädikatsymbole auf die leere Menge ab, d. h. alle atomaren Formeln seien falsch. Die Abbildung ξ_0 schließlich sei beliebig definiert. Dann gilt in der Struktur $\alpha = \left(R, \leq, \{\beta_p\}_{p \in R}\right)$ die Gleichheit $\alpha(F_1, p_1) = 0$ und somit $\alpha(F_1, p_0) = 0$ nach Satz 8.14. Ebenso folgt $\alpha(F_2, p_0) = 0$ und damit $\alpha(F_1 \vee F_2, p_0) = 0$, im Widerspruch zur Voraussetzung. □

▶ Theorem 8.20: Die Existenzeigenschaft der intuitionistischen Logik

Sei F eine intuitionistische Formel, für die $\exists x\colon F$ eine Tautologie darstellt. Dann gibt es eine Konstante a, so dass $F|_{x \mapsto a}$ ebenfalls eine Tautologie ist.

Beweis Wir führen wiederum einen Widerspruchsbeweis. Angenommen, für jede Konstante a ist $F|_{x \mapsto a}$ nicht allgemein gültig. Wähle jeweils eine Struktur $\alpha_a = \left(R_a, \leq, \{\beta_p^{(a)}\}_{p \in R_a}\right)$ und ein Element $p_a \in R_a$ mit $\alpha_a\left(F|_{x \mapsto a}, p_a\right) = 0$.

O. E. sei p_a ein minimales Element von R_a bzgl. $\leq$ und die Mengen R_a seien paarweise disjunkt. Ferner gelte wieder $\varphi_a(c) = \varphi_b(c)$ für alle Konstanten a, b und eine fest gewählte Konstante c. Wir bilden die Menge $R = \bigcup_a R_a \cup \{p_0\}$ und setzen $p_0 \leq p_a$ für alle a. Dann konstruieren wir eine Struktur $\alpha\left(R, \leq, \{\widetilde{\beta}_p\}_{p \in R}\right)$ mit $U_0 = \{\varphi_a(c)\}$, mit $\varphi_a(b) = \varphi_a(c)$ für jede Konstante b, mit $\psi_0(P) = \emptyset$ für alle Prädikatsymbole P und mit ξ_a beliebig.

Nach Voraussetzung gilt $p_0 \Vdash_\alpha \exists x\colon F$. Also gibt es eine Konstante a mit $p_0 \Vdash F|_{x \mapsto a}$. Nach Satz 8.14 folgt dann $\alpha_a\left(F|_{x \mapsto a}, p_a\right) = 1$ im Widerspruch zur Annahme. □

Für die intuitionistische Logik kann es keinen Algorithmus geben, der die Erfüllbarkeit einer Formel in endlich vielen Schritten entscheidet, denn sie ist wie die klassische Prädikatenlogik unentscheidbar. Jedoch kann man ein Tableaukalkül entwickeln, dass ein Semi-Entscheidungsverfahren liefert und die Unerfüllbarkeit einer Formel in endlich vielen Schritten nachweist (vgl. [12], V § 3). Wir beenden unseren Ausflug in die konstruktivistische Welt mit einigen Hinweisen auf Anwendungsgebiete der intuitionistischen Logik in der Informatik.

- Zu jeder Tatsache F kann man in der intuitionistischen Logik einen Zeitpunkt $p \in R$ hinzufügen, ab dem $q \Vdash F$ für $q \geq p$ gilt (vgl. Satz 8.14). In diesem Sinne bildet die Menge aller zu einem Zeitpunkt p bekannten Tatsachen eine „Datenbank". Mit intuitionistischer Logik kann man also untersuchen, was aus einer Datenbank ableitbar ist.
- Auch in der Programmverifikation kommen konstruktive Beweise sehr zu statten. Ein intuitionistischer Beweis für die Allgemeingültigkeit einer Formel $\exists x\colon F$ liefert

auch eine Konstante a, so dass $F|_{x \mapsto a}$ gültig ist. Dies ermöglicht die Implementation konstruktiver Beweissysteme.

- Ein weiteres Anwendungsgebiet ist die Konstruktion von Algorithmen zur Berechnung komplizierter Funktionen. Ein intuitionistischer Beweis für eine Formel der Form $\forall x \colon \exists y \colon P(x, y)$ ergibt auch einen Algorithmus für die Berechnung von y aus x. Implementiert man also ein logisches Kalkül für die intuitionistische Logik, so kann man damit Algorithmen für die Berechnung abstrakt beschriebener Funktionen gewinnen und erhält gleichzeitig Korrektheitsbeweise für diese Algorithmen.

Übungsaufgaben

Lösungstipps finden Sie im Anhang dieses Buchs. Hier erhalten Sie auch die wichtigsten Lösungsrezepte. Ausführliche Lösungswegbeschreibungen stehen auf der buchbegleitenden Companion Website (CWS) unter *www.pearson-studium.de* zur Verfügung.

(D)inner not ready:
(A)bort, (S)kip, (P)izza.

Aufgabe 8.1: Herakles heroische Heldentaten, 5. Die Zankäpfel

Die Aufgabe, den Hesperiden im fernen Land der Hyperboreer die goldenen Äpfel der Hera zu entwenden, war selbst unserem heroischen Helden zu schwer. Er beschloss daher, in der Logik PDL das Programm

$$skip = (A \vee \neg A)\,?$$

anzuwenden und überredete Atlas, den Job für ihn zu erledigen, während er für ihn das schwere Gewölbe des Himmels stützte. Als Atlas mit den Äpfeln zurückkehrte, kam es zum Zank, denn er wollte seinen alten Posten nicht wieder einnehmen. Herakles erklärte sich zum Schein einverstanden, bat aber unter dem Vorwand, sich ein Polster auf die Schultern legen zu wollen, um eine kurzzeitige Lastübernahme. Dann wandte er das PDL-Programm

$$abort = (A \wedge \neg A)\,?$$

an und machte sich mit den Äpfeln aus dem Staub.

a) Bestimmen Sie die Übergangsrelationen der beiden Programme *skip* und *abort*.

b) Sei F eine Formel der Logik PDL und sei s ein Zustand. Erklären Sie die Bedeutung der Beziehungen $s \Vdash \Box_{skip} F$, $s \Vdash \Box_{abort} F$, $s \Vdash \Diamond_{skip} F$ und $s \Vdash \Diamond_{abort} F$.

Aufgabe 8.2

Seien F, G Formeln und p, q Programme der Logik PDL. Beweisen Sie, dass die folgenden Formeln Tautologien darstellen.

a) $\Diamond_{p\cup q}(F \wedge G) \Rightarrow \big((\Diamond_p F \wedge \Diamond_p G) \vee (\Diamond_q F \wedge \Diamond_q G)\big)$

b) $\Box_{(p^*;p^*)} F \Leftrightarrow \Box_{p^*} F$

c) $\left(\Box_{(p;p)^*} F \wedge \Box_{(p;(p;p)^*)} \neg F\right) \Leftrightarrow \left(F \wedge \Box_{p^*}\left(\left(F \Rightarrow \Box_p \neg F\right) \wedge \left(\neg F \Rightarrow \Box_p F\right)\right)\right)$

Aufgabe 8.3

Sei A ein Aussagensymbol und seien p, q, r PDL-Programme mit $p = r; q$. Geben Sie eine Struktur an, in der die beiden folgenden Formeln der Logik PDL gültig sind.

a) $\Diamond_{p\cup q} \Box_{p^*} \Diamond_{(p;p\cup r)} \left(\Diamond_q (A \vee \neg A) \wedge \Box_p (A \wedge \neg A)\right)$

b) $\Diamond_{p\cup q} \Box_{p^*} \Diamond_{(p;p\cup r)} \left(\Box_q (A \wedge \neg A) \wedge \Diamond_p (A \vee \neg A)\right)$

Aufgabe 8.4

Sei F eine prozesslogische Formel und seien p, p_1, p_2 Programme. Beweisen Sie die folgenden Äquivalenzen für die Operatoren $\sqcup\!\sqcup_p$ und $\lrcorner\!\ulcorner_p$.

a) Ist p ein atomares Programm, so gilt

$$\sqcup\!\sqcup_p P \equiv F \wedge \Box_p F \quad \text{und} \quad \lrcorner\!\ulcorner_p F \equiv \left(F \Rightarrow \Box_p F\right).$$

b) Ist p von der Form $p = p_1; p_2$, so gilt

$$\sqcup\!\sqcup_p F \equiv \sqcup\!\sqcup_{p_1} F \wedge \Box_{p_1} \sqcup\!\sqcup_{p_2} F \quad \text{sowie} \quad \lrcorner\!\ulcorner_p F \equiv \lrcorner\!\ulcorner_{p_1} F \wedge \Box_{p_1} \lrcorner\!\ulcorner_{p_2} F\,.$$

c) Ist p von der Form $p = (p_1)^*$, so gilt

$$\sqcup\!\sqcup_p F \equiv \Box_{(p_1)^*} \sqcup\!\sqcup_{p_1} F \quad \text{und} \quad \lrcorner\!\ulcorner_p F \equiv \Box_{(p_1)^*} \lrcorner\!\ulcorner_{p_1} F\,.$$

d) Ist p von der Form $p = p_1 \cup p_2$, so gilt $\sqcup\!\sqcup_p F \equiv \sqcup\!\sqcup_{p_1} F \wedge \sqcup\!\sqcup_{p_2} F$ und $\lrcorner\!\ulcorner_p F \equiv \lrcorner\!\ulcorner_{p_1} F \wedge \lrcorner\!\ulcorner_{p_2} F$.

e) Ist p von der Form $p = G?$ mit einer Formel G, so gilt $\sqcup\!\sqcup_p F \equiv F \wedge G$ sowie $\lrcorner\!\ulcorner_p F \equiv (A \vee \neg A)$.

Aufgabe 8.5: Gibt's nicht? Gilt nicht!

Seien F und G zwei intuitionistische Formeln. Zeigen Sie, dass die folgenden Formeln in der intuitionistischen Logik nicht allgemein gültig sind. Konstruieren Sie dazu jeweils eine passende Struktur $\alpha = \left(R, \leq, \{\beta_p\}_{p\in R}\right)$, in der sie nicht gelten.

a) $(F \Rightarrow G) \vee (G \Rightarrow F)$

b) $\neg(\forall x\colon F) \Rightarrow \exists x\colon \neg F$

c) $\forall x\colon (F \vee G) \Rightarrow F \vee (\forall x\colon G)$, wobei x in F nicht vorkomme.

Aufgabe 8.6: Gibt's nicht? Gilt doch!

Seien F und G zwei intuitionistische Formeln. Zeigen Sie, dass die folgenden Formeln in der intuitionistischen Logik allgemein gültig sind.

a) $\neg F \Leftrightarrow \neg\neg\neg F$

b) $(F \wedge \neg G) \Rightarrow \neg(F \Rightarrow G)$

c) $(F \Rightarrow G) \Rightarrow (\neg\neg F \Rightarrow \neg\neg G)$

d) $\neg\neg(\forall x\colon F) \Rightarrow \forall x\colon \neg\neg F$

e) $(F \vee \forall x\colon G) \Rightarrow \forall x\colon (F \vee G)$, wobei x in F nicht vorkomme.

Hilbert-Kalküle

9

ÜBERBLICK

Logik ist ...
ein Spiel gespielt nach festen Regeln
mit bedeutungslosen Zeichen auf Papier.
(frei nach David Hilbert)

In einer Reihe von logischen Systemen haben wir in den bisherigen Kapiteln folgende Vorgehensweise praktiziert: zuerst definiere eine dem geplanten Zweck angepasste Syntax und Semantik, dann bringe die Formeln auf eine möglichst einfache (erfüllbarkeits-) äquivalente Normalform und schließlich entwickle ein Kalkül zum Nachweis oder Test ihrer Unerfüllbarkeit. In vielen mathematischen Werken zur Logik wird fast ausschließlich eine andere, auf David Hilbert zurückgehende Methode verwendet. Wir erklären sie am besten an Hand der folgenden bekannten Aufgabe.

Wie fängt man einen Löwen in der Wüste?

Lösung (frei nach David Hilbert): Zuerst stellt man einen Käfig in die Wüste. Dann führt man ein Axiomensystem ein, nämlich

Axiom 1: Die Menge der Löwen in der Wüste ist nicht leer.

Axiom 2: Sind Löwen in der Wüste, so ist auch ein Löwe im Käfig.

Nun benötigt man eine Menge von Schlussregeln. In unserem Fall genügt der **Modus Ponens**: „Ist F ein wahrer Satz und gilt $F \Rightarrow G$, so ist auch G ein wahrer Satz." Jetzt brauchen wir nur noch den Modus Ponens auf unsere beiden Axiome anzuwenden und – voilá – schon erhalten wir den

Satz: Es ist ein Löwe im Käfig.

Der Rest dieses Abschnitts dient dazu, diese Methode an weiteren, weniger bedeutungsschweren Beispielen zu illustrieren und ihre Verbindungen zu unserer bisherigen, wesentlich umständlicheren Vorgehensweise aufzuzeigen. Dabei wird sich auch der große Vorteil von Hilberts Methode offenbaren: Hat man sich erst einmal von dem durch die Semantik erzwungenen Realitätsbezug frei gemacht, so werden die logischen Kalküle zu einem reinen Spiel nach festen Regeln mit bedeutungslosen Zeichen auf Papier.

9.A Die axiomatische Beschreibung logischer Systeme

Unser Ziel in diesem Abschnitt ist es, logische Systeme mit vorgegebenen Eigenschaften durch Axiomensysteme und Schlussregeln zu beschreiben. Wir erläutern die Vorgehensweise am Beispiel einer Variante der Modallogik.

Definition 9.1

Die **Syntax** eines **allgemeinen logischen Systems** legt fest, welche Zeichenketten erlaubte Formeln sind. Sie besteht aus folgenden Teilen.

a) Eine abzählbare Menge $\mathcal{A} = \{A_0, A_1, A_2, \ldots\}$ enthält die **atomaren Formeln**.

b) Es gibt eine endliche Menge $\mathcal{O}$ von **(syntaktischen) Operatoren** (z. B. $\mathcal{O} = \{\neg, \wedge, \vee, \Box, \Diamond\}$).

c) Es gibt eine endliche Liste von Regeln, die festlegen, wie man rekursiv aus den atomaren Formeln mit Hilfe der Operatoren kompliziertere Formeln bilden kann.

Die Voraussetzung, dass die Menge $\mathcal{A}$ der atomaren Formeln abzählbar sein soll, ist im Folgenden bequem, aber nicht unverzichtbar. Aus der Abzählbarkeit von $\mathcal{A}$ und der Endlichkeit von $\mathcal{O}$ folgt, dass die Menge aller Formeln eines allgemeinen logischen Systems abzählbar ist. Die Wahl der Menge $\mathcal{O}$ der Operatoren eines allgemein gültigen logischen Systems erfolgt normalerweise so, dass man eine gewisse semantische Interpretation der Wirkung dieser Operatoren beabsichtigt. Wir demonstrieren diese Vorgehensweise an einem Beispiel.

Beispiel 9.2: S-Klasse Logik

Der Philosoph und Mathematiker Gottfried Wilhelm Leibniz definierte die Begriffe „notwendig“ und „möglich“ auf die folgende Weise.

- Eine Formel gilt **notwendigerweise**, wenn sie in jeder möglichen Welt (d. h. an jedem Referenzpunkt) gilt.
- Eine Formel gilt **möglicherweise**, wenn sie in mindestens einer möglichen Welt gilt.

Diese Definition unterscheidet sich von unserer Interpretation in der Modallogik dadurch, dass wir dort nur die *erreichbaren* Welten betrachtet haben. Um Leibniz' Ideen umzusetzen, führen wir ein allgemeines logisches System ein, das neben den aussagenlogischen Operatoren $\neg, \wedge, \vee$ auch die Operatoren $\Box, \Diamond$ enthält, wobei wir die Syntax der Modallogik (vgl. Definition 6.1) verwenden und folgende Interpretationen beabsichtigen:

$\Box F \mathrel{\hat{=}}$ Die Formel F gilt an **jedem** Referenzpunkt.

$\Diamond F \mathrel{\hat{=}}$ Es gibt **irgendeinen** Referenzpunkt, an dem F gilt.

Damit erhalten wir eine Reihe von Bedingungen, die uns zeigen, wie die Semantik des neu definierten logischen Systems aussehen soll.

a) Es gibt eine Menge W möglicher Welten. Ihre Elemente heißen Referenzpunkte.

b) Es gibt eine Abbildung $\xi : M \times W \to \{0, 1\}$, die jedem Paar (A, s) einen Wahrheitswert zuordnet, wobei A eine in einer gegebenen Formel vorkommende atomare Formel und s ein Referenzpunkt ist.

c) Sind F, G Formeln und ist $s \in W$ ein Referenzpunkt, so sind die folgenden Regeln erfüllt:

c1) Es gilt $\alpha(\neg F, s) = 1 - \alpha(F, s)$.

c2) Es gilt $\alpha(F \wedge G, s) = 1$ genau dann, wenn $\alpha(F, s) = 1$ und $\alpha(G, s) = 1$ gilt.

c3) Es gilt $\alpha(F \vee G, s) = 1$ genau dann, wenn $\alpha(F, s) = 1$ oder $\alpha(G, s) = 1$ (oder beides) gilt.

c4) Es gilt $\alpha(\Box F, s) = 1$ genau dann, wenn $\alpha(F, t) = 1$ für alle $t \in W$ gilt.

c5) Es gilt $\alpha(\Diamond F, s) = 1$ genau dann, wenn es ein $t \in W$ gibt mit $\alpha(F, t) = t$.

Diese neue Logik wollen wir die **modale Logik** S5 nennen. Wie unterscheidet sich die neue Modallogik von der alten? Welche Formeln sind in der Logik S5 allgemein gültig? Gibt es ein logisches Kalkül für die Logik S5? Wie findet man ein solches?

Fragen über Fragen. David Hilbert zeigte uns jedoch nicht nur, wie man Löwen in der Wüste fängt und mit bedeutungslosen Zeichen auf Papier spielt, sondern auch, wie man allgemeine logische Systeme und die darin geltenden Tautologien systematisch konstruieren und analysieren kann.

Definition 9.3

Die **axiomatische** (oder **Hilbertsche**) **Beschreibung** eines allgemeinen logischen Systems besteht neben der Syntax aus den folgenden Bestandteilen.

a) Es gibt eine endliche Menge Σ von Formeln, deren Allgemeingültigkeit vorausgesetzt wird. Die Elemente von Σ heißen die **Axiome** des logischen Systems.

b) Es gibt eine endliche Menge Θ von **Schlussfolgerungsregeln**. Eine Schlussfolgerungsregel (oder einfacher **Schlussregel**) legt fest, unter welchen Umständen man von bekannten Tautologien $F_1, \ldots, F_n$ auf die Gültigkeit einer neuen, aus $F_1, \ldots, F_n$ abgeleiteten Formel G schließen kann. Wir notieren eine solche Schlussregel in der Form $\frac{F_1,\ldots,F_n}{G}$.

Eine der bekanntesten Schlussregeln ist zum Beispiel der **Modus Ponens** $\frac{F, F \Rightarrow G}{G}$. Diese Regel bedeutet also, dass man aus der bekannten Tautologie der Formeln F und $F \Rightarrow G$ schließen kann, dass auch G allgemein gültig ist. Natürlich müssen die Axiome und Schlussregeln eines axiomatisch beschriebenen allgemeinen logischen Systems mit der beabsichtigten Semantik verträglich sein, d. h. die Axiome müssen Tautologien darstellen und die Schlussregeln müssen die Allgemeingültigkeit erhalten. Die Aussagenlogik lässt sich z. B. wie folgt axiomatisch beschreiben.

Beispiel 9.4: Axiomatische Beschreibung der Aussagenlogik

Gegeben sei die Syntax der Aussagenlogik (vgl. Definition 2.1) sowie die Menge von Axiomen $\Sigma = \{\mathrm{I}, \mathrm{II}, \mathrm{III}\}$:

(I) $F_1 \Rightarrow (F_2 \Rightarrow F_1)$

(II) $(F_1 \Rightarrow (F_2 \Rightarrow F_3)) \Rightarrow ((F_1 \Rightarrow F_2) \Rightarrow (F_1 \Rightarrow F_3))$

(III) $(\neg F_2 \Rightarrow \neg F_1) \Rightarrow ((\neg F_2 \Rightarrow F_1) \Rightarrow F_2)$

Als Schlussfolgerungsregel sei nur der Modus Ponens

(MP) $\frac{F_1, F_1 \Rightarrow F_2}{F_2}$

erlaubt. Dann sind die Axiome in Σ in der üblichen Semantik der Aussagenlogik (vgl. Definition 2.4) Tautologien, wie in Übungsaufgabe 9.1.b) gezeigt wird. Auch der Modus Ponens erhält Tautologien. Ist nämlich $\alpha\colon M \to \{0,1\}$ eine Belegung mit $\alpha(F_1) = 1$ und $\alpha(F_1 \Rightarrow F_2) = 1$, so folgt aus

$$\begin{aligned} F_2 &\equiv F_2 \vee (F_1 \wedge \neg F_1) \\ &\equiv (F_1 \vee F_2) \wedge (\neg F_1 \vee F_2) \\ &\equiv (F_1 \vee F_2) \wedge (F_1 \Rightarrow F_2)\,, \end{aligned}$$

dass auch $\alpha(F_2) = 1$ gilt. Später werden wir sehen, dass man mit Hilfe von (MP) aus Σ genau die Tautologien der Aussagenlogik gewinnen kann. In diesem Sinne ist die axiomatische Beschreibung der Aussagenlogik äquivalent mit der in Kapitel 2 gegebenen.

Definition 9.5

Gegeben sei ein allgemeines logisches System, das durch eine Menge von Axiomen Σ und eine Menge von Schlussfolgerungsregeln Θ beschrieben sei. Eine Formel F heißt **aus Σ beweisbar** oder ein **Theorem** des logischen Systems, wenn es endlich viele Formeln $G_1, \ldots, G_n$ gibt, so dass $F = G_n$ gilt und so dass für jedes $i \in \{1, \ldots, n\}$ eine der folgenden Bedingungen erfüllt ist.

1) $G_i \in \Sigma$.
2) Die Formel G_i entsteht durch Anwendung einer der Schlussfolgerungsregeln aus einer Teilmenge von $\{G_1, \ldots, G_{i-1}\}$.

Ist F beweisbar, so heißt das Tupel $(G_1, \ldots, G_n)$ ein **Beweis** von F. Ist F aus Σ ableitbar, so schreiben wir $\Sigma \vdash F$. Ist allgemeiner $\mathcal{F}$ eine beliebige Menge von Formeln des logischen Systems, so definieren wir analog den Begriff einer **aus $\mathcal{F}$ beweisbaren Formel** F und schreiben $\mathcal{F} \vdash F$, falls F aus $\mathcal{F}$ beweisbar ist.

Zum Beispiel kann man in der Aussagenlogik folgenden Beweis führen.

Beispiel 9.6

Sei F eine aussagenlogische Formel. Dann ist die Formel $F \Rightarrow F$ aus den Axiomen (I), (II), (III) der Aussagenlogk mit Hilfe des Modus Ponens wie folgt beweisbar.

Aus (II) erhalten wir die Formel

$$(F \Rightarrow ((F \Rightarrow F) \Rightarrow F)) \Rightarrow ((F \Rightarrow (F \Rightarrow F)) \Rightarrow (F \Rightarrow F)) \ .$$

Aus (I) erhalten wir die Formel

$$F \Rightarrow ((F \Rightarrow F) \Rightarrow F) \ .$$

Nun kombinieren wir diese beiden Formeln mit (MP) und folgern

$$(F \Rightarrow (F \Rightarrow F)) \Rightarrow (F \Rightarrow F) \ .$$

Aus (I) erhalten wir auch $F \Rightarrow (F \Rightarrow F)$, so dass eine nochmalige Anwendung von (MP) die Behauptung $F \Rightarrow F$ ergibt.

Nachfolgend beschreiben wir die Modallogik S5 axiomatisch und beweisen einige Theoreme in diesem logischen System.

Beispiel 9.7: S-Klasse Logik

Gegeben sei die Syntax der Modallogik (vgl. Definition 6.1). Wir ergänzen die Axiome (I), (II), (III) der Aussagenlogik durch die Axiome

(K) $\Box(F_1 \Rightarrow F_2) \Rightarrow (\Box F_1 \Rightarrow \Box F_2)$

(T) $\Box F \Rightarrow F$

(D$\Diamond$) $\Diamond F \Leftrightarrow \neg\Box\neg F$ (heißt auch „Definition von $\Diamond$")

(E) $\Diamond F \Rightarrow \Box\Diamond F$ (heißt auch „Axiom (5)")

zu einem Axiomensystem Σ {I, II, III, K, T, D$\Diamond$, E}. Außerdem führen wir neben dem Modus Ponens (MP) die Schlussregel

(RN) $\dfrac{F}{\Box F}$ (Notwendigkeitsregel)

ein. Wir werden später beweisen, dass die hieraus beweisbaren Theoreme genau die Tautologien der Modallogik S5 aus Beispiel 9.2 sind. Vorläufig wollen wir einfach einige Theoreme in diesem axiomatisch beschriebenen logischen Systeme beweisen. Sei dazu F eine modallogische Formel.

a) *Theorem* (T$\Diamond$): $F \Rightarrow \Diamond F$

Beweis Nach (T) gilt $\Box\neg F \Rightarrow \neg F$. Die Anwendung des „indirekten Beweises" aus der Aussagenlogik liefert hieraus $F \Rightarrow \neg\Box\neg F$. Nach (D$\Diamond$) erhalten wir $F \Rightarrow \Diamond F$. □

b) *Theorem* (D): $\Box F \Rightarrow \Diamond F$

Beweis Dies folgt aus (T) $\Box F \Rightarrow F$ und (T$\Diamond$) $F \Rightarrow \Diamond F$ durch Anwendung von (MP). □

c) *Theorem* (B): $F \Rightarrow \Box\Diamond F$

Beweis Kombiniere (T$\Diamond$) $F \Rightarrow \Diamond F$ und (E) $\Diamond F \Rightarrow \Box\Diamond F$ durch Anwendung von (MP). □

d) *Theorem* (D$\Box$): $\Box F \Leftrightarrow \neg\Diamond\neg F$

Beweis Nach der Aussagenlogik gilt $\Box F \Leftrightarrow \Box\neg\neg F$. Nach (D$\Diamond$) gilt $\Diamond\neg F \Leftrightarrow \neg\Box\neg\neg F$, woraus sich wie in der Aussagenlogik $\Box\neg\neg F \Leftrightarrow \neg\Diamond\neg F$ ergibt. Zusammengenommen erhalten wir $\Box F \Leftrightarrow \neg\Diamond\neg F$. □

Es ist leicht zu sehen, dass wir statt (D$\Diamond$) auch (D$\Box$) als Axiom hätten verwenden können. Neben Theoremen kann man auch Schlussfolgerungsregeln beweisen. Z. B. gilt

(RM) $\dfrac{F \Rightarrow G}{\Box F \Rightarrow \Box G}$

in dem beschriebenen logischen System (S5), denn aus $F \Rightarrow G$ folgt nach (RN) die Formel $\Box(F \Rightarrow G)$ und dann liefert das Axiom (K) die Formel $\Box F \Rightarrow \Box G$.

Man kann in diesem logischen System noch viele weitere Theoreme beweisen.

Prominente Beispiele sind die Theoreme

(B◇) $\Diamond\Box F \Rightarrow F$

(5◇) $\Diamond\Box F \Rightarrow \Box F$

(PI) $\Box F \Rightarrow \Box\Box F$ (heißt auch „Theorem (4)")

(vgl. Übungsaufgabe 9.4.a).

9.B Vollständigkeit und Korrektheit

Im Folgenden wollen wir die Begriffe *Vollständigkeit* und *Korrektheit* für axiomatisch beschriebene logische Systeme erklären und untersuchen.

Definition 9.8

Ein allgemeines logisches System sei beschrieben durch eine Menge von Axiomen Σ und eine Menge von Schlussregeln Θ. Ferner sei eine Semantik des logischen Systems definiert.

a) Das Paar (Σ, Θ) heißt **vollständig**, wenn jede Tautologie in endlich vielen Schritten mit Hilfe der Schlussfolgerungsregeln Θ aus dem Axiomensystem Σ bewiesen werden kann.

b) Das Paar (Σ, Θ) heißt **korrekt**, wenn jedes mit Hilfe von Θ aus Σ bewiesene Theorem eine allgemein gültige Formel ist.

c) Ist das Paar (Σ, Θ) vollständig und korrekt, so kann man die Allgemeingültigkeit einer Formel also dadurch zu testen versuchen, indem man systematisch aus den Axiomen alle (abzählbar vielen) Theoreme erzeugt und nachprüft, ob die gesuchte Formel darunter ist. Diese Vorgehensweise nennt man das durch (Σ, Θ) definierte **Hilbert-Kalkül**.

Für viele logische Systeme sind Hilbert-Kalküle studiert worden. Wir haben sie in diesem Buch jedoch aus zwei Gründen sehr stiefmütterlich behandelt und bis in diesen, allerletzten Abschnitt verbannt: Erstens sind Hilbert-Kalküle höchst ineffizient, was unserem algorithmischen und effizienzorientierten Ansatz zuwider läuft. Zweitens sind Hilbert-Kalküle *a priori* nur Semi-Entscheidungsverfahren, da wir im Falle einer nicht allgemein gültigen Formel ja nie wissen können, ob sie durch weitere Anwendungen der Schlussfolgerungsregeln nicht vielleicht doch irgendwann in unserer Liste aller Theoreme des logischen Systems auftaucht.

Die Korrektheit einer axiomatischen Beschreibung (Σ, Θ) eines logischen Systems ist im Allgemeinen unschwer nachzuweisen. Man braucht nur nachzuprüfen, dass die Axiome Tautologien sind und dass die Schlussfolgerungsregeln Tautologien liefern, wenn sie auf Tautologien angewendet werden. Wir führen dies in den zwei bereits betrachteten Fällen nun durch.

Satz 9.9

Gegeben seien die Aussagenlogik mit der in Kapitel 2 definierten Syntax und Semantik sowie die Modallogik S5 mit der Syntax aus Definition 6.1 und der in Beispiel 9.2 definierten Semantik.

a) *Die axiomatische Beschreibung der Aussagenlogik durch das Axiomensystem* $\Sigma = \{\mathrm{I}, \mathrm{II}, \mathrm{III}\}$ *und die Schlussfolgerungsregel* $\Theta = \{\mathrm{MP}\}$ (vgl. Beispiel 9.4) *ist korrekt.*

b) *Die axiomatische Beschreibung der Modallogik* S5 *durch das Axiomensystem* $\Sigma = \{\mathrm{I}, \mathrm{II}, \mathrm{III}, \mathsf{K}, \mathsf{T}, \mathsf{D}\Diamond, \mathsf{E}\}$ *und die Schlussfolgerungsregeln* $\Theta = \{\mathrm{MP}, \mathrm{RN}\}$ *ist korrekt.*

Beweis Zuerst prüfen wir die Behauptung a). Für die Allgemeingültigkeit der Axiome (I), (II), (III) verweisen wir auf Übungsaufgabe 9.1.b). Die Tatsache, dass die Schlussfolgerungsregel MP Tautologien erhält, haben wir bereits in Beispiel 9.4 nachgewiesen.

Nun zeigen wir b). Die Allgemeingültigkeit von Axiom (K) wurde in Beispiel 6.25 nachgewiesen und für (D◇) verweisen wir auf Satz 6.11.b). Nach unserer Definition der Semantik der modalen Logik S5 ist diese eine Modallogik mit der **universellen Erreichbarkeitsrelation** $R = W \times W$. Da diese Relation R reflexiv ist, folgt die Allgemeingültigkeit von Axiom (T) nach Übungsaufgabe 6.7.a). Schließlich bleibt noch Axiom (E) zu prüfen. Wir verwenden das modallogische Tableaukalkül, um die Unerfüllbarkeit der Formel $\neg(\Diamond F \Rightarrow \Box\Diamond F)$ zu testen.

$$s \Vdash \neg(\Diamond F \Rightarrow \Box\Diamond F)$$
$$|$$
$$s \Vdash \Diamond F$$
$$|$$
$$s \Vdash \neg\Box\Diamond F$$
$$|$$
$$(s,t) \in R$$
$$|$$
$$t \Vdash F$$
$$|$$
$$s \Vdash \Diamond\Box\neg F$$
$$|$$
$$(s,u) \in R$$
$$|$$
$$u \Vdash \Box\neg F$$

Jetzt folgt also $v \Vdash \neg F$ für alle Referenzpunkte v mit $(u, v) \in R$. Wegen $R = W \times W$ ist dies insbesondere für $v = t$ der Fall, d. h. wir erhalten einen Widerspruch aus $t \Vdash F$ und $t \Vdash \neg F$.

Schließlich bleibt noch zu zeigen, dass die Schlussfolgerungsregel (RN) Tautologien erhält. Dies ist die Aussage von Satz 6.11.h). □

Der Beweis der Vollständigkeit einer axiomatischen Beschreibung eines allgemeinen logischen Systems ist meist nicht so einfach. Die folgenden Begriffe sind hierfür nützlich.

Definition 9.10

Sei Σ die Menge der Axiome und Θ die Menge der Schlussfolgerungsregeln eines axiomatisch beschriebenen logischen Systems.

a) Eine Menge $\mathcal{F}$ von Formeln des logischen Sytems heißt **inkonsistent**, wenn jede Formel des logischen Systems (und insbesondere eine unerfüllbare Formel wie $A \wedge \neg A$) mit Hilfe von Θ aus $\mathcal{F}$ bewiesen werden kann. Andernfalls heißt $\mathcal{F}$ eine **konsistente** Menge von Formeln.

b) Eine konsistente Menge $\mathcal{F}$ von Formeln des logischen Systems heißt **maximal konsistent**, wenn jede echte Obermenge $\mathcal{F}' \supsetneq \mathcal{F}$ inkonsistent ist.

Die Idee der Vollständigkeitsbeweise für axiomatisch beschriebene logische Systeme ist nun, zuerst das Axiomensystem zu einer maximal konsistenten Formelmenge $\mathcal{F}$ zu erweitern und dann zu zeigen, dass $\mathcal{F}$ erfüllbar ist. Den ersten Schritt macht der folgende Satz.

Satz 9.11: Der Satz von Lindenbaum

Ist $\mathcal{F}$ eine konsistente Menge von Formeln in einem axiomatisch beschriebenen logischen System, so gibt es eine maximal konsistente Menge $\mathcal{F}'$, die $\mathcal{F}$ enthält.

Beweis Die Menge der Formeln eines allgemeinen logischen Systems ist abzählbar. Seien $F_1, F_2, F_3, \ldots$ die Formeln, die nicht in $\mathcal{F}$ liegen. Wir setzen $\mathcal{F}_0 = \mathcal{F}$ und

$$\mathcal{F}_{i+1} = \begin{cases} \mathcal{F}_i \cup \{F_{i+1}\} & \text{falls diese Menge konsistent ist ,} \\ \mathcal{F}_i & \text{sonst ,} \end{cases}$$

für $i \geq 0$. Dann ist $\mathcal{F}' = \bigcup_{i \geq 0} \mathcal{F}_i$ eine maximal konsistente Menge, die $\mathcal{F}$ enthält. □

Als Nächstes untersuchen wir logische Systeme, die die Axiome (I), (II), (III) der Aussagenlogik enthalten und in denen der Modus Ponens (MP) gilt. Der folgende Satz erlaubt es uns später, viele Beweise wesentlich zu verkürzen.

Satz 9.12: Das Deduktionstheorem

In einem axiomatisch beschriebenen logischen System seien (I), (II), (III) *Axiome oder Theoreme und es gelte* (MP). *Sei $\mathcal{F}$ eine Menge von Formeln und seien G, H weitere Formeln. Ist H aus der Menge $\mathcal{F} \cup \{G\}$ beweisbar, so ist $G \Rightarrow H$ aus $\mathcal{F}$ beweisbar.*

Beweis Sei $(F_1, \ldots, F_n)$ ein Beweis von H aus $\mathcal{F} \cup \{G\}$. Insbesondere gilt also $F_n = H$. Wir schließen mit vollständiger Induktion nach n. Ist $n = 1$, so gilt $H \in \mathcal{F}$ oder $H = G$ oder H ist ein Spezialfall eines der Axiome. Im ersten und dritten Fall gilt $\mathcal{F} \vdash H$, so dass sich $G \Rightarrow H$ durch Anwendung von MP auf $H \Rightarrow (G \Rightarrow H)$ ergibt. Im zweiten Fall gilt $G \Rightarrow H$ nach Beispiel 9.7.

Nun sei $n > 1$. Es gibt vier Möglichkeiten: $H \in \mathcal{F}$ oder H ist ein Spezialfall eines der Axiome oder $H = G$ oder H folgt durch Anwendung von MP aus F_i und F_j mit $i, j \in \{1, \ldots, n-1\}$. In den ersten drei Fällen folgt die Behauptung wie für $n = 1$. Im letzten Fall hat F_j die Form $F_i \Rightarrow H$. Nach Induktionsvoraussetzung gilt $\mathcal{F} \vdash (G \Rightarrow F_i)$ und $\mathcal{F} \vdash (G \Rightarrow (F_i \Rightarrow H))$. Aus dem Axiom II ergibt sich

$$(G \Rightarrow (F_i \Rightarrow H)) \Rightarrow ((G \Rightarrow F_i) \Rightarrow (G \Rightarrow H))$$

was mittels MP zu $\mathcal{F} \vdash ((G \Rightarrow F_i) \Rightarrow (G \Rightarrow H))$ führt. Eine nochmalige Anwendung von MP liefert dann $\mathcal{F} \vdash (G \Rightarrow H)$. □

Das folgende Beispiel zeigt, wie man das Deduktionstheorem zu Verkürzung von Beweisen verwenden kann.

Beispiel 9.13

Wir wollen beweisen, dass für jede aussagenlogische Formel F das Theorem $\neg\neg F \Rightarrow F$ gilt. Dazu verwenden wir $\mathcal{F} = \{\mathrm{I}, \mathrm{II}, \mathrm{III}, \neg\neg F\}$ und zeigen $\mathcal{F} \vdash F$. Aus $\neg\neg F$ und Axiom (I) erhalten wir $\mathcal{F} \vdash (\neg F \Rightarrow \neg\neg F)$. Ebenso wissen wir $\neg F \Rightarrow \neg F$ nach Beispiel 9.7. Nun benutzen wir den Spezialfall

$$(\neg F \Rightarrow \neg\neg F) \Rightarrow ((\neg F \Rightarrow \neg F) \Rightarrow F)$$

von Axiom (III), wenden zweimal (MP) an und erhalten $\mathcal{F} \vdash F$. Jetzt liefert das Deduktionstheorem die Behauptung $\neg\neg F \Rightarrow F$. Man kann sogar zeigen, dass $\{\mathrm{I}, \mathrm{II}, \neg\neg F \Rightarrow F\}$ ein zu $\big\{(\mathrm{I}), (\mathrm{II}), (\mathrm{III})\big\}$ äquivalentes Axiomensystem der Aussagenlogik darstellt (vgl. Übungsaufgabe 9.2).

Viele weitere Beweisbarkeitsresultate sind auf ähnliche Weise mittels (MP) aus den Axiomen (I), (II), (III) ableitbar. Wir stellen die wichtigsten davon zusammen und überlassen ihre ausführlichen Beweise dem interessierten Leser.

Satz 9.14

In einem axiomatisch beschriebenen logischen System seien (I), (II), (III) *Axiome oder Theoreme und es gelte* (MP). *Ferner sei* $\mathcal{F}$ *eine Menge von Formeln, seien* G, H *Formeln und* T *eine Tautologie (z. B.* $T = A \vee \neg A$*).*

a) Ist $G \Rightarrow \neg H$ *aus* $\mathcal{F}$ *beweisbar, so auch* $H \Rightarrow \neg G$*.*

b) Genau dann gilt $\mathcal{F} \vdash G$ *und* $\mathcal{F} \vdash H$*, wenn* $\mathcal{F} \vdash G \wedge H$ *erfüllt ist.*

c) Sind G *und* $\neg G$ *aus* $\mathcal{F}$ *beweisbar, so ist* $\mathcal{F}$ *inkonsistent.*

d) (Eliminationstheorem) Ist H *aus* $\mathcal{F} \cup \{G\}$ *und aus* $\mathcal{F} \cup \{\neg G\}$ *beweisbar, so folgt* $\mathcal{F} \vdash H$*.*

e) Genau dann ist G *aus* $\mathcal{F}$ *beweisbar, wenn* T *aus* $\mathcal{F} \cup \{\neg G\}$ *beweisbar ist.*

f) Ist $\mathcal{F}$ *maximal konsistent, so ist* G *genau dann aus* $\mathcal{F}$ *beweisbar, wenn* $\neg G$ *nicht aus* $\mathcal{F}$ *beweisbar ist.*

Jetzt sind wir bereit, die Vollständigkeit der axiomatischen Beschreibung der Aussagenlogik in Beispiel 9.4 zu beweisen.

Satz 9.15

Die Aussagenlogik sei axiomatisch beschrieben mit dem Axiomensystem $\Sigma = \{(\mathrm{I}), (\mathrm{II}), (\mathrm{III})\big\}$ *und der Schlussfolgerungsregel* $\Theta = \big\{(\mathrm{MP})\big\}$*. Dann ist das Paar* (Σ, Θ) *vollständig, d. h. jede aussagenlogische Tautologie kann in endlich vielen Schritten aus* Σ *bewiesen werden.*

Beweis Sei F eine nicht aus Σ beweisbare Formel. Dann ist $\Sigma \cup \{\neg F\}$ eine konsistente Formelmenge. Nach dem Satz von Lindenbaum gibt es eine maximal konsistente Formelmenge Σ', die $\Sigma \cup \{\neg F\}$ enthält. Es genügt nun, eine Belegung $\alpha\colon M \to \{0,1\}$ so zu definieren, dass alle Formeln aus Σ' erfüllt sind. Wegen $\neg F \in \Sigma'$ ist dann F keine Tautologie.

Sei M die Menge der in Σ' vorkommenden Aussagensymbole. Für $A \in M$ setzen wir $\alpha(A) = 1$ genau dann, wenn die Formel A aus Σ' beweisbar ist. Nun behaupten wir, dass für jede aussagenlogische Formel G genau dann $\alpha(G) = 1$ gilt, wenn G aus Σ' beweisbar ist. Damit ist dann α ein Modell für Σ' und der Satz ist gezeigt.

Wir beweisen die Behauptung rekursiv über den Aufbau der Formel G.

1) Ist G eine atomare Formel, so folgt die Behauptung unmittelbar aus der Definition von α.

2) Ist G von der Form $G = \neg H$, so gilt nach Satz 9.14.f) genau dann $\Sigma' \vdash G$, wenn $\Sigma' \vdash H$ nicht gilt. Nach Induktionsvoraussetzung bedeutet dies gerade $\alpha(H) = 0$, also $\alpha(G) = 1$.

3) Ist G von der Form $G = H_1 \wedge H_2$, so gilt nach Satz 9.14.b) genau dann $\Sigma' \vdash G$, wenn $\Sigma' \vdash H_1$ und $\Sigma' \vdash H_2$ erfüllt sind. Nach Induktionsvoraussetzung ist dies gleichwertig mit $\alpha(H_1) = \alpha(H_2) = 1$, also mit $\alpha(G) = 1$.

4) Der Fall $G = H_1 \vee H_2$ folgt nun aus dem zweiten und dem dritten Fall. □

Die Vollständigkeit der axiomatischen Beschreibung (Σ, Θ) der Modallogik S5 aus Beispiel 9.7 kann man mit ähnlichen Methoden nachweisen (vgl. [2], Kap. 5). Die axiomatische Beschreibung eines allgemeinen logischen Systems ist i. A. keineswegs eindeutig: in Übungsaufgabe 9.2 geben wir sechs (!) weitere axiomatische Beschreibungen der Aussagenlogik und in Übungsaufgabe 9.3 finden sich weitere Axiomatisierungen der Modallogik S5.

In diesem Zusammenhang ist es wichtig, sich noch einmal vor Augen zu führen, dass die Wahl der „richtigen" Axiome und Schlussfolgerungsregeln für die axiomatische Beschreibung (Σ, Θ) eines logischen Systems sehr eng mit der beabsichtigten Semantik zusammenhängt. Nur für ein korrekt gewähltes Paar (Σ, Θ) wird der Nachweis der Vollständigkeit und Korrektheit gelingen. Unser abschließendes Beispiel beleuchtet dies am Beispiel der modalen Logik S5.

Beispiel 9.16: S-Klasse Logik

Die modale Logik (S5) wurde durch die Axiome (I), (II), (III) der Aussagenlogik, durch die Definition (D$\Diamond$) des Operators $\Diamond$ sowie durch die Axiome (K), (T) und (E) beschrieben, wobei wir die Schlussfolgerungsregeln (MP) und (RN) erlaubten. Welchen Eigenschaften der beabsichtigten Semantik (vgl. Beispiel 9.2) entsprechen diese Axiome?

Sei $\mathcal{R} = (W, R)$ ein modallogischer Rahmen. Wir nennen eine Formel eine **$\mathcal{R}$-Tautologie**, wenn sie in jeder Struktur $\alpha = (W, R, \xi)$ allgemein gültig ist, die auf dem Rahmen $\mathcal{R}$ basiert.

a) Die Axiome (I), (II), (III) charakterisieren genau die Tautologien der Aussagenlogik (vgl. Satz 9.9 und Satz 9.15).

b) Die Axiome (K) und (D$\Diamond$) gelten in jeder Modallogik.

c) Das Axiom (T) ist genau dann eine $\mathcal{R}$-Tautologie, wenn der Rahmen $\mathcal{R}$ reflexiv ist (vgl. Übungsaufgabe 6.7.a).

d) Das Axiom (E) ist genau dann eine $\mathcal{R}$-Tautologie, wenn der Rahmen $\mathcal{R}$ **Euklidisch** ist, d. h. wenn aus $(s, t) \in R$ und $(s, u) \in R$ die Bedingung $(t, u) \in R$ folgt (vgl. Übungsaufgabe 6.7.c).

e) Die Formel (PI) $\Box F \Rightarrow \Box\Box F$ ist ein Theorem in der Modallogik S5 (vgl. Übungsaufgabe 9.4). Sie ist genau dann eine $\mathcal{R}$-Tautologie, wenn der Rahmen $\mathcal{R}$ transitiv ist (vgl. Satz 7.3). Die Tatsache, dass sie aus den Axiomen folgt, entspricht der Tatsache, dass ein reflexiver und Euklidischer Rahmen automatisch transitiv ist (vgl. Übungsaufgabe 6.11.a).

f) Die Formel (B) $F \Rightarrow \Box\Diamond F$ ist ein Theorem in der Modallogik S5 (vgl. Beispiel 6.11.c). Sie ist genau dann eine $\mathcal{R}$-Tautologie, wenn der Rahmen $\mathcal{R}$ symmetrisch ist (vgl. Übungsaufgabe 6.7.b). Die Tatsache, dass sie aus den Axiomen folgt, entspricht wiederum der Tatsache, dass ein reflexiver und Euklidischer Rahmen automatisch symmetrisch ist (vgl. Übungsaufgabe 6.11.a).

g) Die Formel (D) $\Box F \Rightarrow \Diamond F$ ist ein Theorem in der Modallogik S5 (vgl. Beispiel 9.6.b). Sie ist genau dann eine $\mathcal{R}$-Tautologie, wenn der Rahmen R **seriell** ist, d. h. wenn es zu jedem $s \in W$ ein $t \in W$ gibt mit $(s, t) \in R$ (vgl. Übungsaufgabe 9.6.d).

h) Aus c), d), e) und f) ergibt sich, dass die Modallogik S5 genau durch die Rahmen $\mathcal{R}$ charakterisiert wird, für die die Erreichbarkeitsrelation R eine Äquivalenzrelation ist. In Beispiel 9.2 haben wir die modale Logik S5 jedoch über die universelle Erreichbarkeisrelation $R = W \times W$ definiert. Wie passt dies zusammen? Ganz einfach: Eine Äquivalenzrelation R unterteilt W in paarweise disjunkte Äquivalenzklassen. Eingeschränkt auf eine Äquivalenzklasse ist R eine universelle Relation. Der Wahrheitswert einer modallogischen Formel F an einem Referenzpunkt $s \in W$ hängt nur ab von Werten von Teilformeln von F an Punkten $t \in W$, die von s in endlich vielen Schritten erreichbar sind. Diese Punkte t liegen alle in der Äquivalenzklasse von s. Also ist die Formel F genau dann eine Tautologie, wenn sie auf allen Äquivalenzklassen eine Tautologie ist, d. h. wenn sie in allen universellen Rahmen allgemein gültig ist (vgl. auch Übungsaufgabe 6.11.b).

Damit beschließen wir unser Spiel mit der Logik à la Hilbert und beenden unsere Reise durch die Welt der logischen Systeme. Wir hoffen, es hat Ihnen, verehrter Leser, etwas Spaß gemacht und Sie finden nunmehr

alles logisch oder was?

Wir haben fertig.

Übungsaufgaben

Lösungstipps finden Sie im Anhang dieses Buchs. Hier erhalten Sie auch die wichtigsten Lösungsrezepte. Ausführliche Lösungswegbeschreibungen stehen auf der buchbegleitenden Companion Website (CWS) unter *www.pearson-studium.de* zur Verfügung.

Aufgabe 9.1: Unendliche Weiten, Episode 6: Die Quelle aller Logik

Captain Archer und Sub-Commander T'Pol besuchen die Akademie der Wissenschaften auf Warlüg, die verständlicherweise ausschließlich von Xurs bevölkert wird. Drei Philosophen sind gerade heftig am Diskutieren:

Erster Philosoph: „Wenn etwas wahr ist, so folgt es aus allem."

Zweiter Philosoph: „Ist es nicht eher so: wenn das Erste wahr ist und das Zweite folgt aus dem Dritten, dann kann ich daraus, dass das Dritte aus dem Ersten folgt, schließen, dass das Zweite aus dem Ersten folgt."

Dritter Philosoph: „Ihr seht das beide viel zu positiv. Die korrekte Art des Schließens lautet: wenn aus dem Gegenteil des Ersten das Gegenteil des Zweiten folgt, dann schließe ich, dass ich das Erste behaupten kann, nachdem ich auch vom Gegenteil des Ersten auf das Zweite gefolgert habe."

Daraufhin flüstert Captain Archer leise zu T'Pol: „Ich glaube, die Wissenschaftler hier sind alle übergeschnappt." Die Vulkanierin erwidert zu seiner Überraschung: „Nein, überhaupt nicht. Diese Philosophen haben gerade die Grundlagen der Logik entdeckt."

a) Zeigen Sie, dass T'Pol Recht hat, d. h. dass die Aussagen der Philosophen genau den Axiomen der Aussagenlogik entsprechen.

b) Beweisen Sie, dass diese Axiome in der in Kapitel 2 angegebenen Semantik allgemein gültig sind.

Aufgabe 9.2

Zeigen sie, dass die Aussagenlogik auch beschrieben wird durch jedes der folgenden Axiomensysteme und die Schlussfolgerungsregel (MP).

a) $\Sigma_1 = \{\mathrm{I}, \mathrm{II}, \neg\neg F \Rightarrow F\}$

b) $\Sigma_2 = \{\mathrm{I}, \mathrm{II}, (\neg F \Rightarrow \neg G) \Rightarrow (G \Rightarrow F)\}$

c) $\Sigma_3 = \{\mathrm{A1}, \mathrm{A2}, \mathrm{A3}, \mathrm{A4}\}$ mit

(A1) $(F \vee F) \Rightarrow F$

(A2) $F \Rightarrow (F \vee G)$

(A3) $(F \vee G) \Rightarrow (G \vee F)$

(A4) $(G \Rightarrow H) \Rightarrow ((F \vee G) \Rightarrow (F \vee H))$

d) $\Sigma_4 = \{B1, B2, B3\}$ mit

(B1) $F \Rightarrow (F \wedge F)$

(B2) $(F \wedge G) \Rightarrow F$

(B3) $(F \Rightarrow G) \Rightarrow (\neg(G \wedge H) \Rightarrow \neg(H \wedge F))$

e) $\Sigma_5 = \{\mathrm{I}, \mathrm{II}, ((F \Rightarrow G) \Rightarrow F) \Rightarrow F\}$

f) $\Sigma_6 = \{C1, C2\}$ mit

(C1) $F \Rightarrow (G \Rightarrow (F \wedge G))$

(C2) $(F \Rightarrow \neg G) \Rightarrow (G \Rightarrow \neg F)$

Aufgabe 9.3: Neue Axiome braucht das Land

a) In der axiomatischen Beschreibung der Modallogik S5 ersetzen wir das Axiom (K) durch die drei Axiome

(C) $(\Box F \wedge \Box G) \Rightarrow \Box(F \wedge G)$

(M) $\Box(F \wedge G) \Rightarrow (\Box F \wedge \Box G)$

(N) $\Box(F \vee \neg F)$

und die Schlussregel (RN) durch die Regel

(RE) $\dfrac{F \Leftrightarrow G}{\Box F \Leftrightarrow \Box G}$.

Zeigen Sie, dass das hierdurch definierte allgemeine logische System genau die Modallogik S5 ist, d. h., dass es genau die gleichen Theoreme besitzt wie S5.

b) Beweisen Sie auch, dass man wieder die Modallogik S5 erhält, wenn man in Beispiel 9.7 das Axiom (E) durch die beiden Axiome

(B) $F \Rightarrow \Box\Diamond F$

(PI) $\Box F \Rightarrow \Box\Box F$

ersetzt.

Wenn die Tatsachen nicht mit der Theorie übereinstimmen
– umso schlimmer für die Tatsachen.
(Georg Wilhelm Friedrich Hegel)

Aufgabe 9.4: Neue Theoreme braucht das Land

Beweisen Sie, dass in der Modallogik S5 die folgenden Theoreme gelten.

a) $\Box(F \vee G) \Leftrightarrow (\Box F \vee \Box G)$

b) $\Diamond(F \vee G) \Leftrightarrow (\Diamond F \vee \Diamond G)$

c) $\Diamond F \Leftrightarrow \Box\Diamond F$

d) $\Box F \Leftrightarrow \Diamond\Box F$

e) $\Box F \Leftrightarrow \Box\Box F$

f) $\Diamond\Box F \Rightarrow F$

Beweisen Sie ferner, dass die Formeln

g) $(F \Rightarrow G) \Rightarrow (\Box F \Rightarrow \Box G)$

h) $(F \Leftrightarrow G) \Rightarrow (\Box F \Leftrightarrow \Box G)$

keine Theoreme in der Modallogik S5 darstellen.

... weil, so schließt er messerscharf,
nicht sein kann, was nicht sein darf.
(Christian Morgenstern)

Aufgabe 9.5: Neue Schlüsse braucht das Land

Zeigen Sie, dass in der Modallogik S5 die folgenden Schlussregeln gelten.

a) $\dfrac{F}{\Diamond F}$

b) $\dfrac{\neg F}{\neg\Box F}$

c) $\dfrac{F \Rightarrow G}{\Diamond F \Rightarrow \Diamond G}$

d) $\dfrac{F \Leftrightarrow G}{\Diamond F \Leftrightarrow \Diamond G}$

e) $\dfrac{\Diamond F \Rightarrow G}{F \Rightarrow \Box G}$

f) $\dfrac{F \Rightarrow \Box G}{\Diamond F \Rightarrow G}$

Mögen hätte ich schon wollen,
aber dürfen habe ich mich nicht getraut.
(Karl Valentin)

Aufgabe 9.6: Deontische Logik

Die deontische Logik ist eine Logik des Sollens bzw. der Sollsätze. Zusätzlich zur Aussagenlogik führen wir einen Operator $\bigcirc F$ ein, der so viel wie „F sollte gelten“ oder „es ist geboten, dass F gilt“ bedeuten *soll*. Dann ergänzen wir die Aussagenlogik um ein Axiom

(OD*) $\neg(\bigcirc F \wedge \bigcirc\neg F)$

und eine Schlussfolgerungsregel

(ROK) $\dfrac{(F_1 \wedge \cdots \wedge F_n) \Rightarrow G}{(\bigcirc F_1 \wedge \cdots \wedge \bigcirc F_n) \Rightarrow \bigcirc G}$ für $n \geq 0$.

a) Zeigen Sie, dass die deontische Logik auch durch die Axiome

(OC) $(\bigcirc F \wedge \bigcirc G) \Rightarrow \bigcirc(F \wedge G)$

(ON) $\bigcirc(F \vee \neg F)$

(OD) $\neg\bigcirc(F \wedge \neg F)$

(statt des Axioms (OD*)) sowie durch die Schlussfolgerungsregel

$$(\mathrm{ROM})\quad \frac{F \Rightarrow G}{\bigcirc F \Rightarrow \bigcirc G}$$

(statt der Schlussfolgerungsregel (ROK)) definiert ist. Mit anderen Worten, die durch die drei neuen Axiome und die neue Schlussfolgerungsregel definierte Logik besitzt dieselben Theoreme wie die deontische Logik.

b) Beweisen Sie, dass in der deontischen Logik auch die Schlussfolgerungsregeln

$$\frac{\neg F}{\neg\bigcirc F} \quad \text{und} \quad \frac{F \Rightarrow \neg G}{\bigcirc F \Rightarrow \neg\bigcirc G} \quad \text{und} \quad \frac{\bigcirc F}{F}$$

gelten. Drücken Sie diese Regeln sprachlich als „Prinzipien des Sollens“ aus.

c) Beweisen Sie, dass in der deontischen Logik die folgenden Theoreme gelten.

1) $\bigcirc(F \wedge G) \Leftrightarrow (\bigcirc F \wedge \bigcirc G)$
2) $\bigcirc F \Rightarrow \bigcirc(F \vee G)$
3) $\bigcirc F \Rightarrow (\neg F \Rightarrow G)$
4) $\neg\bigcirc(F \wedge \neg F) \Leftrightarrow \neg(\bigcirc G \wedge \bigcirc\neg G)$

d) Zeigen sie, dass eine modallogische Formel G genau dann eine Rahmenkonsequenz der Formelmenge $\mathcal{F} = \{\Box F \Rightarrow \Diamond F \mid F \text{ modallogische Formel}\}$ ist, wenn der Rahmen $\mathcal{R} = (W, R)$ **seriell** ist, d. h. wenn es für jedes $s \in W$ ein $t \in W$ gibt mit $(s, t) \in R$.

e) Folgern Sie aus d), dass die angegebene axiomatische Beschreibung der deontischen Logik korrekt ist, wenn wir die Semantik der Modallogik verwenden und nur serielle Rahmen zulassen. Geben Sie auch eine sprachliche Interpretation dieser Semantik und des Operators $\bigcirc$ unter Verwendung der „deontischen Alternative“.

Aufgabe 9.7: Herakles heroische Heldentaten, Höllenhunde, wollt ihr ewig leben?

Die folgende Aufgabe war die schwerste, die unser heroischer Held zu erledigen hatte. Er sollte den Höllenhund Kerberos in der Unterwelt einfangen und zu Eurystheus bringen. Nur durch die folgende geschickte Verwendung der axiomatischen Beschreibung der dynamischen Logik PDL erreichte er sein Ziel.

a) Zuerst ließ sich Herakles in die Mysterien der Eleusis einweihen. Neben den Axiomen (I), (II), (III) und der Schlussfolgerungsregel (MP) der Aussagenlogik sowie der modifizierten Axiome und Schlussfolgerungsregeln

$$(\mathrm{K}_p)\quad \Box_p (F \Rightarrow G) \Rightarrow (\Box_p F \Rightarrow \Box_p G)$$

$$(\mathrm{RN}_p)\quad \frac{F}{\Box_p F}$$

bestanden diese vor allem aus Axiomen und einer Schlussfolgerungsregel für die Programme:

(Axiom für ;) $\Box_{p;q}F \Leftrightarrow \Box_p\Box_q F$

(Axiom für $*$) $\Box_{p^*}F \Leftrightarrow F \wedge \Box_p\Box_{p^*}F$

(Axiom für $\cup$) $\Box_{p\cup p}F \Leftrightarrow \Box_p F \wedge \Box_q F$

(Axiom für ?) $\Box_{G?}F \Leftrightarrow (G \Rightarrow F)$

(Regel für $*$) $\dfrac{F \Rightarrow \Box_p F}{F \Rightarrow \Box_{p^*}F}$

Zeigen Sie, dass diese Axiome und Regeln in der Logik PDL Tautologien bzw. semantische Folgerungen darstellen.

b) Folgern Sie, dass die angegebene axiomatische Beschreibung der Logik PDL korrekt ist.

Unser Held erreichte also die Unterwelt sicheren Fußes. Hades, der Herr der Unterwelt, erlaubte ihm aber nur dann Kerberus zu holen, wenn er sich bei der Bändigung des Hundes keinerlei Waffen bediene. Herakles fasste das Tier am Nacken und konnte es trotz der schweren Verletzungen, die ihm der skorpionartige Schwanz des Hundes zufügte, nach oben tragen.

Für uns Normalsterblichen ist der Beweis der Vollständigkeit der Logik PDL eine zu schwere Übungsaufgabe. Stattdessen verweisen wir auf [5] und begnügen uns mit einigen Teilresultaten, die uns bereits genug Schweiß und Blut kosten.

c) Beweisen Sie, dass sich aus der obigen axiomatischen Beschreibung auch die folgenden Schlussfolgerungsregeln ergeben.

(KS) $\dfrac{F \Rightarrow G, G \Rightarrow H}{F \Rightarrow H}$

(DST) $\dfrac{F \Rightarrow G}{\Box_p F \Rightarrow \Box_p G}$

d) Leiten Sie die folgenden Theoreme der Logik PDL her. (Achtung: Verletzungsgefahr!)

1) $\Box_{p^*}F \Leftrightarrow \Box_{\text{while } F \text{ do } p \text{ endwhile}}(G \wedge \neg G)$

2) $\Box_{(p\cup q)^*}F \Leftrightarrow \Box_{(p^*;q^*)^*}F$

3) $\Box_{p^{**}}F \Leftrightarrow \Box_{p^*}F$

Als Herakles den Höllenhund zu Eurystheus brachte, bekam dieser Angst und versteckte sich in einem Krug. Da unser Held mit dem Tier auch nichts anzufangen wusste, brachte er ihn schließlich zu Hades zurück.

e) Beweisen Sie in der Logik PDL das Theorem

$$\Box_{G?}F \Leftrightarrow \Box_{\text{if } G \text{ then } \mathit{skip} \text{ else } \mathit{abort} \text{ endif}}F\ .$$

Anhang
Tipps zu den Übungsaufgaben

Generelle Tipps

Die drei „Wenn"

Es gibt drei verschiedene Arten, Sätze mit „wenn" und „dann" zu übersetzen. Seien F und G zwei (aussagenlogische) Formeln.

- F gilt [dann], wenn G gilt:

$$G \Rightarrow F\,.$$

- F gilt genau dann, wenn G gilt:

$$F \Leftrightarrow G\,.$$

- F gilt nur dann, wenn G gilt:

$$F \Rightarrow G\,.$$

Sinnvolle Übersetzungen

Es ist ratsam, die Abkürzungen der Aussagen sinnvoll zu wählen, um auch an der Formel noch die eigentliche Aussage ablesen zu können.

„Oder" oder „entweder oder"

- F oder G gelten:

$$F \vee G\,.$$

- entweder F oder G gilt:

$$(F \wedge \neg G) \vee (\neg F \wedge G)\ .$$

Kapitel 2: Aussagenlogik

Für viele der Aufgaben in diesem Buch gibt es Lösungen, die nach festen Schemata zu finden sind. Hier ist das erste Beispiel eines solchen Lösungsrezepts.

Lösungsrezept I

Die Lösung einer typischen Aufgabe aus der Aussagenlogik gliedert sich in die folgenden Schritte.

- Festlegung der Abkürzungen.
- Übersetzung der Aussagen.
- Aufstellen der (Gesamt-)Formel.
- ggf. Zurückführen auf ein Unerfüllbarkeitsproblem: Wenn man zeigen möchte, dass die Formel G aus der Formel F folgt, so zeigt man (nach Satz 2.10 bzw. nach Bemerkung 2.23) die Unerfüllbarkeit von

$$\neg(F \Rightarrow G) \overset{2.3.b)}{\equiv} \neg(\neg F \vee G) \underset{2.15.f)}{\overset{2.15.g)}{\equiv}} F \wedge \neg G\,.$$

- Erfüllbarkeitstest mittels
  - der Wahrheitstafelmethode,
  - gezielten einzelnen Resolventenbildungen (vgl. Definition 2.26 und Beispiel 2.27) oder
  - dem Algorithmus nach Bemerkung 2.32.
- Ggf. Formulierung eines Antwortsatzes.

Tipp zu Aufgabe 2.1

Man beschreibe beim Übersetzen der Aussage immer die Hin- und Rückrichtung. Lösung nach Rezept I:

- Festlegung der Abkürzungen.
- Übersetzung der Aussagen.
- Aufstellen der (Gesamt-)Formel.
- Wahrheitstafel.
- Antwortsatz.

Oder man spiele die Fälle sprachlich durch.

Tipp zu Aufgabe 2.2

- Man benutze kombinierte Abkürzungen, wie z. B.

  L_W = „Lucy sagt die Wahrheit“

- Beim Übersetzen der Aussage beschreibe man immer die Hin- und Rückrichtung. (Sagt z. B. Lucy die Wahrheit, so hat sie eine wahre Aussage getroffen, ist umgekehrt ihre Aussage wahr, so hat sie die Wahrheit gesagt.)

- Man verkürze die Ausgangsformel durch geschicktes Einsetzen zweier Konjugationsglieder.
- Dann weiter wie bei 2.1.

Tipp zu Aufgabe 2.3

Man analysiere die folgenden drei Fälle für den Ersten:

1. Fall: Der Erste ist ein Xur.
2. Fall: Der Erste ist ein Yzy.
3. Fall: Der Erste ist ein Polit.

Tipp zu Aufgabe 2.4

Man beschreibe beim Übersetzen der Aussage immer die Hin- und Rückrichtung. Ansonsten benutze man das Lösungsrezept I mit der Wahrheitstafelmethode.

Tipp zu Aufgabe 2.5

Freie Wahl zwischen Satz 2.15 und der Wahrheitstafelmethode.

Tipp zu Aufgabe 2.6

Was sorgt im Algorithmus (Satz 2.19) für eine KNF? Was wurde aus Satz 2.15 bis jetzt nicht verwendet?

Tipp zu Aufgabe 2.7

Wendet man die Aufgabenteile c) und d) kombiniert an, so kommt man schneller ans Ziel.

Tipp zu Aufgabe 2.8

Lösung nach Rezept I mit Grundresolutionsalgorithmus (mit Res^4 ist man am Ziel) oder scharf hinsehen und die „richtigen“ Resolventen bilden.

Tipp zu Aufgabe 2.9

Man bilde die konjunktive Normalform mittles des Algorithmus 2.19 und los gehts mit dem Erfüllbarkeitstest. Bei den Aufgabenteilen a) und b) ist man mit Res^3 fertig, beim Teil c) braucht man Res^4.

Tipp zu Aufgabe 2.10

Lösungsrezept I mit geschickt gewählten Resolventen ist der schnellste Weg zur Lösung.

Tipp zu Aufgabe 2.11

Nicht die Voraussetzung „Die Zwerge […] beschließen, dass mindestens einer von ihnen Schneewittchen in die Stadt begleitet“ beim Übersetzen der Aussagen vergessen. Ansonsten genügt es, Lösungsrezept I anzuwenden. Man sollte auf eine Klauselmenge der Form

$$\mathcal{K} = \{\{A, G, R, Z\}, \{\neg A, G, R\}, \{\neg G, R, Z\}, \{G, \neg R\}, \{\neg G, \neg Z\}, \{\neg R, Z\}, \{A, G, R, \neg Z\}\}$$

kommen.

Tipp zu Aufgabe 2.12

Mit einem einfachen Beispiel erledigt man beide Aufgabenteile.

Kapitel 3: Hornlogik

Da die Hornlogik eine Spezialisierung der Aussagenlogik ist, gibt es hier ein fast identisches Lösungsrezept für viele der Aufgaben.

Lösungsrezept II

Die Lösung einer typischen Hornlogikaufgabe gliedert sich in die folgenden Schritte.

- Festlegung der Abkürzungen.
- Übersetzung der Aussagen.
- Aufstellen der (Gesamt-)Formel.
- Ist dies eine Hornformel? Wenn ja, warum? Wenn nicht, so kann man sie vielleicht durch geeignete Substitutionen in eine verwandeln (vgl. Beispiel 3.9).
- Durführung eines Erfüllbarkeitstest mittels
  - einer Methode aus Kapitel 2,
  - des Markierungsalgorithmus 3.7,
  - einer Input- oder SLD-Resolution (vgl. Bemerkung 3.16) oder
  - der Abarbeitung eines `PROLOG`-Programms (vgl. Definition 3.21).
- Ggf. Formulierung eines Antwortsatzes.

Tipp zu Aufgabe 3.1

Man gehe wie in Beispiel 3.9 vor.

Tipp zu Aufgabe 3.2

Man überführe gleich beim Übersetzen der Aussagen die Formelteile in konjunktive Normalform. Ansonsten verfahre man nach Lösungsrezept II und verwende den Markierungsalgorithmus.

Tipp zu Aufgabe 3.3

Eine Nebeneinanderstellung und Vergleich beider Methoden ist der einsichtigste Weg zur Lösung dieser Aufgabe.

Tipp zu Aufgabe 3.4

Man verfahre wie im Tipp zu Aufgabe 3.2. Das gesuchte Ergebnis lässt sich dann an den markierten Teilen der Formel ablesen.

Tipp zu Aufgabe 3.5

Es braucht nicht übersetzt werden, welches Team was macht. Es genügt, wenn man sich auf die vorgegebenen Abkürzungen beschränkt. Ansonsten verfahre man nach Lösungsrezept II und verwende hier zur Abwechslung einmal einige geschickt gewählte Resolventen.

Tipp zu Aufgabe 3.6

Die zu übersetzenden Formeln sind im Prinzip schon vorgeben. Dann bleibt nur noch Lösungsrezept II anzuwenden mit einer SLD-Resolution (wie in Beispiel 3.23).

Tipp zu Aufgabe 3.7

Man verwende das Lösungsrezept II. Eine Aufgabe zum warm werden.

Tipp zu Aufgabe 3.8

Es ist wiederum nach dem Lösungsrezept II zu verfahren, wobei eine SLD-Resolution gesucht ist. Nicht erschrecken lassen, die Resolutionsbäume werden groß.

Kapitel 4: Prädikatenlogik

Prädikatenlogische Übersetzungen

Als ich an einem Sandkasten mit spielenden Kindern vorbeiging, sagte eines der Mädchen: „Alle Jungs sind doof!"

Wie übersetzt man nun eine solche Aussage? Wir brauchen ein sinnvolles Universum, wie z. B. $U = \{\text{Menge der Kinder im Sandkasten}\}$ und die Prädikate J und D für Junge und doof. Kehren wir zur Aussage zurück, so sehen wir, dass wir auch den Allquantor $\forall x\colon$ benötigen. Zusammen mit unseren beiden Prädikaten besitzt die Formel also die Gestalt

$$F = \forall x\colon\ (J(x)\ ¿?\ D(x))\ .$$

Die äusseren Klammern sind notwendig, da Quantoren immer nur für das direkt Nachfolgende gelten, also stärker binden als Junktoren. Was setzen wir jetzt für das ¿? ein?

Würden wir das $\wedge$ benutzen, so wäre der Wahrheitswert $\alpha(F)$ unserer Formel nur dann eins, wenn die Wahrheitswerte der Prädikate $\alpha(J(x))$ und $\alpha(D(x))$ für jedes x eins wären. Das würde aber bedeuten, dass wir nur Jungs in unserem Sandkasten haben. Dies steht im Widerspruch dazu, dass ein Mädchen diese ganze Betrachtung erst ins Rollen gebracht hat.

Richtig ist der Folgepfeil $\Rightarrow$. Mit ihm lautet unsere Formel jetzt

$$F = \forall x\colon\ (J(x) \Rightarrow D(x)) \equiv \forall x\colon\ (\neg J(x) \vee D(x))\ .$$

Wir hätten auch anders vorgehen können. Die Aussage „Alle Jungs sind doof!" ist äquivalent zu der Aussage „Es gibt keine Jungs, die nicht doof sind!". Also hätten wir auch

$$G = \neg\exists x\colon\ (J(x) \wedge \neg D(x))$$

als Übersetzung der Aussage verwenden können. Zieht man das $\neg$ in die Formel G hinein, so erhält man die Formel F.

Insgesamt sehen wir, dass Allaussagen meist mit Folgepfeilen „$\Rightarrow$" und Existenzaussagen meist mit und „$\wedge$" gekoppelt sind.

Wann verwendet man Prädikate und wann Funktionen?

Eine Funktion wird immer dann benutzt, wenn die Aussage einen eindeutigen Bezug herstellt. Z. B. ist $v(x)$: „Vater von x" ein eindeutiger Bezug, da x nur einen leiblichen Vater hat. Ein Beispiel für eine Übersetzung mit einem Prädikat ist „x ist blond", denn hier entspricht x einem Element der Menge aller blonden Menschen. Man beachte, dass eine Struktur einem einstelligen Prädikat gerade eine Teilmenge des Universums zuordnet.

Auch für die Aufgaben dieses Kapitels gibt es ein Lösungsrezept, das in vielen Fällen funktioniert.

Lösungsrezept III

Die Lösung einer typischen Aufgabe aus der Prädikatenlogik gliedert sich ebenso wie die vorhergehenden Rezepte in die folgenden Schritte.

- Festlegung der Struktur.
- Übersetzung der Aussagen.
- Aufstellen der (Gesamt-)Formel.
- Überführung der Gesamtformel in die Matrixklauselform (vgl. Korollar 4.25).
- Erfüllbarkeitstest mittels
  - der Bestimmung des Herbrand-Universums 4.29, der Herbrand-Expansion 4.38 und anschließender Anwendung des Grundresolutionsalgorithmus 4.43,
  - der Berechnung geschickt gewählter pädikatenlogischer Resolventen oder
  - des auf dem Resolutionssatz 4.57 beruhenden Kalküls.
- Gegebenenfalls ist ein Antwortsatz zu formulieren.

Tipp zu Aufgabe 4.1

Dies ist eine reine Übersetzungsaufgabe (vgl. Beispiel 4.3). Man verwende Definition 4.1. Hilfreich ist auch der generelle Übersetzungstipp am Anfang dieses Abschnitts. Entweder man braucht mindestens fünf Prädikate und keine Funktion oder mindestens vier Prädikate und zwei Funktionen.

Tipp zu Aufgabe 4.2

Die ersten beiden Äquivalenzen lassen sich gut über die sprachlichen Definitionen beweisen (siehe Definition 4.7.c3). Für die dritte Äquivalenz kann man auch das bereits Bewiesene zusammen mit Satz 4.13 verwenden.

Tipp zu Aufgabe 4.3

In a) und b) greift man am besten auf Definition 4.7.c) zurück. Für c) forme man die Aussage erst in eine Konjunktion um und stelle dann die Bedeutung der beiden Konjunktionsglieder nebeneinander dar.
Für die Gegenbeispiele sollte man nicht zu kompliziert denken. Man verwende z. B. $U = \{1, 2\}$ oder $U = \mathbb{Z}$.

Tipp zu Aufgabe 4.4

Eine gut gewählte und detailiert beschriebene Struktur ist für alle vier Fälle ausreichend. Für die Übersetzungen verfahre man wie in Beispiel 4.3. Hilfreich ist auch der generelle Übersetzungstipp am Anfang dieses Abschitts.

Tipp zu Aufgabe 4.5

In Teil a) muss man nur den Algorithmus aus Korollar 4.25 anwenden und für b) siehe z. B. Beispiel 4.8.

Tipp zu Aufgabe 4.6

Man verwende das Lösungsrezept III. Man sollte auf eine Klauselmenge ähnlich zur Folgenden kommen.

$$\mathcal{K} = \left\{\{G(a)\}, \{\neg V(a)\}, \left\{V\left(m\left(y\right)\right), \neg G\left(y\right)\right\}, \{\neg G(x), \neg V(m(x)), V(x)\}\right\}$$

Für die Resolution genügt die erste Formel der Herbrand-Expansion.

Tipp zu Aufgabe 4.7

Zur Wiederholung lese man sich noch einmal die Definitionen 4.1 und 4.5 durch. Die Lösung sollte neun Teilformeln und vier Terme beinhalten.

Tipp zu Aufgabe 4.8

Der Beweis verläuft im Wesentlichen analog wie in der Aussagenlogik (siehe den Beweis von Satz 2.14). Nur für die Quantoren ergibt sich etwas Neues.

Tipp zu Aufgabe 4.9

Für die Berechnung der Skolemform vgl. Satz 4.22. Es gibt viele Strukturen, die Modelle sind und viele Strukturen, die keine Modelle sind. Man wähle nicht zu exotische Universen, dann ist dies eine leichte Aufgabe.

Tipp zu Aufgabe 4.10

Man braucht nur den Unifikationsalgorithmus 4.48 anzuwenden. Die Literalmenge $\mathcal{L}$ ist unifizierbar und man benötigt vier Substitutionen.

Tipp zu Aufgabe 4.12

Man verwende bei der Übersetzung der Kinder- bzw. Eltern-Relation nur ein Prädikat. Alles weitere steht im ersten Tipp zu diesem Kapitel.

Tipp zu Aufgabe 4.11

In Aufgabenteil a) wende man den Unifikationsalgorithmus 4.48 an und gebe den Abbruchgrund genau an. Nachdem man die Matrixklauselform (Korollar 4.25) gebildet hat, ist man mit scharfem Hinsehen nach einigen geschickt gewählten Resolventen fertig.

Tipp zu Aufgabe 4.13

Man beachte den ersten Tipp zu diesem Kapitel. Da es nur zwei Geschlechter auf Zwe gibt, verwende man nur ein Prädikat für die Übersetzung, denn entweder ist die Person in der Teilmenge oder nicht.

Tipp zu Aufgabe 4.14

Einfach die Definitionen 4.29 und 4.38 benutzen. Nicht zu große Elemente des Universums bei der Expansion verwenden, dann bleibt die Aufgabenlösung auch schön klein.

Tipp zu Aufgabe 4.15

Eine Aufgabe zum Wiederholen der Begriffe. Also genügt eine einfache Abarbeitung der folgenden Schritte:

- Skolemform (verwende den Algorithmus in Satz 4.22),
- Matrixklauselform (verwende den Algorithmus in Korollar 4.25),
- Herbrand-Universum (vgl. Definition 4.29) und Herbrand-Expansion (vgl. Definition 4.38),
- Herbrand-Modell (vgl. die Definitionen 4.32 und 4.34).

Tipp zu Aufgabe 4.16

Nach Anwendung des Lösungsrezepts III sollte man auf eine Klauselmenge der folgenden Form kommen:

$$\mathcal{K} = \left\{ \{R(a)\}, \{\neg Q(a)\}, \{P(f(x), x), Q(x)\}, \{\neg R(f(y))\}, \{\neg P(z, y), \neg R(y), R(z)\} \right\}.$$

Danach ist man mit scharfen Hinsehen und ein paar geschickt gewählten Resolventen fertig.

Tipp zu Aufgabe 4.17

Man wende das Lösungsrezept III an und verwende bei der Übersetzung der Kinder- bzw. Eltern-Relation ein einziges Prädikat. (Sonst lässt sich die Resolution nicht durchführen.)

Tipp zu Aufgabe 4.18

Nach fünf geschickt bestimmten Resolventen ist man schnell fertig.

Tipp zu Aufgabe 4.19

Die Lösung gelingt mit Rezept III. Am besten verwendet man die folgenden kombinierten Prädikate für die Zwerge:

$$\begin{aligned} U &: \text{Menge alle Zwerge} \\ \psi(A) &= \{x \in U \mid x \text{ ist Zwergin hinter den 8 Bergen}\} \\ \psi(B) &= \{x \in U \mid x \text{ kennt Schneewittchen}\} \\ \psi(C) &= \{(x, y) \in U^2 \mid y \text{ ist Schwester von } x\} \\ \psi(D) &= \{x \in U \mid x \text{ ist Zwerg hinter den 7 Bergen}\} \end{aligned}$$

Mit diesen Prädikaten kommt man auf die folgende Klauselmenge.

$$\mathcal{K}(F^*) = \{ \{B(a)\}, \{\neg C(a,x), \neg A(x)\}, \{\neg D(x), C(x, f(x))\}, \\ \{\neg D(x), A(f(x))\}, \{\neg D(x), B(x)\}, \{\neg B(x), D(x)\} \}$$

Tipp zu Aufgabe 4.20

Und noch ein Mal wird das Lösungsrezept III verwendet. Eine sofortige Umformung in Matrixklauselform der jeweiligen Teilformeln erleichtert die Bildung der Klauselmenge. Sie sollte hinterher in etwa folgendermaßen aussehen.

$$\mathcal{K}(F^*) = \{ \{R(y, f(y)), A(y)\}, \{\neg K(f(y)), A(y)\}, \\ \{\neg R(y,u), B(u), A(y)\}, \{\neg R(v,w), \neg B(w), B(v)\}, \\ \{\neg A(t)\}, \{\neg B(x), K(x)\} \}$$

Kapitel 5: Gleichungslogik

Eindeutige Normalform

Bei einigen Aufgaben sollte man nicht vergessen, dass jeder Term eine eindeutige Normalform besitzt, wenn das TES Noethersch und konfluent ist (vgl. Satz 5.16).

Tipp zu Aufgabe 5.1

Man verwende die Funktionen aus Beispiel 5.3 und erweitere die Formelmenge um die zweistellige Funktion $g(x,y)$ mit der Bedeutung $x \cdot y$.

Tipp zu Aufgabe 5.2

Im Aufgabenteil a) muss man sich nur klar machen, was der Begriff Normalform bedeutet. Für den Beweis der Konfluenz im Teil b) benutze man dann Aufgabenteil a).

Tipp zu Aufgabe 5.3

Man drücke aus, dass der Partner des Partners eines Rentiers das Rentier selbst ist. Für den Rest gilt der obige Tipp zu diesem Kapitel.

Tipp zu Aufgabe 5.4

Um b) zu lösen, verwende man eine lexikographische Pfadordnung mit

$$\text{blau} \succ \text{weiß} \succ \text{rot}\,.$$

Bei der Vervollständigung ergeben sich vier kritische Paare und man erhält insgesamt sieben Gleichungen. Aus diesen Gleichungen und dem allgemeinen Tipp zu diesem Kapitel lässt sich die Lösung zu d) ablesen.

Tipp zu Aufgabe 5.5

Einfaches Anwenden der gleichungslogischen Techniken, wie z. B. Normalform bilden, Konfluenzdiagramme, kritische Paare bilden, etc. liefert die Lösung. Beachten Sie Beispiel 5.35 und die dort angegebenen zusätzlichen Informationen.

Tipp zu Aufgabe 5.6

Nach dem Aufstellen der drei Gleichungen in a) schreibe man sich erst einmal die Rechnung „algebraisch" auf (vgl. Beispiel 5.1) und übersetze sie dann in Gleichungslogik (vgl. Beispiel 5.10).

Tipp zu Aufgabe 5.7

Nach den bisherigen Aufgaben folgt hier einmal eine leichte für zwischendurch. In a) muss man nur eine unendliche Kette produzieren und eine Normalform in zwei Schritten berechnen. In b) verkürzen sich die Terme. Wir müssen bei der Vervollständigung zwei kritische Paare betrachten und erhalten insgesamt drei Gleichungen.

Tipp zu Aufgabe 5.8

Das TES in b) wird definiert durch die fünf Gleichungen

$$F_1: \quad f(f(x,y),z) = f(x, f(y,z)),$$
$$F_2: \quad f(b,a) = f(a,b),$$
$$F_3: \quad f(a,a) = b,$$
$$F_4: \quad f(b,b) = b,$$
$$F_5: \quad f(a,b) = a.$$

Die Vervollständigung in c) ist etwas länger. Man erhält insgesamt neun Gleichungen. In d) ist nur einfaches Anwenden der Gleichungen auf den Term in b) gefordert.

Tipp zu Aufgabe 5.9

Man übersetze die drei neuen Gleichungen wie in Beispiel 5.3 und verfahre dann wie im Tipp zu Aufgabe 5.6.

Kapitel 6: Modallogik

Tipp zu Aufgabe 6.1

Man definiere eine Struktur mit sinnvollen Belegungen der Wahrheitswerte, wie z. B.

$$\xi(A,t) = \begin{cases} 1 & \text{Schneewittchen hat zum Zeitpunkt } t \text{ den vergifteten Apfel}, \\ 0 & \text{sonst}. \end{cases}$$

Tipp zu Aufgabe 6.2

Es genügt, wie in Beispiel 6.5 systematisch auf die Definition der Semantik der Modallogik 6.3 zurückzugreifen.

Tipp zu Aufgabe 6.3

In a) nehme man an, dass $\alpha(\Box F \Rightarrow \Box\Box F, s) = 0$ gilt und führe dies zu einem Widerspruch zu $\alpha(F \Rightarrow \Box F, t) = 1$. In b) charakterisiere man die Rahmen, für die die Formeln gelten und finde ein Gegenbeispiel für die Äquivalenz.

Tipp zu Aufgabe 6.4

In a) zeige man die die Tautologie von $\Box(F \Rightarrow G) \Rightarrow (\Diamond F \Rightarrow \Diamond G)$ und für b) verwende man Satz 6.11.

Tipp zu Aufgabe 6.5

Nach Beispiel 6.2 und Aufgabe 6.1 ist die Übersetzung nicht mehr so schwierig. In b) nehme man an, dass sich keiner der „Experten" irrt. Der Wahrheitswert der Konjunktion der fünf Einzelformeln an einer Stelle s muss dann eins sein. Dies führe man dann durch Betrachtung der fünf Fälle zu einem Widerspruch.

Tipp zu Aufgabe 6.6

Für den Aufgabenteil a) überlege man sich, was die Voraussetzungen $\alpha(G, s) = 0$ und $\alpha(F \Rightarrow G, s) = 1$ nach Definition bedeuten. Die Lösung zu b) ergibt sich dann leicht.

Tipp zu Aufgabe 6.7

Um a) zu beweisen, sei zunächst $\mathcal{R} = (W, R)$ ein reflexiver Rahmen. Zeigen Sie, dass $\mathcal{R} \models \mathcal{F}$ gilt. Beweisen Sie dann durch einen Widerspruchsbeweis, dass jeder Rahmen $\mathcal{R} = (W, R)$ mit $\mathcal{R} \models \mathcal{F}$ reflexiv sein muss. Jetzt können Sie die behauptete Äquivalenz leicht ableiten. Die Teile b) und c) zeigt man auf analoge Weise.

Tipp zu Aufgabe 6.8

Man verwende Aussagen wie $Z\colon z > 0$ für Teil a) und übersetze den Text analog wie in Beispiel 6.2. Man mache sich an Hand der als gültig angenommenen Konjunktion der vier Formelteile klar, was in den einzelnen Fällen gilt.

Tipp zu Aufgabe 6.9

Die modallogischen Übersetzungen sind nach Aufgabe 6.5 kein Problem mehr. Im zweiten Aufgabenteil macht man sich am besten die Bedeutungen der einzelnen Konjunktionsglieder zu einem Zeitpunkt s, an dem die Konjunktion gilt, klar.

Tipp zu Aufgabe 6.10

Dies ist eine einfache Anwendung des aussagenlogischen Tableauvervollständigungsalgorithmus 6.23.

Tipp zu Aufgabe 6.11

Um die Rückrichtung in a) zu beweisen, zeigen Sie zuerst, dass $\mathcal{R}$ reflexiv ist und dann, dass $\mathcal{R}$ transitiv ist. Die induzierte Relation $\bar{R}$ in b) ist offensichtlich die triviale Relation.

Tipp zu Aufgabe 6.12

Der Beweis beider Aufgabenteile ergibt sich daraus, dass man am Ende der Tableauvervollständigung zu den Knoten $(s, t) \in R$ und $(t, u) \in R$ nur dann einen Knoten $(s, u) \in R$ hinzufügen darf, wenn R transitiv ist.

Kapitel 7: Temporallogik

Tipp zu Aufgabe 7.1

Wie schon in Beispiel 7.2 vorgeschlagen, genügt es das Tableaukalkül der Modallogik anzuwenden.

Tipp zu Aufgabe 7.2

Die beiden zu übersetzenden Formelteile sind von der Art, dass der eine stets gilt oder er gilt bis der andere gilt.

Tipp zu Aufgabe 7.3

Man übersetze die angegebenen temporallogischen Darstellungen in die Prädikatenlogik und zeige dort die Äquivalenz mit den Definitionen dieser Operatoren.

Tipp zu Aufgabe 7.4

Verwenden Sie die prädikatenlogischen Übersetzungen.

Tipp zu Aufgabe 7.5

Um b) zu beweisen, können Sie das prädikatenlogische Resolutionskalkül anwenden.

Tipp zu Aufgabe 7.6

Die ersten beiden Teile von c) folgen sofort aus dem modallogischen bzw. zeitlogischen Tableaukalkül. Die These (T_3) widerlegt man am einfachsten durch Angabe einer temporallogischen Struktur, in der sie nicht gilt.

Tipp zu Aufgabe 7.7

Ersetzen Sie $\equiv$ durch $\Leftrightarrow$ und beweisen Sie die Allgemeingültigkeit der resultierenden Formeln, indem sie das Tableaukalkül der Zeitlogik geeignet modifizieren. Erlauben Sie dazu Knoten der Form $(s+1) \models F$ mit einer Formel F. Alternativ können Sie auch wie im Beweis von Satz 7.26 argumentieren.

Tipp zu Aufgabe 7.8

Verwenden Sie die Definition des *next*-Operators und argumentieren Sie wie in dem im Beweis von Satz 7.26 durchgeführten Fall.

Kapitel 8: Weitere logische Systeme

Tipp zu Aufgabe 8.1

In a) ergibt sich W bzw. $\emptyset$.

Tipp zu Aufgabe 8.2

Um a) zu zeigen, betrachte man den Zeitpunkt $s \in W$ zu dem $F \wedge G$ erfüllt ist. Für b) braucht man nur die Gleichheit der Übergangsrelationen nachzurechnen. Die Formel in c) drückt auf zweierlei Weisen aus, dass F und $\neg F$ abwechselnd gelten, wenn man das Programm p immer wieder ausführt.

Tipp zu Aufgabe 8.3

Um die gesuchte Struktur zu finden, betrachten Sie das Bild

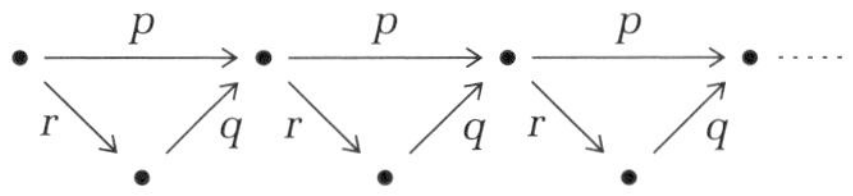

Tipp zu Aufgabe 8.4

Die Behauptungen ergeben sich direkt aus der Definition der Verlaufssemantik von $\sqcup\!\sqcup_p$ und $\lrcorner\!\ulcorner_p$ (vgl. Definition 8.9.b).

Tipp zu Aufgabe 8.5

Für a) verwende man $R = \{1, s, t\}$ mit $1 \leq s$ und $1 \leq t$ und stelle sicher, dass für $p = 1$ weder F noch G gelten sowie für $p \in \{s, t\}$ jeweils eine der beiden Formeln. Für b) verwende man $U_1 = \{a\}$ und $U_2 = \{a, b\}$ und stelle sicher, dass nur für $p = 2$ die Formel $F|_{x \mapsto a}$ gilt. Die Struktur für c) verwendet dieselben Mengen U_1, U_2 und stellt sicher, dass $G|_{x \mapsto a}$ beide Male, die Formel F jedoch nur in $p = 2$ gilt.

Tipp zu Aufgabe 8.6

Man argumentiere wie in Beispiel 8.18.

Kapitel 9: Hilbert-Kalküle

Allgemeiner Tipp

Um ein Hilbert-Kalkül *zum Laufen* zu bringen, muss man es durch viele kleine Hilfssätze anschieben. Ist ein Axiomensystem gegeben, so sollte man also stets zuerst versuchen, möglichst viele Theoreme daraus abzuleiten, selbst wenn sie am Anfang so trivial erscheinen wie die Formel $F \Rightarrow F$ in Beispiel 9.6. Auch das Deduktionstheorem 9.12 sollte man ständig parat haben.

Tipp zu Aufgabe 9.1

Die Allgemeingültigkeit von drei aussagenlogischen Formeln zu zeigen ist mittlerweile hoffentlich kein Problem mehr. Also schnell negieren und resolvieren!

Tipp zu Aufgabe 9.2

Man verwende den obigen allgemeinen Tipp. Es ist jeweils jedes Axiom des einen Axiomensystems aus dem anderen abzuleiten.

Tipp zu Aufgabe 9.3

In Teil a) muss man zuerst die neuen Axiome als Theoreme in S5 nachweisen. Die Schlussregel (RE) beweist man, indem man das Theorem $(F \Leftrightarrow G) \Rightarrow (\Box F \Leftrightarrow \Box G)$ beweist. Die umgekehrte Richtung nicht vergessen! Der Beweis von b) verläuft ebenso, ist aber einfacher.

Tipp zu Aufgabe 9.4

Für die Teile a) bis f) ist der obige allgemeine Tipp hilfreich. Um g) und h) zu zeigen, verwendet man die Korrektheit der axiomatischen Beschreibung (vgl. Satz 9.9.b) und zeigt, dass die beiden Formeln keine Tautologien darstellen.

Tipp zu Aufgabe 9.5

Um eine neue Schlussregel zu beweisen, startet man mit der Voraussetzung der Schlussregel und wendet dann die Axiome sowie die alten Schlussregeln solange an, bis man die Behauptung der neuen Schlussregel abgeleitet hat.

Tipp zu Aufgabe 9.6

Die Teile a), b) und c) sind wie die Aufgaben 9.3, 9.4 und 9.5 zu lösen. Für Teil d) vergleiche Übungsaufgabe 6.7.

Tipp zu Aufgabe 9.7

Für den ersten Teil genügt es, die Definition der Semantik der Logik PDL (vgl. Definition 8.2) anzuwenden. Bzgl. Teil c) siehe den Tipp zu Aufgabe 9.5. Etwas schwerer sind die Beweise in d) zu finden. Wenden Sie der Reihe nach folgende Axiome bzw. Schlussregeln an.

1) Axiom für $*$, (I), Axiome für ? und ;, (KS) und Regel für $*$, Axiom für $*$ und (I), (KS) und Axiom für $*$, Definition von *while*, Axiome für ? und ;, Axiome für $*$ und ?, (II), (I), Regel für $*$, Axiom für $*$, (DST), (KS)
2) Axiome für $*$ und $\cup$, (KS), Regel für $*$, (DST), (KS), Axiom für ;, Regel und Axiom für $*$, Axiome für $*$ und ;, viermal Axiom für $*$, (KS), Axiom für $\cup$, Regel und Axiom für $*$
3) zweimal Axiom für $*$, (DST), (KS), Axiom für $*$, zweimal Regel für $*$, Axiom für $*$, (DST), (KS)

Der Beweis von e) ergibt sich schließlich durch einen Vergleich der Übergangsrelationen.

Symbolverzeichnis

Kapitel 1 – Kapitel 3

Kapitel 4

Kapitel 5

Kapitel 8

Kapitel 9

Literaturverzeichnis

[1] A Galton (Hrsg.), Temporal Logics and Their Applications, Academic Press, 1987.

[2] B.F. Chellas, Modal Logic: An Introduction, Cambridge Univ. Press, Cambridge 1980.

[3] M.C. Fitting, Proof Methods for Modal and Intuitionistic Logics, D. Reidel Publ. Comp., Dordrecht 1983.

[4] D. Gabbay und H.J. Ohlbach (Hrsg.), Temporal Logic. First International Conference (ICTL-94), Lect. Notes in Comp. Sci. **827**, Springer 1994.

[5] D. Harel, Dynamic logic, in: D. Gabbay, F. Guenthner (Hrsg.), Handbook of Philosopical Logic, Vol II, D. Reidel Publ. Comp., Dordrecht 1984, S. 497–604.

[6] B. Heinemann und K. Weihrauch, Logik für Informatiker, Teubner, Stuttgart 1992.

[7] H. Hermes, Aufzählbarkeit, Entscheidbarkeit, Berechenbarkeit, Springer, Berlin 1978.

[8] C. Hölscher, Temporallogik und temporallogische Programmierung: Systematische Entwicklung eines Resolutionskalküls für den aussagenlogischen Fall, Diplomarbeit, Universität Dortmund 1995.

[9] D. Horal und R. Sherman, Looping vs. Repeating in Dynamic Logic, Information and Control **55** (1982), S. 175–192.

[10] G.E. Hughes und M.J. Cresswell, An Introduction to Modal Logic, Methuen & Co Ldt., London 1968.

[11] B. Moszkowski, Executing Temporal Logic Programs, Cambridge University Press, 1986.

[12] A. Nerode und R.A. Shore, Logic for Applications, Graduate Texts in Computer Science, Springer, New York 1997.

[13] U. Schöning, Logik für Informatiker, Spektrum Akademischer Verlag, Heidelberg 2000.

[14] K. Weihrauch, Computability, Springer, Berlin 1987.

[15] A. Wilm, Aussagenlogische dynamische Logik als Programmlogik, Dissertation, Universität Kiel 1988.

Sachregister

Q

R

CWS
informatik
Rod Haggarty
Diskrete Mathematik für Informatiker
ADDISON-WESLEY
PEARSON
Studium